应用型本科规划教材

电气工程及其自动化

ELECTRICAL ENGINEERING TECHNOLOGY TRAINING COURSE

电气工程技术实训教程

沈倪勇 等

·编著·

上海科学技术出版社

国家一级出版社

全国百佳图书出版单位

内容提要

本书系上海市应用型本科专业建设立项规划教材，拟作为电气工程师实训课程的配套教材。全书包含了配电箱及继电控制线路装调实训、电子电路设计装调维修实训、电力电子电路设计装调维修实训、三菱可编程控制器应用系统设计装调维修实训、直流传动系统设计装调维修实训、交流传动系统设计装调维修实训、单片机原理及应用实训等内容。学生通过学习本教材，可达到综合本专业主干课程知识点的目的，同时有助于通过相应职业资格、职业技能等级或专项职业能力考试，并获得相关证书。

本书可作为高等院校电气工程类、自动控制类及机电工程类相关专业实训教材，也可作为电气工程技术人员的参考书。

图书在版编目（CIP）数据

电气工程技术实训教程 / 沈倪勇等编著. -- 上海 : 上海科学技术出版社, 2021.1(2025.1重印)
应用型本科规划教材. 电气工程及其自动化
ISBN 978-7-5478-5195-1

Ⅰ. ①电… Ⅱ. ①沈… Ⅲ. ①电工技术－高等学校－教材 Ⅳ. ①TM

中国版本图书馆CIP数据核字(2020)第259646号

电气工程技术实训教程
沈倪勇 等 编著

上海世纪出版(集团)有限公司
上海科学技术出版社 出版、发行
(上海市闵行区号景路159弄A座9F-10F)
邮政编码 201101 www.sstp.cn
苏州市古得堡数码印刷有限公司印刷
开本 787×1092 1/16 印张 14.75
字数：380千字
2021年1月第1版 2025年1月第3次印刷
ISBN 978-7-5478-5195-1/TM·69
定价：59.00元

丛书前言

20世纪80年代以后，国际高等教育界逐渐形成了一股新的潮流，那就是普遍重视实践教学、强化应用型人才培养。我国《国家教育事业"十三五"规划》指出，普通本科高校应从治理结构、专业体系、课程内容、教学方式、师资结构等方面进行全方位、系统性的改革，把办学思路真正转到服务地方经济社会发展上来，建设产教融合、校企合作、产学研一体的实验实训实习设施，培养应用型和技术技能型人才。

近年来，国内诸多高校纷纷在教育教学改革的探索中注重实践环境的强化，因为大家已越来越清醒地认识到，实践教学是培养学生实践能力和创新能力的重要环节，也是提高学生社会职业素养和就业竞争力的重要途径。这种教育转变成具体教育形式即应用型本科教育。

根据《上海市教育委员会关于开展上海市属高校应用型本科试点专业建设的通知》(沪教委高〔2014〕43号)要求，为进一步引导上海市属本科高校主动适应国家和地方经济社会发展需求，加强应用型本科专业内涵建设，创新人才培养模式，提高人才培养质量，上海市教委进行了上海市属高校本科试点专业建设，上海理工大学"电气工程及其自动化"专业被列入试点专业建设名单。

在长期的教学和此次专业建设过程中，我们逐步认识到，目前我国大部分应用型本科教材多由研究型大学组织编写，理论深奥，编写水平很高，但不一定适用于应用型本科教育转型的高等院校。为适应我国对电气工程类应用型本科人才培养的需要，同时配合我国相关高校从研究型大学向应用型大学转型的进程，并更好地体现上海市应用型本科专业建设立项规划成果，上海理工大学电气工程系集中优秀师资力量，组织编写出版了这套符合电气工程及其自动化专业培养目标和教学改革要求的新型专业系列教材。

本系列教材按照"专业设置与产业需求相对接、课程内容与职业标准相对接、教学过程与生产过程相对接"的原则，立足产学研发展的整体情况，并结合应用型本科建设需要，主要服务于本科生，同时兼顾研究生夯实学业基础。其涵盖专业基础课、专业核心课及专业综合训练课等内容；重点突出电气工程及其自动化专业的理论基础和实操技术；以纸质教材为主，同时注重运用多媒体途径教学;教材中适当穿插例题、习题,优化、丰富教学内容,使之更满足应用型电气工程及其自动化专业教学的需要。

希望这套基于创新、应用和数字交互内容特色的教材能够得到全国应用型本科院校认可,作为教学和参考用书,也期望广大师生和社会读者不吝指正。

丛书编委会

前 言

为了进一步引导电气工程及其自动化本科专业主动适应经济社会发展需求，结合应用型本科高等教育的建设要求，明确和凝练电气工程及其自动化的专业特色，上海市教育委员会开展了应用型本科专业建设项目。项目以现代工程教育的“成果导向教育”为指导，聚焦于加强应用型本科内涵建设，创新人才培养模式，提高人才培养质量，最终实现构建专业工程应用教育培养体系。本书系根据上海市应用型本科专业建设项目中的教材规划而编写的。

本书是电气类专业一门重要的专业实训课程教材。教材根据电气专业核心课程和电工国家职业标准中职业功能相结合的原则来设置模块，模块的内容设置既考虑了电气基本技能的实训内容，以配电箱及继电控制线路装调实训作为基础实训内容；同时结合了现代工业电气自动化的发展方向，选取了可编程控制器、变频器、直流调速器、触摸屏及单片机等应用技术，将模块定位与职业岗位要求密切结合在一起。

全书包括 7 个模块的内容，书后附有附录。模块 1 为配电箱及继电控制线路装调实训，模块 2 为电子电路设计装调维修实训，模块 3 为电力电子电路设计装调维修实训，模块 4 为三菱可编程控制器应用系统设计装调维修实训，模块 5 为直流传动系统设计装调维修实训，模块 6 为交流传动系统设计装调维修实训，模块 7 为单片机原理及应用实训，附录为电子元器件的识别。

教材编著团队由教授与双师型教师组成，既有学科带头人蒋全教授，又有全国大学生大赛优秀指导教师夏鲲副教授，以及多位长期从事专业实践教育的教师。教材定位于应用型人才培养体系与职业资格认证体系相结合，将电气工程及其自动化专业定位与职业岗位要求密切结合。

与国内已出版的同类教材相比，本教材根据电气类职业的工作特点，创新性地设置了 7 个模块，各个模块相对独立，各学校可根据学时和结合专业方向，进行选择性的组合。每个模块由基础知识和实训内容两部分组成，基础知识侧重于工程规范及工业控制器的使用知识，实训内容则从相关岗位的设计、装调、维修三方面展开，每个模块设置若干个项目供选用。教材从强化培养操作技能、掌握实用技术的角度出发，较好地体现了当前新型实用知识与操作技术，对学生胜任电气工程领域技术开发、生产制造等工作有直接的帮助。

本书承上海理工大学电气工程系袁庆庆老师、上海电气自动化设计研究所有限公司马丹高级工程师进行初审，并提出了宝贵的修改意见，谨致衷心的感谢。全书由上海理工大学电气工程系沈倪勇、刘宇峰、夏鲲、谢明、罗韡、蒋全共同编写，全书由沈倪勇统稿。

限于作者水平及时间仓促，书中难免存在不妥和错误之处，希望读者予以批评指正。

作　者

目　录

模块 1

配电箱及继电控制线路装调实训

实训要求

通过本模块的学习，要求学生掌握低压电器及配电箱安装的相关规范，能够进行配电箱的安装；熟悉三相异步电动机的典型控制线路，掌握继电器、接触器控制线路的安装与调试。

1.1 基础知识

1.1.1 低压电器及配电箱

1.1.1.1 低压电器的安装规范

(1) 安装低压电器前,应对器具进行检查且应符合以下相关规范:

① 电气设备的铭牌、型号、规格,应与被控制线路或设计要求相符。

② 设备的外壳、漆层、手柄,应无损伤或变形。

③ 内部仪表、灭弧罩、瓷件及附件、胶木电器,应无裂纹或伤痕。

④ 螺丝及紧固件应拧紧。

⑤ 具有主触头的低压电器,触头的接触应紧密。采用 0.05 mm×10 mm 的塞尺检查,接触两侧的压力应均匀一致。

⑥ 低压电器的附件应齐全、完好。

(2) 低压电器安装的标高应符合设计规定。当设计无规定时,应符合表 1-1 的规定。

表 1-1 低压电器安装尺寸值

安装方式与控制点	安装尺寸/mm
落地安装的低压电器,其底部至地面距离	50～100
操作手柄转轴中心与地面的距离	1 200～1 500
侧面操作的手柄与建筑物或设备的距离	⩾200

(3) 低压电器成排或集中安装时排列应整齐,器件间的距离应符合设计要求,并应便于操作及维护。电器的安全作业要求技术数据必须符合技术文件的规定。

(4) 电器外部接线,应符合以下规范:

① 按电器外部接线端头的相线标志进行与其电源配线匹配的接线。

② 接线应排列整齐、清晰、美观,导线应绝缘良好、无损伤。

③ 电源侧进线应接在进线端,即固定触头接线端。负荷侧出线应接在出线端,即可动触头接线端。

④ 一般采用铜质导线或有电镀金属防锈层的螺栓和螺钉,连接时应拧紧,并应有防松装置。

⑤ 电源线与电器接线,不得使用电器内部受到额外应力。

⑥ 电源线(母线)与电器连接时,接触面应洁净,严禁有氧化层;接触面必须严密。

(5) 低压电器固定方式及技术要求见表 1-2。

表 1-2 低压电器固定方式及技术要求

固定方式	技术要求
在结构(构件)上固定	(1) 根据不同结构,采用支架、金属板、绝缘板固定在墙、柱或建筑物的构件上 (2) 金属板、绝缘板的安装必须平稳 (3) 采用卡轨支撑安装时,卡轨应与低压电器匹配,并用固定夹或固定螺栓与壁板紧密固定,严禁使用变形或不合格的卡轨

（续表）

固定方式	技术要求
膨胀螺栓固定	(1) 应根据产品技术要求选择螺栓的规格 (2) 钻孔直径和埋设深度应与螺栓规格相符
减震装置	(1) 有防震要求的电器应增加减震装置 (2) 紧固件螺栓必须采取防松措施
固定操作	(1) 固定低压电器时，不得使电器内部受额外应力 (2) 在砖结构上安装固定件时，严禁使用射钉固定

(6) 电器的金属外壳、柜架的接零或接地，应符合国家现行标准电器装置安装工程接地装置施工及验收规范的有关规定。

在安装低压电器前，应先对电器设备进行性能试验，检查其绝缘性能是否合格，制动部位的动作是否灵活、准确。安装后进行通电试运行试验，检查其低压电器的使用功能。

1.1.1.2 低压电器安装质量要求

(1) 低压电器型号、规格应符合设计要求。

(2) 低压电器设备外观检查完好。

(3) 安装的位置正确，牢固、平整、接线正确，符合设计要求。

(4) 接地或接零连接可靠，符合要求。

(5) 操作时动作灵活、无卡阻，触头接触严密。操作手柄转轴中心与地面的距离为1 200～1 500 mm，侧面操作的手柄与建筑物或设备的距离，不宜小于200 mm。

(6) 电磁系统应无异常响声。

(7) 线圈及接线端子温升符合规定。

1.1.1.3 配电箱的安装规范

(1) 配电箱应安装在安全、干燥、易操作的场所。配电箱安装时，如无设计要求，则一般安装为底边距地1.5 m，照明配电板底边距地不小于1.8 m。并列安装的配电箱、盘距地高度要一致，同一场所安装的配电箱、盘允许偏差不大于5 mm。

(2) 配电箱上的母线其相线应用颜色标出：L1相应用黄色；L2相应用绿色；L3相应用红色；中性线N应用蓝色；保护地线(PE线)应用黄绿相间双色。

(3) 配电箱上的电源指示灯，其电源应接至总开关的外侧，并应装单独熔断器(电源侧)。盘面闸具位置与支路相对应，其下面应装设卡片框，标明路别及容量。

(4) 配电箱内应分别设置中性线N和保护地线(PE线)汇流排(采用内六角螺栓)，中性线N和保护地线应在汇流排上连接，不得绞接，并应有编号。

(5) 垂直装设的刀开关及熔断器等电器上端接电源，下端接负荷。横装者左侧(面对盘面)接电源，右侧接负荷。

(6) 配电箱盘面上安装的各种刀开关及低压断路器等，当处于断路状态时，刀片可动部分均不应带电(特殊情况除外)。

(7) 配电箱上的配线须排列整齐，并绑扎成束，活动部位均应固定；盘面引出和引进的导线应留适当余量，便于检修。导线削剥处不应损伤导线线芯或使线芯过长，导线压接牢固可靠；多股导线上锡后压接，应加装压线端子。如必须穿孔用顶丝压接时，多股线应上锡后再压接，不得减少导线股数。

(8) 配电箱带有器具的铁制盘面和装有器具的门及电器的金属外壳应有明显可靠的 PE 保护地线(PE 线为编织软裸铜线),但 PE 保护地线不允许利用箱体或盒体串接。当 PE 线所用材质与相线相同时,选择截面不应小于表 1-3 中的规定。

表 1-3 PE 线最小截面

单位:mm^2

相线线芯截面 S	PE 线最小截面 S	相线线芯截面 S	PE 线最小截面 S
$S \leqslant 16$	S	$400 < S \leqslant 800$	200
$16 < S \leqslant 35$	16	$800 < S$	$S/4$
$35 < S \leqslant 400$	$S/2$		

1.1.1.4 低压断路器的安装规范

安装低压断路器时,应符合产品技术文件以及施工验收规范的规定,应注意低压断路器的型号、规格要符合设计要求。应符合以下规范:

(1) 宜垂直安装,其倾斜度应不大于 5°。

(2) 低压断路器与熔断器配合使用时,熔断器应安装在电源一侧。

(3) 操作手柄或传动杆的开、合位置应正确。操作用力不应大于技术文件的规定值。

(4) 电动操作机构接线应正确。在合闸过程中开关不应跳跃。开关合闸后,限制电动机或电磁铁通电时间的联锁装置应及时动作。电动机或电磁铁通电时间不应超过产品的规定值。

(5) 开关辅助接点动作应正确可靠,接触良好。

(6) 抽屉式断路器的工作、试验、隔离三个位置的定位应明显,并应符合产品技术文件的规定。在空载时进行抽、拉数次应无卡阻,机械联锁应可靠。

1.1.1.5 低压接触器的安装规范

接触器的型号、规格应符合设计要求,并应有产品质量合格证和技术文件。安装之前,首先应全面检查接触器各部件是否处于正常状态,有无卡阻现象。铁芯极面应保持洁净,以保证活动部分自由灵活的工作。引线与线圈连接牢固可靠,触头与电路连接正确。接线应牢固,并应做好绝缘处理。接触器安装应与地面垂直,倾斜度不应超过 5°。

1.1.1.6 低压隔离开关、刀开关的安装规范

(1) 开关应垂直安装在开关板上(或控制屏、箱上),并应使夹座位于上方。

(2) 开关在不切断电流、有灭弧装置或用于小电流电路等情况下,可水平安装。水平安装时,分闸后可动触头不得自行脱落,其灭弧装置应固定可靠。

(3) 可动触头与固定触头的接触应密合良好。大电流的触头或刀片宜涂电力复合脂。有消弧触头的闸刀开关,各相的分闸动作应迅速一致。

(4) 双投刀开关在分闸位置时,刀片应可靠固定,不得自行合闸。

(5) 安装杠杆操作机构时,应调节杠杆长度,使操作到位、动作灵活、开关辅助接点指示应正确。

(6) 开关的动触头与两侧压板距离应调整均匀,合闸后接触面应压紧,刀片与静触头中心线位置应在同一平面内,刀片不应摆动。

(7) 刀开关用做隔离开关时,合闸后顺序为先合上刀开关,再合上其他用以控制负载的开关,分闸顺序则相反。刀开关应严格按照技术文件(产品说明书)规定的分断能力来分断负荷,无灭弧罩的刀开关通常不允许分断负载,否则,有可能导致稳定持续燃弧,使刀开关寿命缩短;严重的还会造成电源短路,开关烧毁,甚至酿成火灾。

1.1.1.7 **控制器的安装规范**

(1) 控制器的工作电压应与供电电源电压相符。

(2) 凸轮控制器及主令控制器应安装在便于观察和操作的位置上;操作手柄或手轮的安装高度应为800～1 200 mm。

(3) 控制器操作应灵活,挡位应明显、准确。带有零位自锁装置的操作手柄,应能正常工作。

(4) 操作手柄或手轮的动作方向,宜与机械装置的动作方向一致;操作手柄或手轮在各个不同位置时,其触头的分、合顺序均应符合控制器的开、合图表的要求,通电后应按相应的凸轮控制器件的位置检查电动机,并应运行正常。

(5) 控制器触头压力应均匀,触头超行程不应小于产品技术文件的规定。凸轮控制器主触头的灭弧装置应完好。

(6) 控制器的转动部分及齿轮减速机构应润滑良好。

1.1.1.8 **继电器的安装规范**

(1) 继电器的型号、规格应符合设计要求。

(2) 继电器可动部分的动作应灵活、可靠。

(3) 继电器表面污垢和铁心表面防腐剂应清除干净。

(4) 安装时必须试验端子确保接线相位的准确性。固定螺栓加套绝缘管,安装继电器应保持垂直,固定螺栓应垫橡胶垫圈和防松垫圈紧固。

1.1.1.9 **行程开关的安装规范**

(1) 安装位置应能使开关正确动作,且不妨碍机械部件的运动。

(2) 碰块或撞杆应安装在开关滚轮或推杆的动作轴线上。对电子式行程开关应按产品技术文件要求调整可动设备的间距。

(3) 碰块或撞杆对开关的作用力及开关的动作行程,均不应大于允许值。

(4) 限位用的行程开关,应与机械装置配合调整;确认动作可靠后,方可接入电路使用。

1.1.1.10 **熔断器的安装规范**

(1) 熔断器的型号、规格应符合以下设计要求:

① 各级熔体应与保护特性相配合。

② 用于保护照明和动力电路:熔体的额定电流≥所有电器额定电流之和。

③ 用于单台电动机保护:熔体的额定电流≥(2.5～3.0)×电动机的额定电流。

④ 用于多台电动机保护:熔体额定电流≥(2.5～3.0)×最大容量一台额定电流+其余各台的额定电流之和。

(2) 低压熔断器安装,应符合施工质量验收规范的规定。安装的位置及相互间距应便于更换熔体。低压熔断器宜垂直安装。

(3) 低压断路器与熔断器配合使用时,熔断器应安装在电源一侧。

(4) 熔断器的安装位置及相互间距离,应便于更换熔体。

(5) 安装有熔断指示器的熔断器,其指示器应装在便于观察的一侧。

(6) 安装瓷插式熔断器在金属底板上时,其底座应设置软绝缘衬垫。将熔体装在瓷插件上,是最常用的一种熔断器。由于其灭弧能力差,极限分断能力低,只适用于负载不大的照明线中。

(7) 安装几种规格的熔断器在同一配电板上时,应在底座旁标明熔断器的规格。

(8) 对有触及带电部分危险的熔断器,应配齐绝缘抓手。

(9) 安装带有接线标志的熔断器,电源配线应按标志进行接线。

(10) 螺旋式熔断器安装时,其底座固定必须牢固,电源线的进线应接在熔芯引出的端子上，出线应接在螺纹壳上，以防调换熔体时发生触电事故。

(11) 瓷插式熔断器应垂直安装，熔体不允许用多根较小熔体代替一根较大的熔体，否则会影响熔体的熔断时间，造成事故。瓷质熔断器安装在金属板上时应垫软绝缘垫。

1.1.1.11 漏电保护器的安装规范

(1) 按漏电保护器产品标志进行电源侧和负荷侧接线。

(2) 带有短路保护功能的漏电保护器安装时，应确保有足够的灭弧距离。

(3) 在特殊环境中使用的漏电保护器，应采取防腐、防潮或防热等措施。

(4) 电流型漏电保护器安装后，除应检查接线无误外，还应通过试验按钮检查其动作性能，并应满足要求。

1.1.1.12 消防电气设备的安装规范

火灾探测器、手动火灾报警按钮、火灾报警控制器和消防控制设备等的安装，应按现行国家标准《火灾自动报警系统施工及验收规范》执行。

1.1.2 继电器、接触器控制线路

1.1.2.1 三相绕线式异步电动机启动线路

在实际生产中对要求启动转矩较大且能平滑调速的场合，常常采用三相绕线式异步电动机。其优点是可以通过集电环在转子绕组中串接电阻来改善电动机的机械特性，从而达到减小启动电流，增大启动转矩及平滑调速之目的。

转子绕组串电阻启动自动控制线路有两种：一种是使用时间继电器按照设定时间，来逐个切除串在转子绕组中的外加电阻；另一种是使用电流继电器按照继电器不同的线圈释放电阻，来逐个切除串在转子绕组中的外加电阻。

1) 时间继电器自动控制线路

如图 1-1 所示线路，是用三个时间继电器 KT1、KT2、KT3 和三个接触器 KM1、KM2、KM3 的相互配合，来依次自动切除转子绕组中的三级电阻。

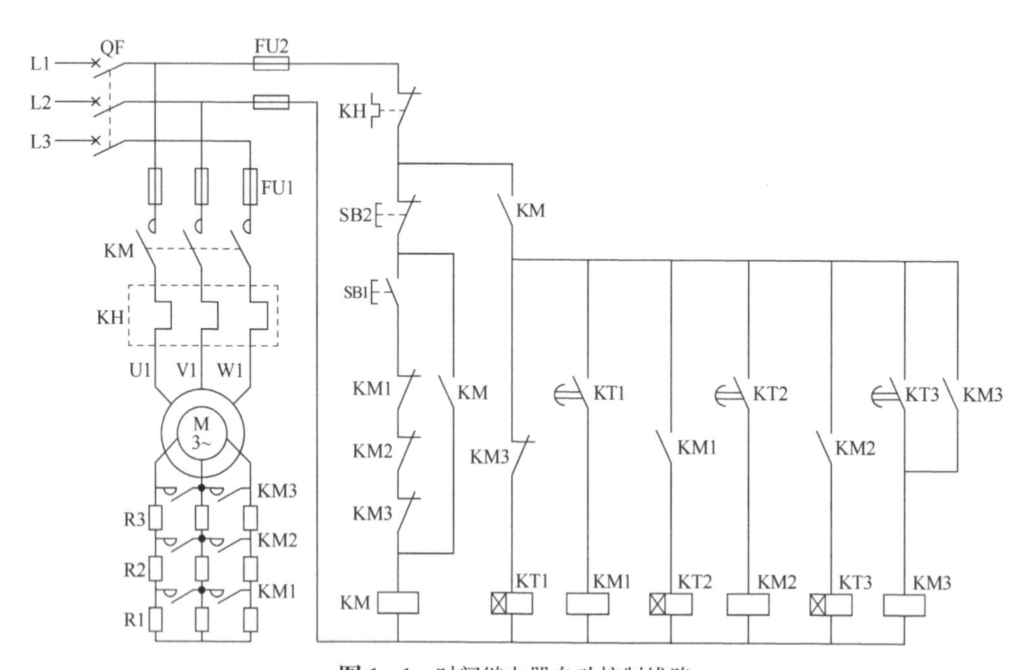

图 1-1 时间继电器自动控制线路

2）电流继电器自动控制线路

如图 1－2 所示线路，是用三个电流继电器 KA1、KA2 和 KA3 根据电动机转子电流变化，控制接触器 KM1、KM2 和 KM3 依次得电动作，来逐级切除外加电阻。KA1、KA2、KA3 的线圈串接在转子回路中，它们的吸合电流都一样，但释放电流不同，KA1 的释放电流最大，KA2 次之，KA3 最小。

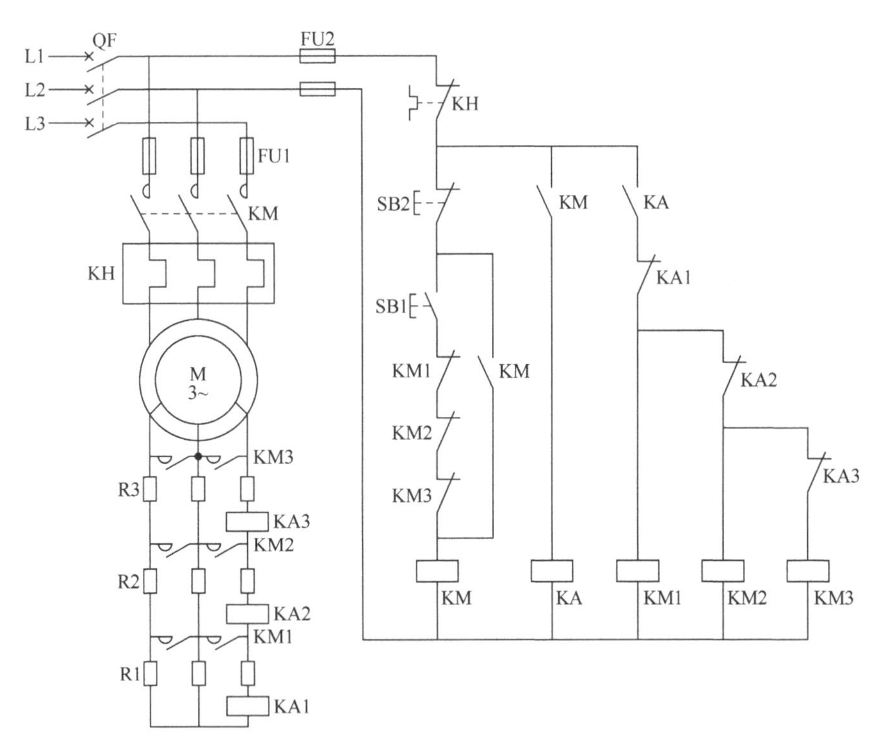

图 1－2　电流继电器自动控制线路

1.1.2.2　三相异步电动机位置控制线路

在生产过程中，常遇到一些生产机械运动部件的行程或位置要受到限制，或者需要其运动部件在一定范围内自动往返循环等。如在万能铣床、镗床、桥式起重机及各种自动或半自动控制机床设备中就经常遇到这种控制要求。而实现这种控制要求所依靠的主要电器是位置开关（又称“限位开关”）。

1）自动停止位置控制线路

电动机自动停止位置控制线路如图 1－3 所示，由接触器 KM 的主触点来控制电动机主电源，在控制回路中设置位置开关 SQ1，当电动机转到 SQ1 位置时，其常闭触点断开，接触器 KM 的线圈失压后主触点断开，电动机停止运转。

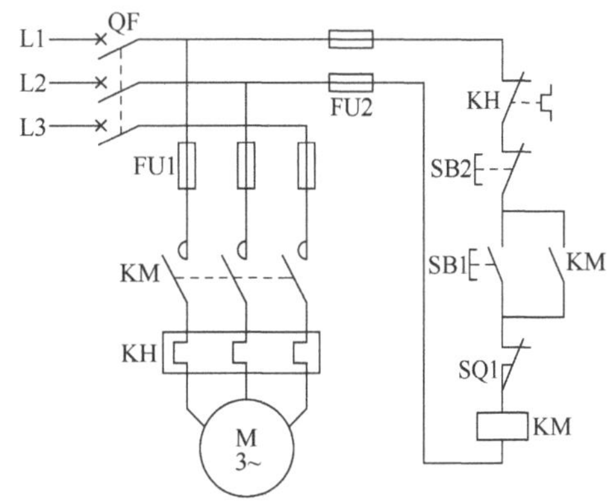

图 1－3　电动机自动停止位置控制线路

2）自动往返位置控制线路

由位置开关控制的工作台自动往返运动示意图如图 1－4 所示。

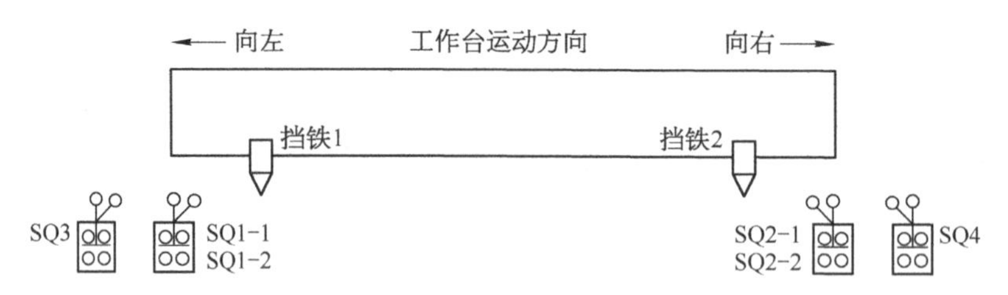

图 1-4 工作台自动往返运动示意图

为了使电动机的正、反转控制与工作台的左、右运动相配合，在控制线路中设置了四个位置开关 SQ1、SQ2、SQ3、SQ4，并把它们安装在工作台需限位的地方。工作台自动往返控制线路如图 1-5 所示。

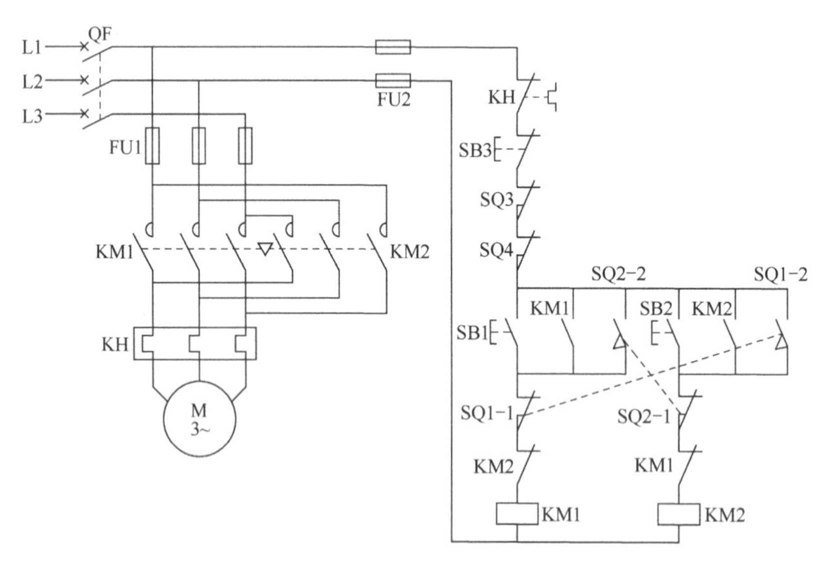

图 1-5 工作台自动往返控制线路

1.1.2.3 三相异步电动机能耗制动控制线路

能耗制动具有制动准确、平稳且能量消耗较小等优点，缺点是须附加直流电源装置、制动力较弱，低速时制动力矩小。因此能耗制动一般用于要求制动平稳、准确的场合，如磨床等精度较高的机床制动。

1）正、反向启动及无变压器半波整流能耗制动控制线路

三相异步电动机双重联锁正、反向启动及能耗制动控制线路如图 1-6 所示，能耗制动采用单只晶体管半波整流器作为直流电源，所用附加设备较少、线路简单及成本低，常用于 10 kW 以下小容量电动机且对制动要求不高的场合。

2）单向启动及有变压器桥式整流能耗制动控制线路

三相异步电动机单向启动及有变压器桥式整流能耗制动控制线路如图 1-7 所示，对于 10 kW 以上的较大容量电动机，通常使用这种控制线路。控制线路中的直流电源由整流变压器经单相桥式整流器供给，可变电阻 RP 是用来调节直流电流的，从而调节制动强度。

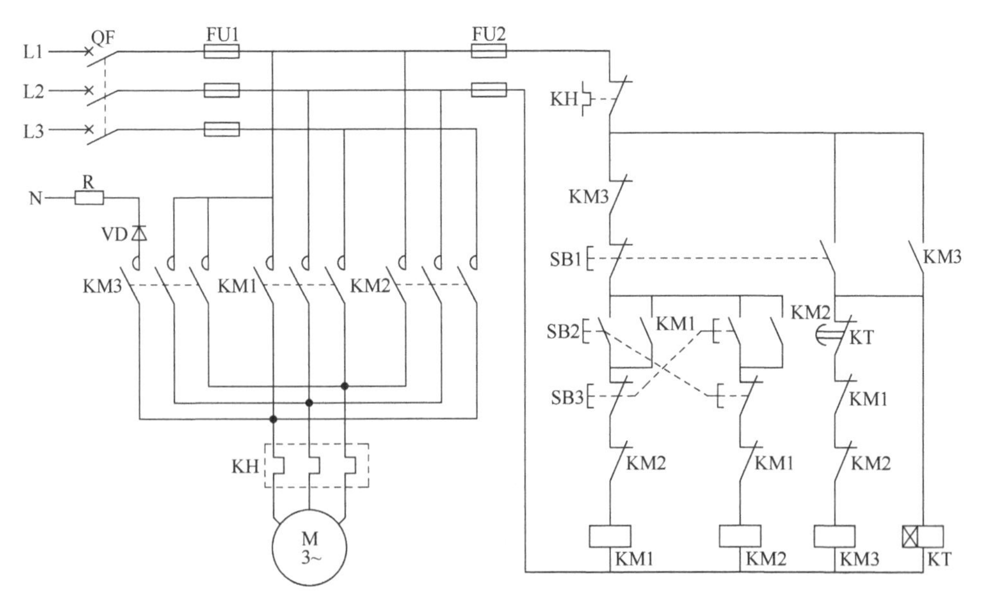

图1-6　三相异步电动机双重联锁正、反向启动及能耗制动控制线路

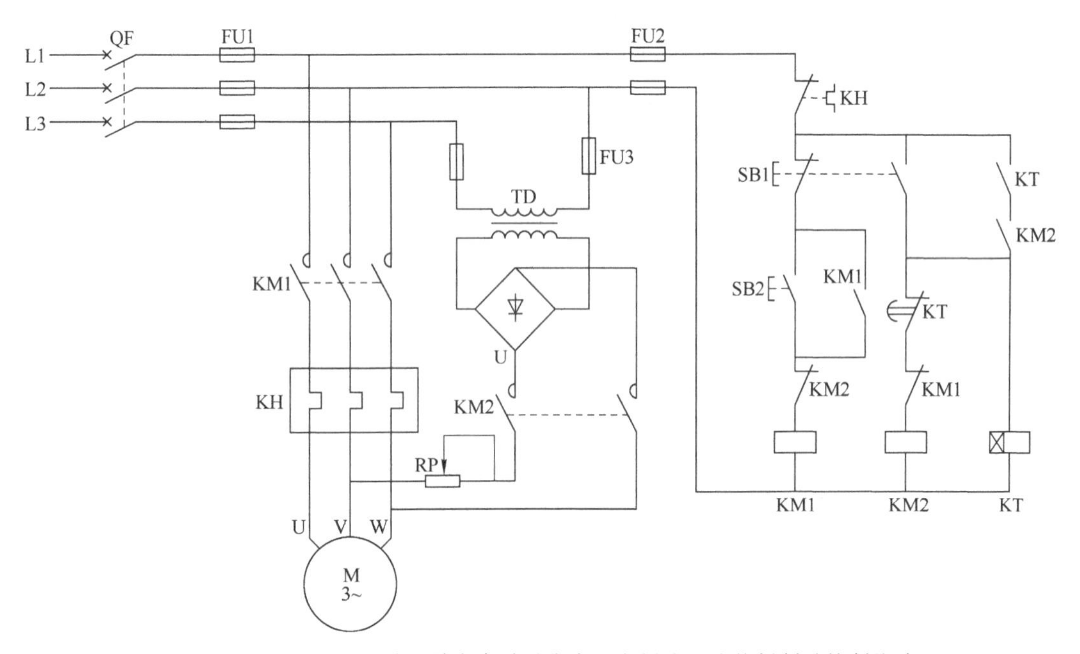

图1-7　三相异步电动机单向启动及有变压器桥式整流能耗制动控制线路

1.2　实训内容

1.2.1　低压配电箱的安装

1.2.1.1　实训要求

(1) 根据标准低压配电箱规格,完成箱内低压断路器的安装,要求位置准确,安装牢固。

(2) 将标准低压配电箱牢固安装在木板上,要求箱体水平。

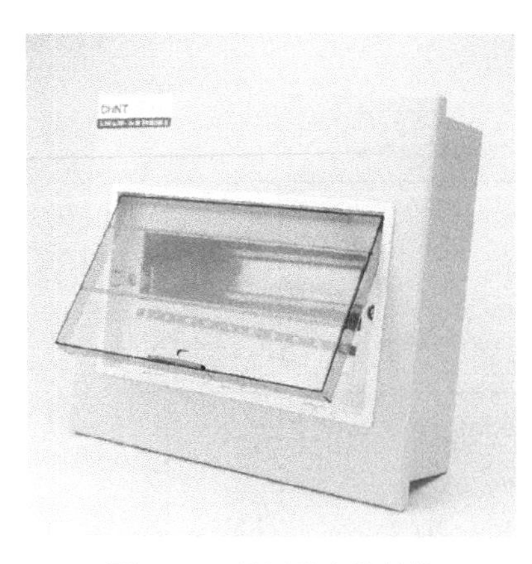

图 1-8 低压配电箱箱体

1.2.1.2 实训准备

(1) 低压配电箱箱体如图 1-8 所示，验收合格。

(2) 有经审核的施工图样。

(3) 所需要的断路器、导线和配线扎带等已经准备完毕，并符合设计图样、配电箱安装要求。

1.2.1.3 实训步骤

1) 安装导轨

划线定位，导轨安装要水平，用螺栓固定导轨，并与盖板断路器操作孔相匹配，并确保导轨的水平度。接地排直接安装在底板上。N 排经绝缘子后安装在底板上。

2) 安装断路器

(1) 断路器安装时，首先要注意箱盖上断路器安装孔位置，保证断路器位置在箱盖预留位置；其次开关安装时，要从左向右排列，开关预留位应为一个整位。

(2) 预留位一般放在配电箱右侧。

3) 配线

(1) 零线颜色要采用蓝色，A 相线为黄、B 相线为绿、C 相线为红。

(2) 照明及插座回路一般采用 2.5 mm^2 导线，每根导线所串联断路器数量不得大于三个。空调回路一般采用 2.5 mm^2 或 4 mm^2 导线，一根导线配一个断路器。

(3) 不同相之间零线不得共用，如由 A 相配出的第一根黄色导线连接了两个 16 A 的照明断路器，那么 A 相所配断路器零线也只能配这两个断路器，配完后直接接到零线接线端子上。

(4) 箱体内总断路器与各分断路器之间配线一般走左侧，配电箱出线一般走右侧。

(5) 箱内配线要顺直不得有绞接现象，导线较多时要用塑料扎带绑扎，扎带大小要合适，间距要均匀。

(6) 导线弯曲应一致，且不得小于导线的自身弯曲半径，防止损坏导线绝缘皮及内部铜芯。

(7) 门与柜体之间的连接线采用镀锌屏蔽带连接。屏蔽带端头的处理要使用 O 形铜接头进行压接，不得将屏蔽带直接固定。固定时要使用倒齿垫片，以防松动和接触不良。

配电箱接线配线完成如图 1-9 所示。

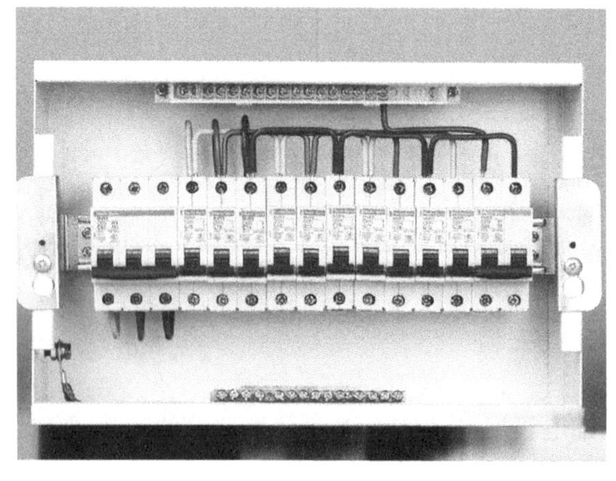

图 1-9 配电箱接线配线完成

4) 绑扎导线

(1) 导线要用塑料扎带绑扎，扎带大小要合适，间距要均匀，一般为 100 mm。

(2) 扎带扎好后，不用的部分要用钳子剪掉。导线绑扎完成图如图 1-10 所示。

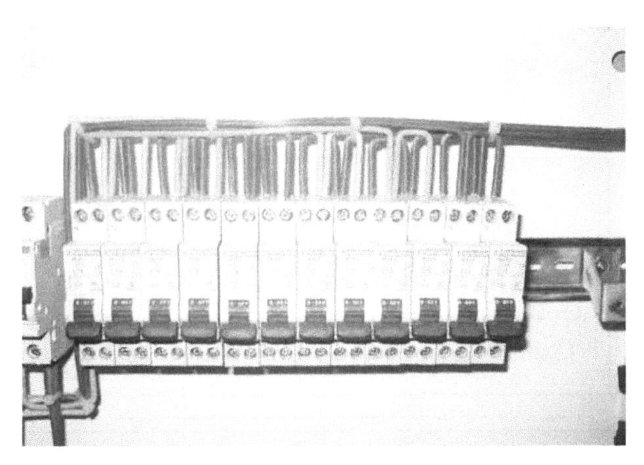

图 1-10　导线绑扎完成图

1.2.2　三相异步电动机串电阻启动控制线路装调

1.2.2.1　实训要求

(1) 根据三相异步电动机串电阻启动控制原理图的知识，分析如图 1-1 所示的工作原理。

(2) 根据原理图及所控制电动机的功率选择电气元件，并列出电气元件明细表，见表 1-4。

表 1-4　三相异步电动机串电阻启动控制线路电气元件清单

序号	符号	器件名称	型号规格	数量	单位
1	QF	带漏电保护的三相断路器	DZ47LE-32/3P，C6	1	只
2	FU1，FU2	熔断器	RT18	5	只
3		熔丝	RT14　ϕ10×38　2 A	5	只
4	KM，KM1～KM3	三相接触器	CJX1-9/22，380 V	4	只
5	FR	三相热继电器	JR3620/3D，1.5～2.4 A	1	只
6	M	三相绕线式异步电动机	YZ8 112M-6，1.5 kW	1	台
7	KT1～KT3	时间继电器	通电延时：JS7-2 A，380 V	3	只
8	SB1，SB2	按钮	LA42P-01，380 V/G LA42P-10，380 V/R	2	只
9	R1～R3	电阻器	1 kΩ/50 W	9	只
10		接线端子	WJT8-2.5	若干	只

(3) 根据原理图绘制元器件布置图，如图 1-11 所示；在原理图上标上线号，如图 1-12 所示。

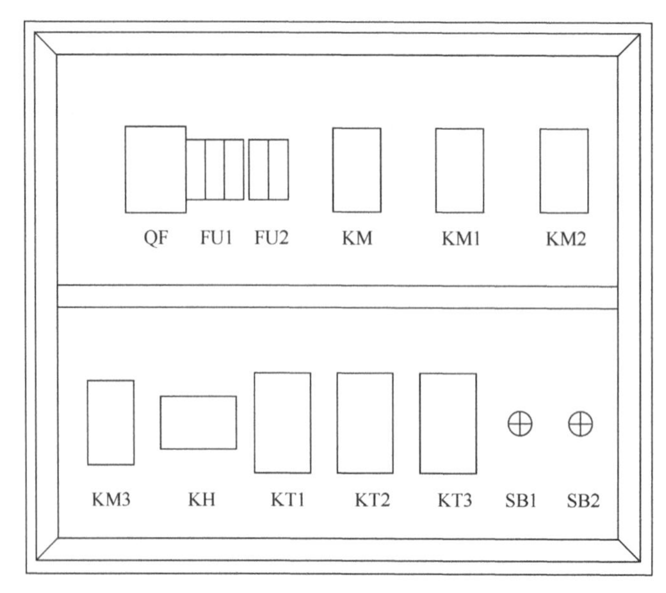

图 1 - 11　安装布置图

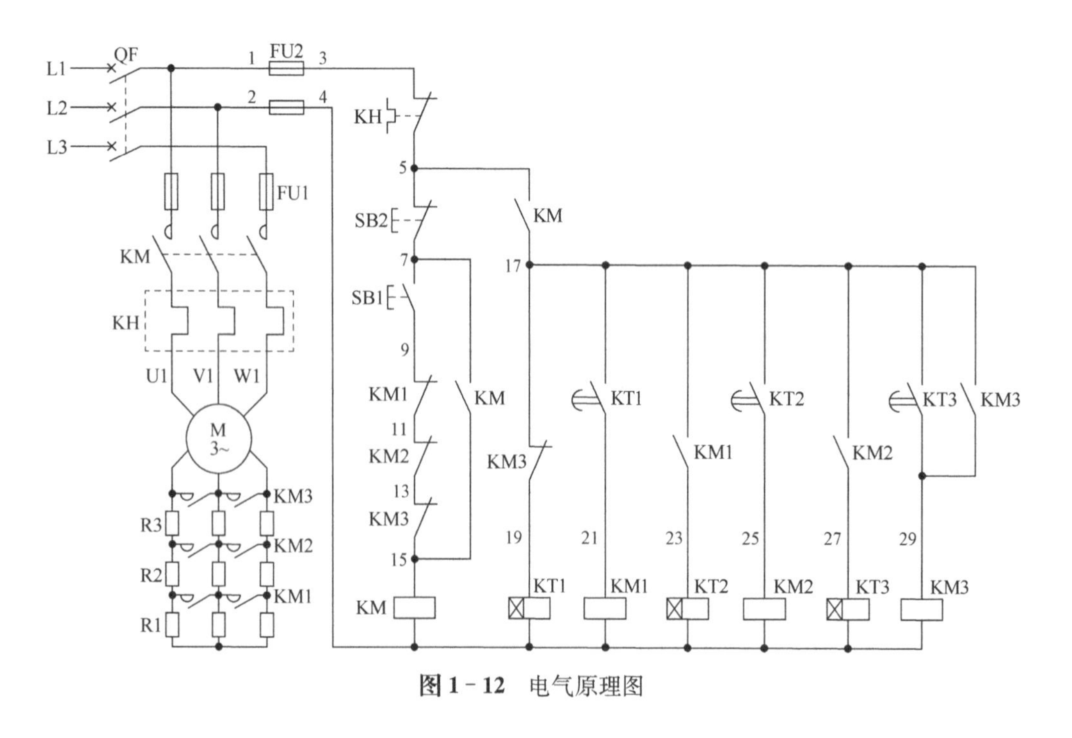

图 1 - 12　电气原理图

(4) 在控制板上安装走线槽和所有电气元件。

(5) 根据原理图完成线路接线。

(6) 检验控制板内部布线的正确性。

(7) 对接线完成的控制线路进行通电调试。

1.2.2.2　实训准备

1) 电气元件清单

2) 连接导线及接线附件

包括黄色、绿色、红色、黑色四种导线颜色，截面积为 0.75 mm^2 的连接导线若干，冷轧端子若干，白色套管若干。

3）电工常用工具和仪表

包括十字旋具、剥线钳、剪刀、压线钳和万用表等。

1.2.2.3 **实训步骤**

（1）根据原理图对控制线路进行安装、接线。

① 电气元件测量。包括接触器线圈直流电阻测量，动断触点测量，时间继电器线圈测量，延时点测量，按钮动合、动断触点测量，电动机三相绕组测量。

② 电气元件安装。按布置图，将电气元件用紧固件安装在模拟配电板上，并在布线通道上安装行线槽。

③ 模拟配电板布线。按原理图，采用多股软导线进行布线，布线时须按走线槽布线工艺规定进行。模拟板布完线后将电动机接入模拟板。

（2）接线完成后，使用万用表仔细检查电路正确与否，确保线路中无短路或控制回路开路等故障现象。

① 使用万用表的欧姆挡，并连接在L1和L2端子上，闭合电源开关QF，观察万用表阻值，如果阻值为0 Ω，说明电路有短路，必须认真检查电路。

② 按下按钮SB1，观察万用表，阻值显示应为一个接触器线圈的直流电阻值。如果阻值显示为零，则说明控制电路短路；如果阻值显示为无穷大，则说明控制电路开路，应认真检查控制电路。

③ 用螺钉旋具按下接触器使其动合触点闭合，观察万用表，阻值显示应为一个接触器线圈的直流电阻值。如果阻值显示为无穷大，则说明自锁回路开路，应认真检查自锁回路；如果阻值显示为零，则说明主电路短路或自锁触点接错。

（3）调节时间继电器和热继电器的设定值，符合电动机启动的要求。

① 热继电器的电流设定值可设定为实际所配置电动机的额定电流值。

② 时间继电器的延时时间，要按照电动机启动时各段速度实际提升所需的时间来加以调整。三个时间继电器中，KT1所需的延时时间为最大，而KT2、KT3的延时时间一般可设定为KT1延时时间的0.5～0.7之间。因为电动机处于轻载（接近于空载）状况下启动，电动机的转速上升较快，因此可暂按KT1延时2～3 s、KT2和KT3延时1～2 s进行设定。

（4）确保接线正确和参数整定值正确的情况下接通电源，进行调试。

① 合上电源开关QF，按下按钮SB1，首先KM线圈得电，接触器主触点闭合，电动机串接所有电阻启动。

② 电动机启动的同时KT1线圈得电，经过设定时间后延时触点闭合，KM1线圈得电，KM1主触点闭合切除第一级电阻R1。

③ 随着KT2和KT3的整定时间到，最终将R2和R3电阻全部切除，电动机启动完成，在额定状态下运行。

④ 按下SB2，电动机停止运行。

（5）观察电动机启动情况，对时间继电器的设定时间进行调整。注意观察电动机的启动过程，并根据启动情况对时间继电器的设定时间进行调整。在使用时间继电器逐段切除启动电阻时，若减少设定时间即提早切除电阻，会引起启动电流过大的现象，如果是在重载启动时，甚至有可能发生切换后的电磁转矩小于负载转矩而不能启动的情况。若时间继电器的设定时间过大，则不能保证平均启动转矩大于负载转矩而造成启动时间延长，以及在某段特性上转速已达到稳定而等待切换到下一段特性继续加速的现象。因此，如果在启动过程中发现因转子电流过大而引起断路器跳闸、熔断器熔体熔断或切换时启动转矩小于负载转矩造成电动机不能顺利启动的现象时，应将时间继电器的设定时间适当增大；而如果发现电动机启动过程不连贯、有等待现象时，则可适当减少整定时间。

注意：电动机空载时，这一步骤中所描述的现象不一定能观察得到，时间继电器的设定时间可不做调整。

1.2.2.4 **注意事项**

1）准备工作注意事项

（1）时间继电器采用通电延时动作型。

（2）选用的电气元件可参阅有关手册和教材。

（3）检验电气元件质量应在不通电的情况下进行。

2）安装注意事项

（1）安装时必须做到安装牢固、排列整齐、匀称、合理和便于走线及更换元件。

（2）紧固元件时，要受力均匀，紧固程度适当，以防损坏元件。

3）接线注意事项

（1）导线与接线端子连接时，要求接触良好，应不压绝缘层、不反圈及不露铜过长。

（2）一个电气元件接线端子上的连接导线不得超过两根，各节接线端子板上的连接导线一般只允许连接一根。

（3）板面导线经线槽敷设，线槽内的导线要尽可能避免交叉，装线量不超过其容量的70%，以便装配和维修。

（4）线槽外导线须平直，各节点必须紧密，接电源、电动机及按钮等的导线必须通过接线柱引出。

（5）各电气元件与走线槽之间的外露导线，要尽可能做到横平竖直，变换走向要垂直。同一元件位置一致的端子和相同型号电气元件中位置一致的端子上引出或引入的导线，要敷设在同一平面上，并应做到高低一致或前后一致，不得交叉。

（6）各电气元件接线端子上引出或引入的导线，除间距很小和元件机械强度很差，如时间继电器 JS7－A 型同一只微动开关的同一侧常开与常闭触点的连接导线，允许直接架空敷设外，其他导线必须经过走线槽进行连接。

（7）各电气元件接线端子引出导线的走向，以元件的水平中心线为界限，水平中心线以上接线端子引出的导线，必须进入元件上面的走线槽；水平中心线以下接线端子引出的导线，必须进入元件下面的走线槽。任何导线都不允许从水平方向进入走线槽内。

（8）所有导线与接线端子的连接，必须牢靠，不得松动。在任何情况下，接线端子必须与导线截面积和材料性质相适应。

（9）所有导线的截面积在等于或大于 0.5 mm^2 时，必须采用软线。考虑机械强度的原因，所用导线的最小截面积作如下规定：在控制箱外为 1 mm^2，在控制箱内为 0.75 mm^2，但对控制箱内很小电流的电路连线，如电子逻辑电路和类似低电平（信号）电路，可用 0.2 mm^2，并且可以采用硬线，但是必须使用在不能移动又无振动的场合。

（10）控制板外部配线时，必须使导线有适当的机械保护，必须以能确保安全为条件，如对电动机或可调整部件上电气设备的配线，可以采用多芯橡皮线或塑料护套软线来保证。

（11）布线时，严禁损伤线芯和导线绝缘。

4）调试注意事项

（1）检验控制板内部布线的正确性，一般应在不通电的情况下进行，必要时，也可进行通电校验，但基于学习者的操作条件和考虑安全等因素，一般不允许进行通电情况下检验。

(2) 由于气囊式时间继电器的定时精度不高，需要在不断调试中得到准确的设定时间。

(3) 与启动按钮SB1串接的接触器KM1、KM2和KM3的常闭辅助触点，其作用是保证电动机在转子绕组中接入全部外加电阻的条件下才能启动。如果接触器KM1、KM2和KM3中任何一个触点因熔焊或机械故障而没有释放时，启动电阻就没有被全部接入转子绕组中，从而使启动电流超过规定的值。把KM1、KM2和KM3的常闭触点与SB1串接在一起，就可避免这种现象的发生；因三个接触器中只要有一个触点没有恢复闭合，电动机就不可能接通电源直接启动。

1.2.3　三相异步电动机自动往返位置控制线路装调

1.2.3.1　实训要求

(1) 根据工作台自动往返控制线路的知识，设计、绘制控制线路原理图。

(2) 根据原理图及所控制电动机的功率选择电气元件，并列出电气元件明细表，见表1-5。

表1-5　自动往返位置控制线路电气元件清单

序号	符号	器件名称	型号规格	数量	单位
1	QF	带漏电三相断路器	DZ47LE-32/3P,C6	1	只
2	FU1,FU2	熔断器	RT18	5	只
3		熔丝	RT14　ϕ10×38　2 A	5	只
4	KM1、KM2	三相接触器	CJX1-9/22,380 V	2	只
5	KH	三相热继电器	JR3620/3D,1.5～2.4 A	1	只
6	M	三相异步电动机	JW-5024	1	台
7	SB1～SB3	按钮	LA42P-01,380 V/G×2 LA42P-10,380 V/R×1	3	只
8		接线端子	WJT8-2.5	80	只

(3) 根据原理图绘制元器件布置图，如图1-13所示；在原理图上标上线号，如图1-14所示。

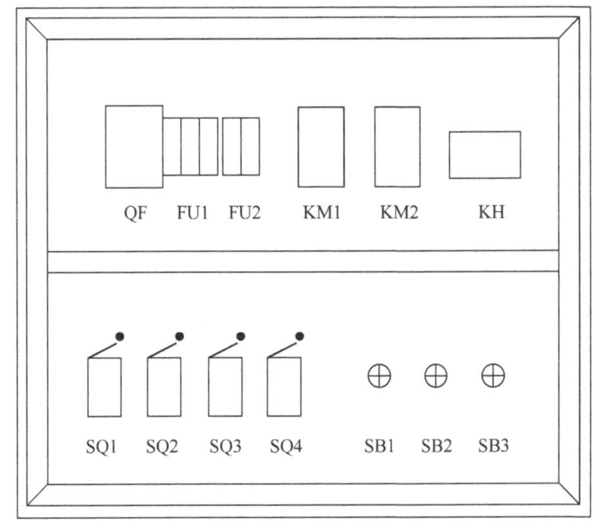

图1-13　自动往返位置控制线路安装布置图

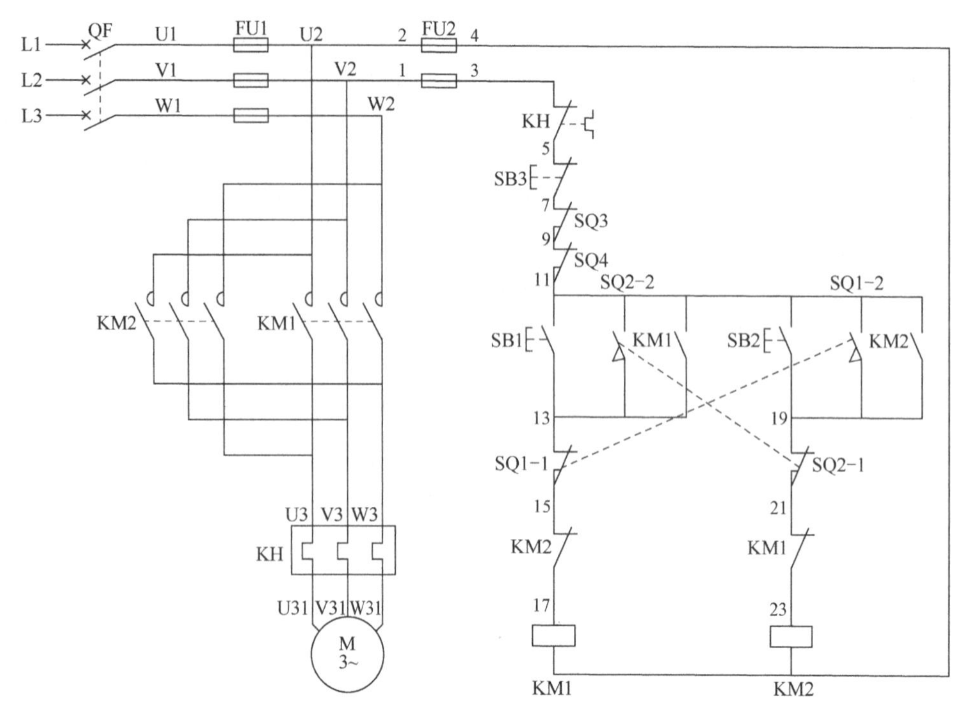

图 1-14 自动往返位置控制线路原理图

(4) 在控制板上安装走线槽和所有电气元件。

(5) 根据原理图完成线路接线。

(6) 检验控制板内部布线的正确性。

(7) 对接线完成的控制线路进行通电调试。

1.2.3.2 实训准备

1) 电气元件清单

2) 连接导线及接线附件

包括黄色、绿色、红色、黑色四种导线颜色，截面积为 0.75 mm^2 的连接导线若干，冷轧端子若干，白色套管若干。

3) 电工常用工具和仪表

包括十字旋具、剥线钳、剪刀、压线钳和万用表等。

1.2.3.3 实训步骤

(1) 根据原理图对控制线路进行安装接线。

① 电气元件测量。接触器线圈直流电阻测量，动断触点测量，按钮动合、动断触点测量，位置开关动合、动断触点测量，电动机三相绕组测量。

② 电气元件安装。按布置图将电气元件用紧固件安装在模拟配电板上，并在布线通道上安装上行线槽。

③ 模拟配电板布线。按原理图采用多股软导线进行布线，布线时须按行线槽布线工艺规定进行。模拟板布完线后将电动机接入模拟板。

(2) 接线完成后，使用万用表仔细检查线路正确与否，确保线路中无短路或控制回路开路等故障现象。

① 使用万用表的欧姆挡，并连接在 L1 和 L2 端子上，闭合电源开关 QF，观察万用表阻

值，如果阻值为 0 Ω，说明电路有短路，必须认真检查电路。

② 按下按钮 SB1，观察万用表，阻值显示应为一个接触器线圈的直流电阻值。如果阻值显示为零，则说明控制电路短路；如果阻值显示为无穷大，则说明控制电路开路，应认真检查控制电路。

③ 用螺钉旋具按下接触器 KM1 使其动合触点闭合，观察万用表，阻值显示应为一个接触器线圈的直流电阻值。如果阻值显示为无穷大，则说明 KM1 的自锁回路开路，应认真检查自锁回路；如果阻值显示为零，则说明主电路短路或自锁触点接错；如果阻值显示为一个接触器线圈的直流电阻值的一半，则说明 KM1 的互锁触点接错。

④ 用螺钉旋具按下接触器 KM2，结果同③。

⑤ 将位置开关 SQ1 的触头按下，观察万用表，阻值显示应为一个接触器的直流电阻值。如果阻值显示为无穷大，则说明 KM2 的控制回路开路；如果阻值显示为零，则说明 KM2 控制回路短路；如果阻值显示为一个接触器线圈直流电阻值的一半，则说明 SQ1 的常闭辅助触点未断开或该回路接线有误。

⑥ 将位置开关 SQ2 触头按下，结果同⑤。

(3) 调节热继电器的设定值，应符合电动机启动的要求。

(4) 确保接线正确和参数整定值正确的情况下，接通电源进行调试。

① 合上电源开关 QF，按下按钮 SB1，KM1 线圈得电，接触器主触点闭合，电动机 M 得电正转，工作台左移。

② 当工作台的挡块碰到 SQ1 后，KM1 线圈失电工作台停止，然后 KM2 线圈得电，电动机开始反转，工作台右移。

③ 当工作台的挡块碰到 SQ2 后，KM2 线圈失电工作台停止，然后 KM1 线圈得电，电动机开始正转，工作台左移，如此往复。

④ 按下 SB3 按钮，工作台停止。

(5) 短接 SQ1 - 1 常闭触点，观察工作台运行情况。

① 合上电源开关 QF，按下按钮 SB1，KM1 线圈得电，接触器主触点闭合，电动机 M1 得电正转，工作台左移。

② 当工作台的挡块碰到 SQ1 后，由于常闭触点 SQ1 - 1 被短接，KM1 线圈不会失电，导致电动机 M 继续左移，直到挡块碰到 SQ3，控制回路断电，KM1 线圈失电，工作台停止。

1.2.3.4 注意事项

(1) 参见 1.2.2.4 节中的注意事项。

(2) 注意正、反转接触器 KM1 和 KM2 的主触点接线的电源相序。

(3) 该电路中有两个启动按钮即 SB1 和 SB2，若工作台在左端的时候需要启动，若按下 SB1，则 SQ1 被压下，常闭触点 SQ1 - 1 分断，所以 KM1 的线圈不会得电，其主触点不闭合，电动机不会运转，无法启动工作台，这种情况下，SB2 为启动按钮。反之，若工作台在右端，那么 SB1 为启动按钮。

1.2.4 三相异步电动机正反转能耗制动控制线路装调

1.2.4.1 实训要求

(1) 根据带桥式整流的三相交流异步电动机正反转能耗制动控制电路的知识，设计、绘制控制线路原理图。

(2) 根据原理图及所控制电动机的功率选择电气元件，并列出电气元件明细表，见表 1 - 6。

表 1-6 带桥式整流的正反转能耗制动线路电气元件清单

序号	符号	器件名称	型号规格	数量	单位
1	QF	带漏电保护的三相断路器	DZ47LE-32/3P,C6	1	只
2	FU1～FU4	熔断器	RT18	8	只
3		熔丝	RT14 $\phi10\times38$ 2 A	8	只
4	KM1～KM3	三相接触器	CJX1-9/22,380 V	3	只
5	KH	三相热继电器	JR3620/3D,1.5～2.4 A	1	只
6	M	三相异步电动机	JW-5024	1	台
7	KT	时间继电器	通电延时:JS7-2 A,380 V	1	只
8	SB1～SB3	按钮	LA42P-11,380 V/G LA42P-22,380 V/R	3	只
9	TC	变压器	BK-25VA,380 V/6.3,12 V,24 V,36 V	1	只
10	VD	整流桥	KBPC10-10	1	只
11		接线端子	WJT8-2.5	若干	只

(3) 根据原理图绘制元器件布置图,如图 1-15 所示;在原理图上标上线号,如图 1-16 所示。

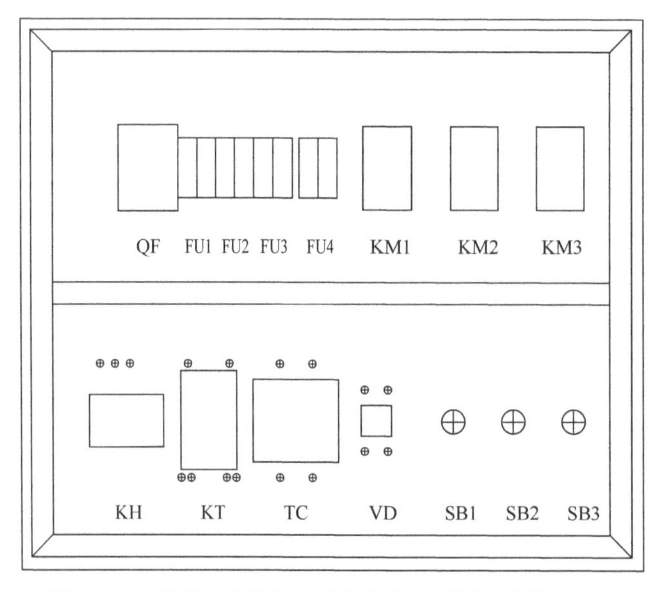

图 1-15 带桥式整流的正反转能耗制动线路安装布置图

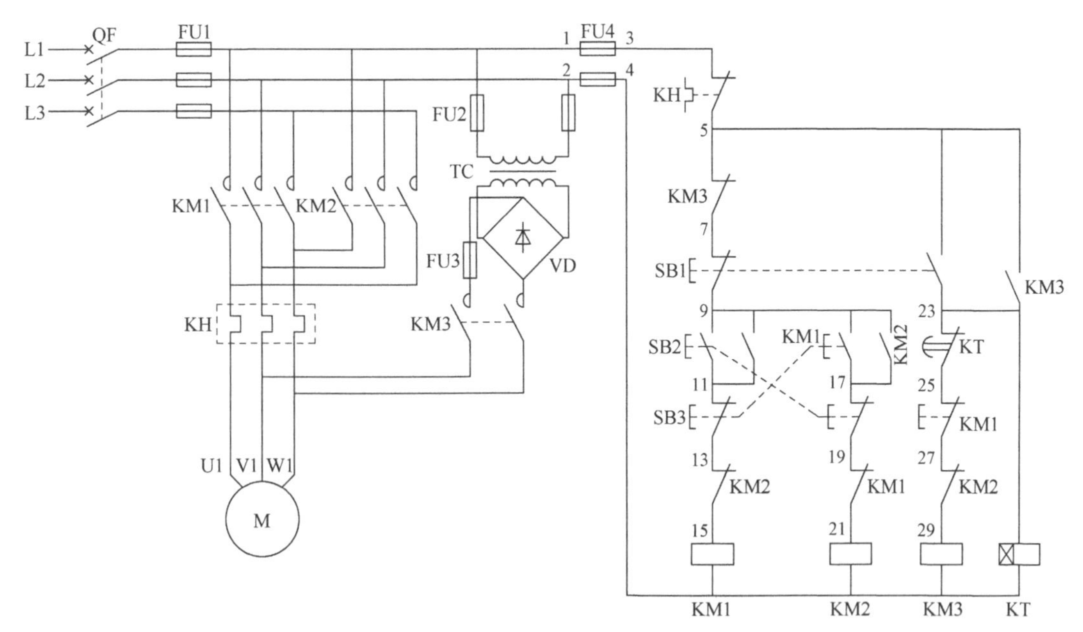

图1-16　带桥式整流的正反转能耗制动线路电气原理图

(4) 在控制板上安装走线槽和所有电气元件。

(5) 根据原理图完成线路接线。

(6) 检验控制板内部布线的正确性。

(7) 对接线完成的控制线路进行通电调试。

1.2.4.2　实训准备

1) 电气元件清单

2) 连接导线及接线附件

包括黄色、绿色、红色、黑色四种导线颜色，截面积为 0.75 mm^2 的连接导线若干，冷轧端子若干，白色套管若干。

3) 电工常用工具和仪表

包括十字旋具、剥线钳、剪刀、压线钳和万用表等。

1.2.4.3　实训步骤

(1) 根据原理图对控制线路进行安装与接线。

① 电气元件测量。接触器线圈直流电阻测量，动断触点测量，时间继电器线圈测量，延时点测量，按钮动合、动断触点测量，整流桥性能测量，电动机三相绕组测量。

② 电气元件安装。按布置图将电气元件用紧固件安装在模拟配电板上，并在布线通道上安装上走线槽。

③ 模拟配电板布线。按原理图采用多股软导线进行布线，布线时须按行线槽布线工艺规定进行。模拟板布完线后，将电动机接入模拟板。

(2) 接线完成后，使用万用表仔细检查线路正确与否，确保线路中无短路或控制回路开路等故障现象。

① 使用万用表的欧姆挡，并连接在 L1 和 L2 端子上，断开 FU2 熔断器，闭合断路器 QF，观察万用表阻值，如果阻值为 0 Ω，说明电路有短路，必须认真检查电路。

② 按下按钮 SB2 或 SB3，观察万用表，阻值显示应为一个接触器线圈的直流电阻值。如

果阻值显示为零，则说明控制电路短路；如果阻值显示为无穷大，则说明控制电路开路，应认真检查控制电路；如果阻值显示为一个接触器线圈直流电阻值的一半，则说明 SB2 和 SB3 的互锁触点接线有误，须认真检查。

③ 用螺钉旋具按下接触器 KM1 或 KM2，使其动合触点闭合，观察万用表，阻值显示应为一个接触器线圈的直流电阻值。如果阻值显示为无穷大，则说明自锁回路开路，应认真检查自锁回路；如果阻值显示为零，则说明主电路短路或自锁触点接错；如果阻值显示为一个接触器线圈的直流电阻值的一半或三分之一，则说明接触器互锁触点接线有误须认真检查。

④ 用螺钉旋具同时按下接触器 KM1 和 KM2 使其动合触点闭合，观察万用表，阻值显示应为无穷大，则说明联锁回路正常。

⑤ 将 SB1 按到底，同时用螺钉旋具按下接触器 KM1 或 KM2，观察万用表，阻值显示应为一个时间继电器线圈的电阻值。

(3) 调节时间继电器和热继电器的设定值，符合电动机启动的要求。

① 热继电器的电流设定值应按照电动机的额定电流来调整。

② 时间继电器 KT 在本线路中的作用是控制能耗制动实施的时间，其延时时间应按照电动机从按下停止按钮开始能耗制动到停转为止所需的实际时间来整定。若整定时间太短，不能实现准确制动，但整定时间太长，电动机已经停转，而电路仍在向定子绕组通入直流电流，虽然不会影响电动机的停车，但时间长了会引起电动机过热。由于电动机所驱动的负载大小不同，故所需的停车时间是不同的，而且实际上电动机停转所需的时间也不容易精确测定，因此在实际整定时，时间继电器的延时时间是按照略大于电动机停转所需的时间来进行整定，一般整定为 3～4 s 即可。

(4) 确保接线正确和参数整定值正确的情况下，接通电源进行调试。

① 合上断路器 QF，按下按钮 SB2，首先 KM1 线圈得电，接触器主触点闭合，电动机正向运转。

② 将 SB1 按到底，首先 KM1 线圈失电，接触器主触点分断，电动机主回路失电；KM3 线圈得电，KM3 主触点闭合，电动机接入直流电进行能耗制动。

③ KM3 线圈得电的同时，时间继电器 KT 线圈得电，待延时时间到后，KT 的常闭触点延时分断，KM3 线圈失电，主触点分断，切断直流电源，KT 线圈失电，能耗制动结束。

④ 按下按钮 SB3，使电动机反向运转，再按下 SB1 进行能耗制动。

1.2.4.4 注意事项

(1) 参见 1.2.2.4 节中的注意事项。

(2) 由于气囊式时间继电器的定时精度不高，需要在不断调试中得到准确的定时时间。

(3) 注意能耗制动中直流电流的大小，过大容易烧坏定子绕组。

(4) 在进行正、反向切换时，必须先按下停止按钮 SB1，待电动机停转后，才能按 SB2 或 SB3 重新启动。否则在定子绕组中会瞬间产生很大的感应电流，可达额定电流的 10 倍左右。

模块 2

电子电路设计装调维修实训

实训要求

通过本模块的学习，要求学生掌握电子焊接工艺，熟悉常用的电子元器件，能够进行导线及电子元器件焊接；掌握常用中规模集成电路在组合逻辑电路与时序逻辑电路中的应用方法；能分析综合性电子线路的工作原理；掌握电平检测电路、振荡电路、计数器电路和逻辑控制电路的设计方法，能对电路参数进行选择并安装、调试；熟练使用各种仪器仪表，对电子电路进行调试及测量。

2.1 基础知识

2.1.1 电子焊接作业

2.1.1.1 电烙铁的组成与分类

电烙铁由烙铁头、加热体和手柄三个部分组成。常用的电烙铁有外热式和内热式两种。另外还有既不易损坏元器件，又能方便吸去焊点上焊锡的吸锡电烙铁。还有恒温电烙铁，它具有省电、焊料不易氧化和烙铁头不易“烧死”等优点，并能减少虚焊，以保证焊件质量和防止损坏元器件。电烙铁的规格根据所消耗的电功率来表示，要根据焊接对象，合理选择电烙铁的功率大小。常用的电烙铁功率有 20 W、30 W、50 W 和 100 W 等。

1）外热式电烙铁

外热式电烙铁一般由烙铁头、烙铁芯、外壳等组成，如图 2-1 所示。烙铁头安装在烙铁芯内，用以热传导性好的铜为基体的铜合金材料制成。烙铁头的长短可以调整（烙铁头越短，烙铁头的温度就越高），且有凿式、尖锥形、圆面形、圆尖锥形和半圆沟形等不同的形状，以适应不同焊接面的需要。

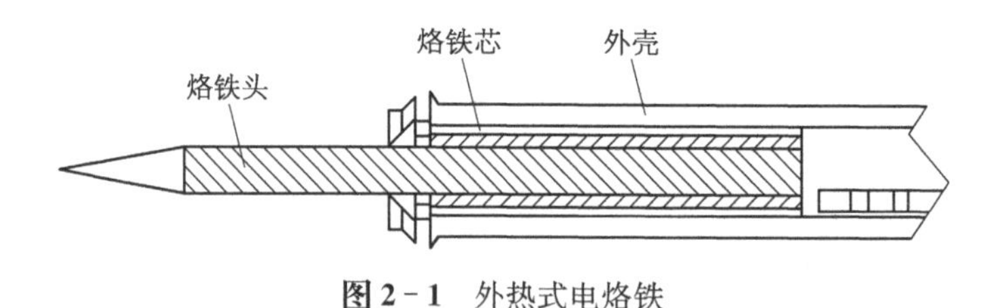

图 2-1 外热式电烙铁

2）内热式电烙铁

内热式电烙铁一般由烙铁头、烙铁芯、卡箍、手柄等部分组成，如图 2-2 所示。烙铁芯安装在烙铁头的里面，发热快、热效率高。烙铁芯采用镍铬电阻丝绕在瓷管上制成，一般 20 W 电烙铁其电阻为 2.4 kΩ 左右，35 W 电烙铁其电阻为 1.6 kΩ 左右。

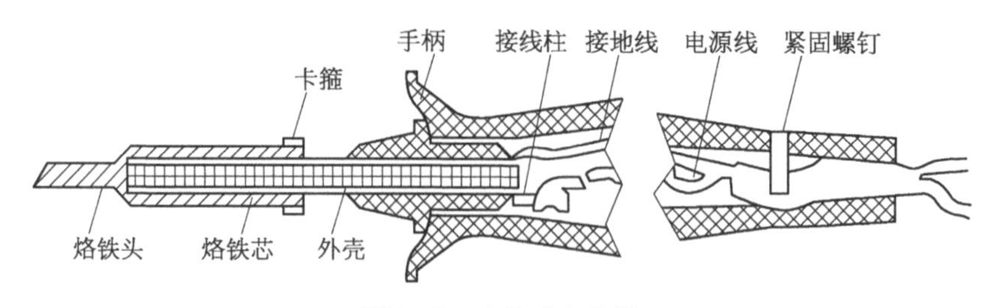

图 2-2 内热式电烙铁

常用内热式电烙铁的工作温度见表 2-1。

表 2-1 常用内热式电烙铁的工作温度

电烙铁功率/W	20	25	45	75	100
端头温度/℃	250	400	420	440	455

一般来说电烙铁的功率越大，热量越大，烙铁头的温度越高。焊接集成电路、印制线路板，

CMOS 电路一般选用 20 W 内热式电烙铁。使用的电烙铁功率过大，容易烫坏元器件（一般二极管、三极管结点温度超过 200 ℃时就会烧坏）和使印制导线从基板上脱落；使用的电烙铁功率太小，焊锡不能充分熔化，焊剂不能挥发出来，焊点不光滑、不牢固，易产生虚焊。焊接时间过长，也会烧坏器件，一般每个焊点在 1.5～4 s 内完成。

3）其他电烙铁

（1）恒温电烙铁。恒温电烙铁的烙铁头内，装有磁铁式的温度控制器，来控制通电时间，实现恒温的目的。在焊接温度不宜过高、焊接时间不宜过长的元器件时，应选用恒温电烙铁，但它价格高。

（2）吸锡电烙铁。吸锡电烙铁是将活塞式吸锡器与电烙铁融于一体的拆焊工具，它具有使用方便、灵活和适用范围宽等特点。不足之处是每次只能对一个焊点进行拆焊。

（3）气焊电烙铁。一种用液化气、甲烷等可燃气体燃烧加热烙铁头的电烙铁。适用于供电不便或无法供给交流电的场合。

2.1.1.2　电烙铁的选择

1）选用电烙铁一般遵循原则

（1）烙铁头的形状要适应被焊件物面要求和产品装配密度。

（2）烙铁头的顶端温度要与焊料的熔点相适应，一般要比焊料熔点高 30～80 ℃（不包括在电烙铁头接触焊接点时下降的温度）。

（3）电烙铁热容量要恰当。烙铁头的温度恢复时间要与被焊件物面的要求相适应。温度恢复时间是指在焊接周期内，烙铁头顶端温度因热量散失而降低后，再恢复到最高温度所需时间。它与电烙铁功率、热容量及烙铁头的形状、长短有关。

2）选择电烙铁的功率原则

（1）焊接集成电路、晶体管及其他受热易损件的元器件时，考虑选用 20 W 内热式电烙铁或 25 W 外热式电烙铁。

（2）焊接较粗导线及同轴电缆时，考虑选用 50 W 内热式电烙铁或 45～75 W 外热式电烙铁。

（3）焊接较大元器件时，如金属底盘接地焊片，应选 100 W 以上的电烙铁。

2.1.1.3　电烙铁的使用

1）电烙铁的握法

电烙铁的握法分为三种，如图 2-3 所示。

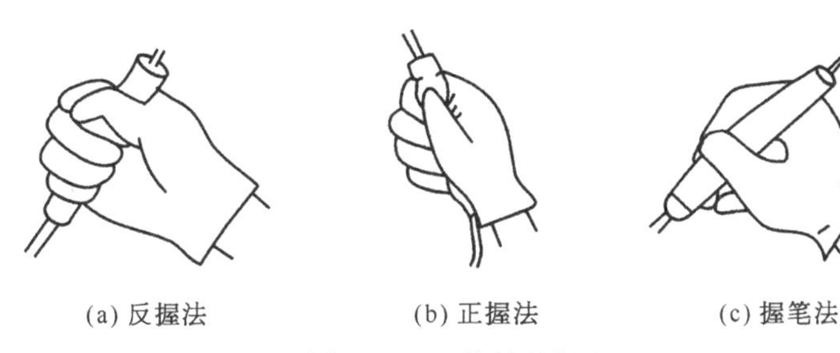

(a) 反握法　　(b) 正握法　　(c) 握笔法

图 2-3　电烙铁的握法

（1）反握法。指用五指把电烙铁的柄握在掌内。此法适用于大功率电烙铁，焊接散热量大的被焊件。

（2）正握法。适用于较大的电烙铁，弯形烙铁头的一般也用此法。

(3) 握笔法。指用握笔的方法握电烙铁，此法适用于小功率电烙铁，焊接散热量小的被焊件，如焊接收音机、电视机的印制电路板等。

2) 电烙铁使用注意事项

(1) 电烙铁不宜长时间通电而不使用，这样容易使烙铁芯加速氧化而烧断，缩短其寿命，同时也会使烙铁头因长时间加热而氧化，甚至被“烧死”不再“吃锡”。

(2) 根据焊接对象合理选用不同类型的电烙铁。

(3) 使用过程中不要任意敲击电烙铁头以免损坏。内热式电烙铁连接杆钢管壁厚度只有 0.2 mm，不能用钳子夹以免损坏。在使用过程中应经常维护，保证烙铁头挂上一层薄锡。

2.1.1.4 焊料及焊剂

1) 焊料

常用的焊料为铅锡合金，熔点由铅锡合金比例决定，约在 180 ℃左右。其特点是：熔点低、流动性能好和机械强度好，这对焊接质量的提高是重要的保证。电子线路焊接所用的焊料一般采用直径为 1 mm、含锡量为 61% 的松香芯焊锡丝。焊锡丝的直径规格有 0.5 mm、0.8 mm、1 mm、1.2 mm、2.5 mm、3 mm、4 mm 和 5 mm 等。焊料如图 2 - 4 所示。

图 2 - 4　焊料

图 2 - 5　助焊剂

2) 焊剂

焊剂又称助焊剂。锡焊技术是依靠被熔化的焊锡将焊件与被焊件金属体连在一起的过程。助焊剂的作用是：在焊接过程中熔化金属表面氧化物，并起到保护作用，使焊料能尽快地浸润到焊件金属体上，以达到助焊的功能。助焊剂的种类很多，电子线路的焊接一般使用防腐助焊剂或松香焊剂。助焊剂如图 2 - 5 所示。

2.1.1.5 锡焊

锡焊时，被焊件的熔点要高于焊料的熔点。被焊件应具有良好的可焊性，如金、银和铜等金属器材。焊接时的焊接面必须清洁，并除去氧化物和污垢。焊接时要合理地控制好温度和时间。

对锡焊的质量要求为：焊点的导电性良好，要求焊料与被焊件表面形成的合金层必须接触良好，防止虚焊和假焊。焊点必须具有一定的机械强度，要求被焊件的表面形成的合金层面积足够大，从而增加强度。焊点的外观必须表面清洁、美观、有光泽，焊点表面应呈光滑状态，不应出现棱角、空隙、烧焦或带尖刺现象，要略显示被焊件的轮廓，并具有一定的风格。

2.1.1.6 焊接方法

如果用一把新的电烙铁，首先应清洁烙铁头并上锡。其方法是在铁砂布上放些松香和焊料，待电烙铁加热至一定温度后，将烙铁头蘸取松香和焊料，放在铁砂布上来回摩擦，直到烙铁头上有一层银白色的焊锡即可。

焊接时，不能将烙铁头在焊点上来回磨动，而应该将烙铁头焊锡面紧贴焊点，有一点时间停顿，待焊锡全部熔化后，迅速将烙铁头向斜上方 45°方向移开。这时，焊锡不会立即凝固，必须扶稳、扶牢被焊件，一直等到焊点凝固再放手。焊接时应掌握好温度和时间，如果温度过低，焊锡的流动性差，很容易凝固；而温度过高，焊锡流淌过快，焊点不易存锡。

焊接时，烙铁头的温度应高于焊锡的熔点，一般应在 3～5 s 内使焊点达到所要求的温度，且迅速移开烙铁头，使焊点既光亮，又圆滑。若焊接的时间过短，则焊点不光滑，并形成“豆腐渣”状，甚至形成虚焊。

2.1.1.7　导线上锡的步骤

(1) 清洁裸导线并涂上助焊剂，用刀片或细铁砂布去除裸导线表面的氧化物，并用布擦去裸导线表面的尘埃。然后左手拿镊子钳钳住裸导线，右手将烙铁头压在松香上面的裸导线，待松香熔化后左手拉动裸导线，使裸导线表面涂上一层薄而均匀的松香助焊剂。导线上锡如图 2-6 所示。

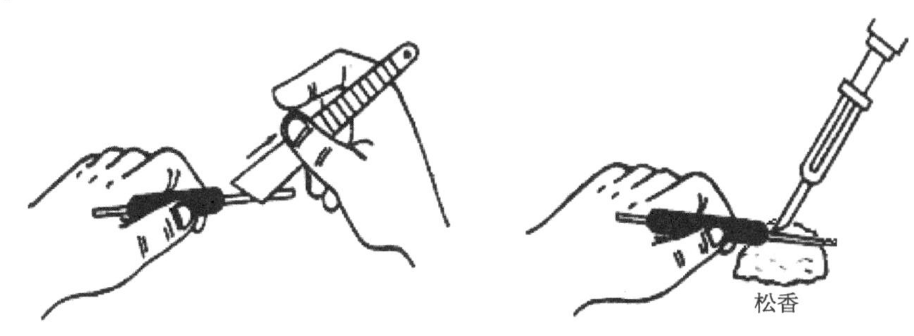

图 2-6　导线上锡

(2) 对裸导线表面上锡，烙铁头蘸上适量焊锡丝，将烙铁头触及裸导线自上而下滑动，但速度不能过快。用同样的方法，将裸导线的反面也上锡，直到裸导线表面镀上一层薄而亮的锡层。对没有上好锡的部位，可以重复涂助焊剂再进行上锡。

(3) 清洁上锡表面，其方法是用纱布蘸取适量无水酒精，擦洗已上好锡的裸导线。

2.1.2　集成运算放大器的应用

2.1.2.1　通用集成运算放大器

集成运算放大器的种类繁多，但是在一般场合下，采用通用型的集成运算放大器就可以满足需要。常用的集成运算放大器型号十分繁杂，需要时可以查阅有关手册，了解其引脚排列及技术指标。常用的几种集成运算放大器有 μA741、LM358、LM324 等，其引脚排列如图 2-7 所示。

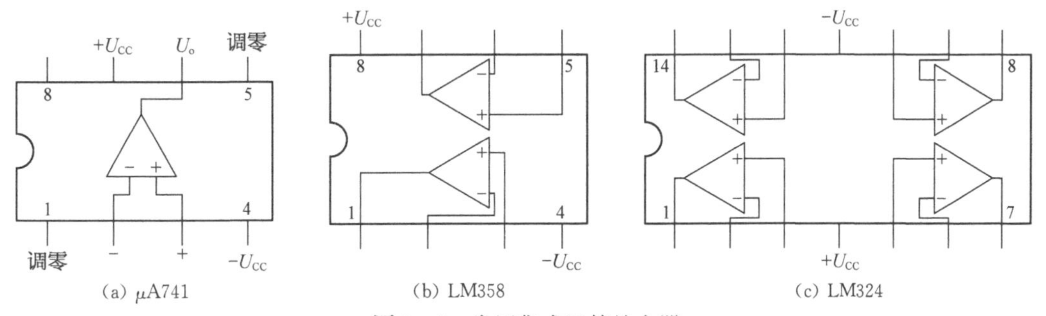

图 2-7　常用集成运算放大器

1) μA741

μA741 的国产型号为 F007，封装有 8 个引脚圆金属壳与双列直插两种，双列直插元件的排列如图 2-7a 所示。一个集成块中有一个运放，除了电源($\pm U_{CC}$)、输入端(－、＋)、输出端(U_o)以外，还可以外接调零电位器，电位器的两端接在①、⑤脚，调节端接在负电源上。圆金属壳元件的引脚排列编号与双列直插元件相同。μA741 还具有输出过流保护功能，即使输出短路也不会烧坏集成块。

2) LM358

LM358 为一个 8 个引脚双列直插元件，封装了两个独立的运放，引脚排列如图 2-7b 所示。每个运放只引出输入与输出三个端子，无须外接调零与消振元件，电源公用。LM358 的特点是电源电压的范围宽，既可以用双电源(±1.5～±15 V)，又可以用单电源(3～30 V)，采用单电源工作时输入与输出电压可以接近 0 V。在使用单电源时，可以与 TTL、CMOS 逻辑电路等兼容。相同性能的运放还有 LM158、LM258，其区别是工作温度的高低(LM158 为－55～＋125 ℃、LM258 为－25～＋85 ℃、LM358 为 0～＋70 ℃)

3) LM324

LM324 为一个双列直插元件，封装了四个独立的运放，引脚排列如图 2-7c 所示，其性能特点与 LM358 相同，既可以采用单电源工作，当然也能在双电源下工作。相同性能的运放还有 LM124、LM224。

2.1.2.2 特殊类型的集成运算放大器

前面介绍的常用集成运算放大器都属于通用型的集成运算放大器，其技术指标能够满足大多数应用场合的要求，在一般的工业控制系统中(如调速系统)，采用通用型集成运算放大器就可以满足要求。但是在某些特殊情况下，要求集成运算放大器的某一项指标性能特别好，就需要用到一些特殊类型的集成运算放大器。

1) 高速型

在对信号进行测量或处理时，有时需要集成运算放大器的运算速度快，如在 A/D、D/A 转换电路中需要用到高速型的集成运算放大器。例如，国产 CF715 型(类似国外 μA715)高速运放的转换速率可以达到 100 V/μs，3554 型可以达到 1 000 V/μs。

2) 高阻型

在测量电路中，往往需要输入高电阻型的运放，使得测量电路基本上不输入电流，以减小测量误差。例如，国产 F3140 型(类似国外 CA3140)的差模输入电阻可以达到 1.5×10^6 MΩ。

3) 高压型

一般集成运算放大器的电源电压为±15 V 左右，高压型的运放则可以使用较高的电源电压，使得输出电压的幅度也大大提高。例如，国产的 F143(类似国外 LM143)电源电压为±28 V，国外的超高压运放 3583 可以达到±150 V。

4) 高精度

在检测技术中遇到测量信号十分微弱时，应该使用高精度型的运放，高精度型是指具有低失调、低温漂、低噪声的运放。例如，国产 F5037(类似国外 CAW5037)的失调电压为 10 μV，失调电压的温漂为 0.2 μV/℃，失调电流为 7 nA。

5) 大功率型

一般的集成运算放大器只能输出电压信号，输出电流很小，大功率型的运放可以输出较大的电流。例如，国产 FX0021(类似国外 LH0021)可以输出最大达到 1.2 A 的电流。

6）低功耗型

在空间技术等领域中，常常希望运放具有低功耗，即能在低电源电压下工作，电源电流只取极微小的电流（10～100 μA）。例如，国产 F3078I 型在电源电压为±6 V 时，静态功耗是 240 μW，静态电流是 20 μA。

2.1.2.3　集成运算放大器使用注意事项

在使用集成运算放大器时，可能会遇到一些问题，使其无法正常工作或损坏。使用时应该注意以下几点：

1）消除自激振荡

集成运算放大器是直接耦合的多级放大器，线性使用时又必定带有深度负反馈，因此电路有可能会产生高频自激振荡。早期的运放，经常需要在指定的引脚上按要求数值外接消振电容和电阻。例如，F004 需要在输出端与⑤脚之间外接 300 kΩ 的电阻，并在⑤脚与地之间外接 300 pF 的电容。目前由于制造水平的提高，运放内部一般都有消振元件，无须外接消振元件。

2）输入限幅保护

当运放的两个输入端输入的差模电压过高时，很容易使得输入端的半导体管击穿，因此运放在使用时，经常在输入端接有两个反并联的二极管，如图 2－8 所示，以限制输入电压，起到保护内部电路的作用。在线性应用时，由于输入信号很小，正常情况下二极管是不起作用的；在非线性应用时，可以限制输入电压的幅度在±0.7 V 范围内。

3）输出限幅保护

运放使用时，输出电压的范围是在电源电压的范围内，如果输出短路则可能烧坏运放，如果需要减小输出电压的限幅值，则可以在输出端接上稳压管限幅电路，如图 2－8 所示。此时运放的输出电压被限制在稳压管的正负稳定电压$\pm U_Z$范围内（包括 0.7 V 正向压降），同时限流电阻还可以在输出短路时起到限流作用。在线性应用时，如果输出电压在限幅范围内时，限幅电路是不起作用的，只有在输出电压超过限幅值时，才对输出波形起到削波作用；在非线性应用时，限幅电路始终起作用，输出电压不是$+U_Z$就是$-U_Z$。

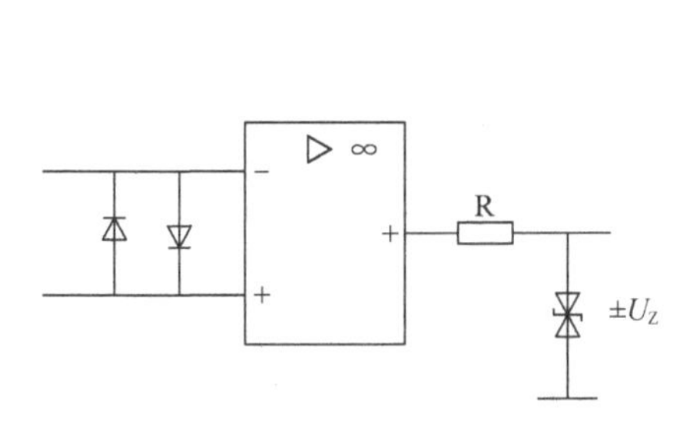

图 2－8　运放的输入与输出限幅保护电路

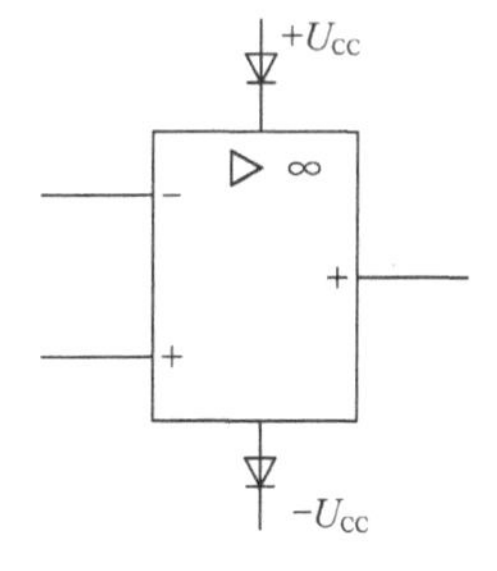

图 2－9　电源保护

4）电源保护

为了防止运放因电源反接而损坏，可以在电源接线端各接一个二极管，如图 2－9 所示。当电源接反时，二极管截止，起到保护作用。

2.1.3　集成组合逻辑电路的应用

2.1.3.1　集成逻辑门电路

1）集成数字电路的种类

在工业生产中，最常用的集成数字电路是 TTL 电路和 CMOS 电路。此外还有 ECL 电路、I^2L 电路，以及近年来发展的 Bi－CMOS 电路等。

(1) TTL 电路。TTL 电路是用双极型硅工艺制成的一种集成电路，常用的有 54 系列和 74 系列两种，54 系列为军品，一般工业和民用多为 74 系列。常用的 74 系列 TTL 电路有以下 6 种：

① 74 系列，中速型，国产型号为 T1000 系列或 CT1000 系列。

② 74H 系列，高速型，国产型号为 T2000 系列或 CT2000 系列。

③ 74S 系列，肖特基型，国产型号为 T3000 系列或 CT3000 系列。

④ 74AS 系列，74S 系列的改进型。

⑤ 74LS 系列，低功耗肖特基型，国产型号为 T4000 系列或 CT4000 系列。

⑥ 74ALS 系列，74LS 系列的改进型。

这 6 种电路主要的区别在于传输时间及功耗上，其中 74AS 的传输时间最小，为 1.5 ns；74ALS 的功耗最小，为 1 mW。电路的具体型号是在系列号后加上 2～3 位数字序号来表示，如 74××、74LS×××等。只要数字序号相同，电路的逻辑功能及引脚排列都是相同的，如 7401、74LS01 和 74ALS01 都是二输入端四与非门(OC 门)，它们的用法完全相同。

在 6 种 74 系列 TTL 电路中较为常用的是 74LS 系列，国产型号的名称 T4000 或 CT4000，很容易与 CMOS4000 系列的国产型号 CC4000 系列相混淆，应注意区别。

不同厂商的 TTL 产品系列名基本相同，但是新产品常有例外，如仙童(Fairchild)公司的高速低功耗肖特基工艺的集成电路称为 F 系列，飞利浦(Philips)公司的低功耗肖特基工艺的集成电路称为 ABT 系列等。

(2) CMOS 电路。CMOS 电路即互补型金属氧化物半导体电路。其内部由 NMOS 和 PMOS 场效应管互补组成，输入端一般还带有二极管限幅电路，使输入信号的幅度限制在电源电压的范围内，起到保护作用。CMOS 电路的类型很多，常用的 CMOS 通用集成电路类型有 4000B 系列、74HC 系列和 74HCT 系列。

① 4000B 系列。4000 系列 CMOS 电路有 A、B 两种，目前 A 型已经淘汰。CMOS 电路最早是由美国无线电公司 RCA 推出的，命名为 CD4×××，后来一些大公司也相继仿制这一系列的电路，型号与 CD4×××基本一致，例如摩托罗拉(Motorola)公司为 MC14×××、东芝公司为 TC4×××、日立公司为 HD4×××等。因为这一系列的产品已经标准化，所以国产这一系列的电路命名为 CC4×××，只要序号相同，产品的引脚排列、逻辑功能完全一致，可以互换。4000 系列自 20 世纪 60 年代推出后，工艺已经十分成熟，品种齐全，至今仍在广泛使用，其主要缺点是速度较慢。

② 74HC 系列。74HC 系列是 20 世纪 80 年代起推出的高速 CMOS 电路，它的工作速度比 4000 系列提高了约 10 倍，驱动能力也有较大提高，是目前常用的一种数字集成电路。74HC 系列是 CMOS 电路，不是 74 系列的 TTL 电路。但是，74HC 系列除了电源电压为 2～6 V 与 TTL 电路有所区别以外，其逻辑功能、引脚排列绝大多数与 74 系列的 TTL 同序号电路相同，可以与 74 系列的 TTL 电路完全兼容。例如，74HC138、74LS138 都是 3/8 译码器，可以完全兼容。少数 74HC 电路的序号和 4000 电路相同，如 74HC4015 和 CC4015 都是双四位移位寄存器，逻辑功能、引脚排列完全相同，也可以完全兼容。

③ 74HCT 系列。74HCT 系列高速 CMOS 电路的电源电压与 TTL 电路一样都是固定为 5 V，因此和 74HC 电路一样，也完全与 74 系列的 TTL 同序号电路兼容。

除了上述几种 CMOS 通用集成电路以外，还有 AC 系列及 ACT 系列，其是在 HC/HCT 系列基础上开发的高速电路，速度比 HC/HCT 系列提高了近 1 倍，驱动能力也有了极大的提高。LCX系列是摩托罗拉公司的低电压CMOS电路，LVC系列是飞利浦公司的低电压CMOS电路，采用1.2～3.6 V的电源，工作频率已达150 MHz，驱动能力最大可达24 mA。

除了通用电路以外，CMOS电路还有各种专用集成芯片，种类很多，应用于家电、钟表、语音和玩具等各种场合，各厂商自成体系，工作电压大都较低(1.5～3 V)，可用电池供电，属于低电压CMOS芯片。

TTL电路与CMOS电路有不少电路的逻辑功能是相同，有的甚至序号也是相同，如果要实现某一逻辑功能可以找到一种TTL电路的话，总可以找到逻辑功能相似的CMOS电路与之对应，但是这两种电路的主要参数有很大区别，表2-2所列为这两种电路的主要参数，使用时应加以注意。

表2-2 74LS系列TTL电路和4000系列CMOS电路的主要参数(典型值)

参数名称	74LS系列TTL	4000系列CMOS
电源电压/V	5	3～18
输出高、低电平	3.4 V/0.25 V	U_{DD}/U_{SS}
高电平输入电流/μA	20	0.3
低电平输入电流	−0.36 mA	−0.3 μA
门坎电平	1.4 V	$U_{DD}/2$
拉电流/mA	−0.4	−1.5
灌电流/mA	8	1.5
传输时间/ns	10	45
功耗/门	2 mW	10～50 nW

由于CMOS电路功耗低、发热小、工艺简单，故集成度高，其制造成本比其他集成电路低。由于输入阻抗高，故扇出系数大，CMOS电路中、低频时的扇出系数可达50～100。电源电压范围宽、噪声容限大也是CMOS电路的一个主要优点，但是CMOS电路的功耗、传输时间都与电源电压的高低有关，电源电压高则传输时间短，但功耗大，在低频情况下，应采用较低的电源电压工作，尽管4000系列的电源电压规定是3～18 V，但其电气参数是按5～15 V提供，最好在15 V范围内工作。

(3) Bi-CMOS电路。Bi-CMOS电路是20世纪90年代推出的采用双极型工艺与CMOS工艺混合制成的一种新型集成电路，它的主要特点是既具有双极型电路速度高、带负载能力强的特点，又具有CMOS电路功耗低、集成度高的特点，如ABT系列的Bi-CMOS电路，采用5 V电源，传输时间为4.6 ns，驱动器的带负载能力达到拉电流32 mA、灌电流64 mA，功耗小于74LS同类驱动器电路。

2) 常用集成门电路举例(CMOS4000系列)

集成门电路除了具有正常的逻辑功能以外，某些电路还具有某种特殊性能，使用时应该加以注意，如是否具有较强的驱动能力(缓冲器、驱动器)、是否具有电平转换功能(电平转换器)、是否具有施密特特性等。

(1) 普通集成门电路。常用的集成门电路按照输入端的个数不同，在一个芯片中往往有几个门电路。例如，4011是14个引脚的双列直插元件，内部有4个二输入端的与非门，引脚排列如图 2-10a 所示。引脚排列相同的集成门电路还有 4001 二输入四或非门、4071 二输入四或门、4081 二输入四与门、4030 四异或门等。

4012 是 14 个引脚的双列直插元件，内部有两个四输入端的与非门，其引脚排列如图 2-10b 所示。使用时注意⑥、⑧两个引脚是空脚。引脚排列相同的集成门电路还有 4002 四输入双或非门、4072 四输入双或门、4082 四输入双与门等。

4069 六非门是 14 个引脚的双列直插元件，内部有六个非门，其引脚排列如图 2-10c 所示。

常用的集成门电路还有三输入端的(一块集成块中有三个门)及八输入端的(一块集成块中有一个门)等多种类型，需要时可以查阅有关手册。

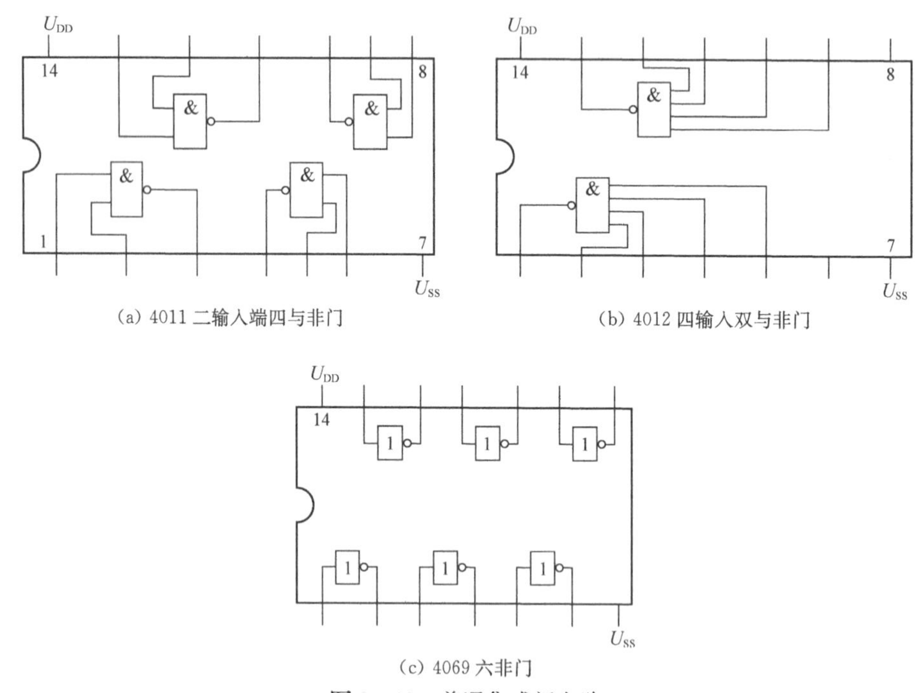

(a) 4011 二输入端四与非门 (b) 4012 四输入双与非门

(c) 4069 六非门

图 2-10 普通集成门电路

(2) 具有施密特特性的门电路。某些门电路的传输特性具有施密特特性(滞回特性)，如 4584 六施密特倒相器也是一个六非门电路，引脚排列与 4069 相同。但其传输特性还具有滞回特性，采用 5 V 电源电压时传输特性的回差约为 0.4 V，可用于波形整形或振荡电路中。

4093 也是二输入四与非门，引脚排列与 4011 相同，但是具有施密特特性。

(3) 缓冲器。具有较大带负载能力(驱动能力)的门电路一般称为缓冲器，4049 六倒相缓冲器及 4050 六同相缓冲器电路都有驱动能力较大的特点，允许的灌电流是可达 24 mA 以上。此外，4049 与 4050 还有电平转换的功能，无论电源电压为多大，允许输入电压大于 18 V，故可以作为 CMOS 电路与后级 TTL 电路之间的接口电路。

(4) 三态门。三态门的输出有 0、1 及高阻三种状态，如 4502 三态六倒相器就是一个三态门，六个非门有公共的三态控制端 DIS，当 DIS=1 时输出高阻。此外，还有一个公共的禁止端 INH，当 INH=1 时输入信号被禁止输入，输出均为 0。4502 还具有驱动能力，允许的灌电流是一般电路的 6 倍。

(5) 电平转换器。电平转换器用于输入与输出之间的电平转换，如 CMOS 电路与 TTL 电路之间的电平转换或不同电源电压的 CMOS 电路之间的转换。输出与输入同相的电路只起到电平转换的作用，输出与输入反相的电路可以归入非门一类。

2.1.3.2　**常用集成组合逻辑电路**

1) BCD 码译码器 4028

因为输入为四位 8421BCD 码，只有 0000、0001、…、1001 共计十种状态，所以输出只需要有十根线与输入状态相对应就可以了，输出信号也是高电平有效，如果输入为 1010～1111 这六种无效状态中的一种，则电路的所有输出均为 0，电路没有使能端，其引脚排列如图 2-11 所示。

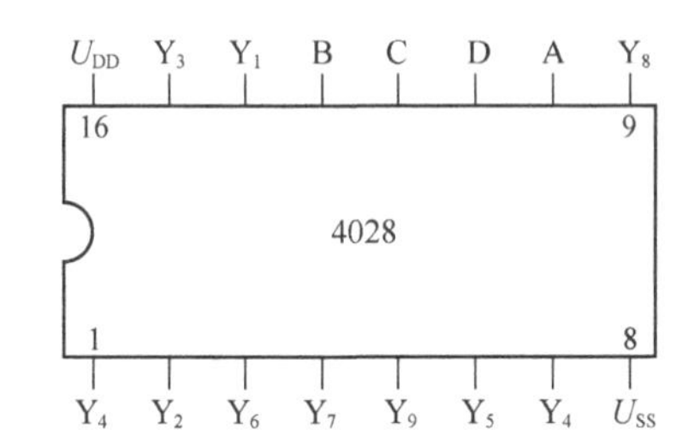

图 2-11　BCD 码译码器 4028 的引脚排列

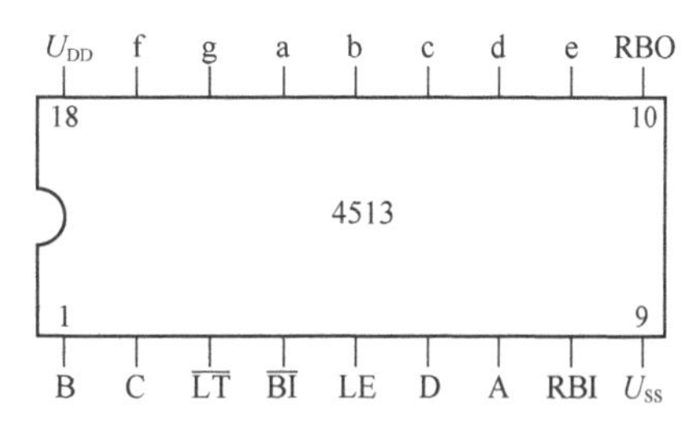

图 2-12　LED 数码管译码器 4513 的引脚排列

2) 数码管译码器

数码管译码器又称为显示译码器，七段译码原理为输入均有 DCBA 四位 8421BCD 码，输出均有 abcdefg 七个端子与数码管的字段电极相连接，但是由于不同的数码管类型必须配用不同类型的译码器，故型号很多。所以，使用数码管译码器时必须注意正确选择，多查有关集成电路的产品手册。常用的 CMOS 数码管译码器有 4513 和 4543 等。

(1) LED 数码管译码器 4513。其引脚排列如图 2-12 所示，输出高电平有效，配共阴极数码管，在输入为无效状态时，输出熄灭。其辅助端子有以下几个：

① $\overline{LT}$。试灯输入端，当 $\overline{LT}=0$ 时，无论其他输入端的状态如何，数码管七段全亮。

② $\overline{BI}$。熄灭输入端，当 $\overline{BI}=0$ 时，只要 $\overline{LT}=1$，无论其他输入端的状态如何，七段全灭。

③ LE。锁存输入端，当 LE=0 时，电路正常工作；当 LE=1 时，把原来的输入信号（LE 上升沿前一瞬时的信号）锁存在芯片中，此时即使译码输入变动，数码管还是显示原来的数字不变。

④ RBI。灭 0 输入端，当 RBI=1 时，DCBA 即使输入 0000，也不显示 0，用来熄灭数字前面无效的 0。

⑤ RBO。灭 0 输出端，当 RBI=1，且 DCBA 输入 0000 时，则输出 RBO=1，在多位数字译码时，高位 RBO 与低位 RBI 相连，用来熄灭数字前面无效的 0。

数码管译码器 4511 的功能与 4513 相同，但是无灭 0 输入端与灭 0 输出端。数码管译码器 4547 的功能与 4513 相同，但是无灭 0 输入端、灭 0 输出端、试灯 $\overline{LT}$ 端、锁存 LE 端。

(2) LCD 数码管译码器 4543。其引脚排列如图 2-13a 所示，除了电路有锁存端 $\overline{LE}$ 及熄灭端 BI 以外，还有一个很重要的端子 PH 端，当 PH=1 时，七段输出 abcdefg 是低电平有效，即应该显示的字段上为低电平，其余为高电平；当 PH=0 时，七段输出是高电平有效。与液晶数码管配合使用时，应该在 PH 端输入矩形波，并同时把该矩形波加到液晶数码管的公共端，其连接如图 2-13b 所示。在译码器 DCBA 输入 8421 码时（如 0001），在应该显示的字段端子上（如 b、c）的电平与公共端总是相反，字段两端的电平总是一端为 0(1) 而另一端为 1(0)，不断交替变化。其两端的电压为交流方波电压，方波的正、负峰值等于矩形波峰值，使得字段显示。而不需要显示的字段(如 b、c 以外的其余字段)，字段上的电平与公共端总是相同的，要么两端都是 0，要么两端都是 1。字段两端的电压为 0，就不显示。

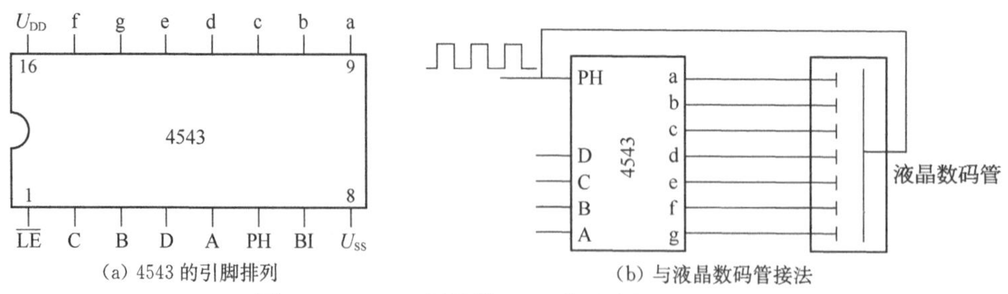

(a) 4543 的引脚排列 (b) 与液晶数码管接法

图 2-13 LCD 译码器 4543 的引脚排列及接法

数码管译码器 4544 的功能与 4543 完全相同，但是增加了 RBI、RBO 两个端子。

3) 模拟开关

CMOS 模拟开关的电源有单电源和双电源两种，单电源模拟开关只能用来传输单极性的直流信号。双电源模拟开关用来传输交变信号，电路的电源除了正电源 U_{DD}，接地端 U_{SS} 以外，还有负电源端 U_{EE}，电路内部有电平转换电路，以便在输入交变信号时能把单极性的控制信号(数字量)的电平转换为正电平“1”和负电平“0”，以适应交变输入信号的电位要求。

(1) 双电源模拟开关。常用的双电源模拟开关有 4051、4052、4053 等。图 2-14 所示是它们的引脚排列，其中的 U_{EE} 是负电源端，要求 $U_{DD}-U_{EE}$ 的电压在 3～18 V 范围内，正负电源电压可以不对称，但信号的传输范围也就不对称；也可以把 U_{EE} 接地，做单电源开关使用。INH 是禁止端，当 INH=1 时，所有的开关处于断开状态。

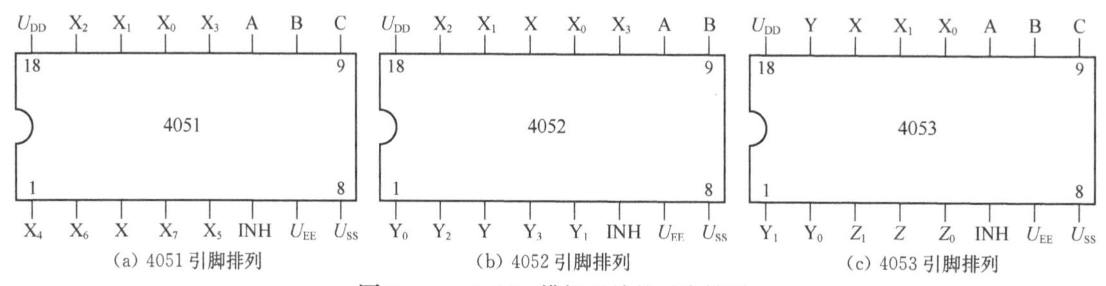

(a) 4051 引脚排列 (b) 4052 引脚排列 (c) 4053 引脚排列

图 2-14 CMOS 模拟开关的引脚排列

4051 是单八通道模拟开关，X 为 8 个通道公用的输入(输出)端，X_0～X_7 是 8 个输出(输入)端。8 个开关的控制信号是用三位选择码 C、B、A 来选择的，选择码为 000 选中 0 号通道导通，为 001 选中 1 号通道导通……没有选中的通道都是断开的。显然，在 X 作为输入端时，电路可以作为模拟信号的分配器；把 X 作为输出端时，电路可以作为模拟信号的选择器。

4052 是双四通道模拟开关，内部有两个四通道的模拟开关，X 为一个通道公用的输入(输出)端，X_0～X_3 是 4 个对应的输出(输入)端；Y 为另一个通道公用的输入(输出)端，Y_0～Y_3 是 4 个对应的输出(输入)端。两套开关的控制信号是公用的，用 2 位选择码 B、A 来选择通道号。选择码为 00 选中 0 号通道导通，为 01 选中 1 号通道导通……

上述双电源模拟开关电源电压在对称时最高为±9 V,为了与通用运放的电源一致,可以采用电源电压为±15 V的高电压模拟开关。也有不少双电源模拟开关种类可以选择,如ADG200/300/400系列及AD7501/7506系列等,在此不做介绍。

(2) 单电源模拟开关。4016是四模拟开关,内部有4个独立的单通道双向模拟开关,控制端高电平导通。4066是改进型、引脚相同,导通电阻较4016小,约为125 Ω,且输入输出端增加了二极管保护电路。

2.1.4 集成时序逻辑电路的应用

2.1.4.1 集成触发器

实际的触发器现都做成集成触发器,按照逻辑功能区分,常用的有D触发器和JK触发器两种,如D触发器有4013、40175,JK触发器有4027、4095等。

1) D触发器

4013是双D触发器,一块电路中有两个独立的边沿D触发器,CP上升沿触发,每个触发器都带有直接置0端R、直接置1端S,R、S都是高电平有效。即当R=1时,无论CP及D是什么状态,触发器直接置0;当S=1时,则触发器直接置1,S、R禁止同时为1。4013的功能见表2-3,4013的引脚排列如图2-15a所示。

表2-3 4013的功能

输入				输出
CP	D	S	R	Q
↑	0	0	0	0
↑	1	0	0	1
×	×	1	0	1
×	×	0	1	0
×	×	1	1	$Q=\overline{Q}=1$

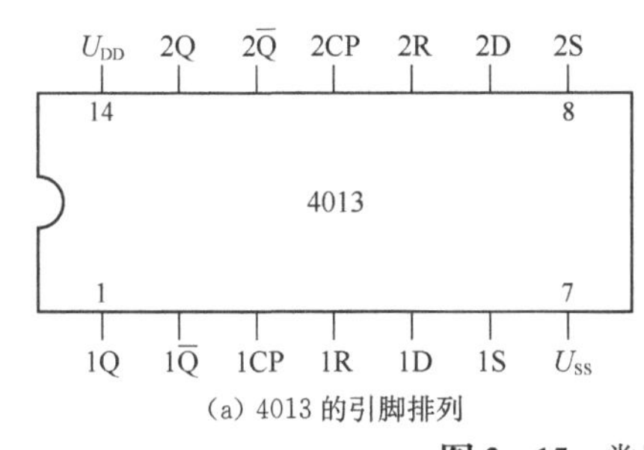

(a) 4013的引脚排列

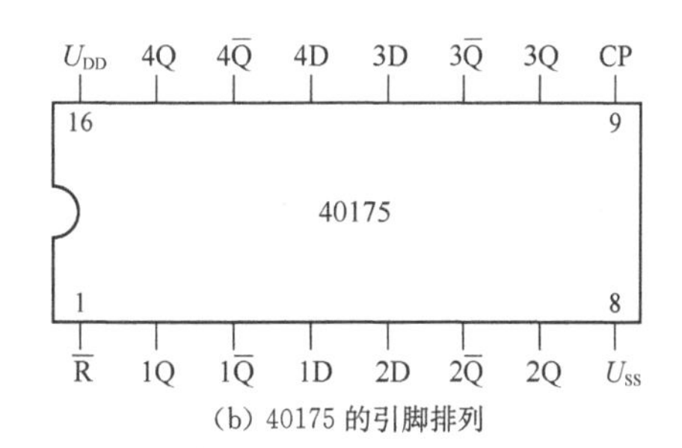

(b) 40175的引脚排列

图2-15 常用D触发器的引脚排列

40175是四D触发器,一块电路中有四个边沿D触发器,它们的CP端及清零端$\overline{R}$都是公用。CP上升沿触发,$\overline{R}$表示低电平直接置0,即$\overline{R}=0$时无论CP及D是什么状态,触发器直接置0。每个触发器只引出D、Q、$\overline{Q}$三个端子,40175的引脚排列如图2-15b所示。

2) JK触发器

JK触发器实际上就是一种取消了禁止状态的RS触发器,其功能见表2-4。

表 2-4 JK 触发器的功能

J	K	Q_{n+1}	功能说明
0	0	Q_n	保持
0	1	0	置 0
1	0	1	置 1
1	1	$\overline{Q_n}$	翻转

由表 2-4 可见，与 RS 触发器相比较，J 端的功能相当于 S 端，K 端的功能相当于 R 端，但是 JK 触发器没有禁态。当 J=K=1 时，触发器的次态与原态的状态总是相反的，可以做到来一个 CP 就翻转一次，具有了计数触发的功能。

4027 是双 JK 触发器，一块集成块中有两个独立的 JK 触发器，CP 上升沿触发，每个 JK 触发器都有高电平有效的直接置 0 端 R、直接置 1 端 S。4027 的引脚排列如图 2-16a 所示。

4095 是单个 JK 触发器，但是 J、K 各有 3 个与门输入端，即 J_1、J_2、J_3 及 K_1、K_2、K_3 其逻辑关系为：$J=J_1J_2J_3$，$K=K_1K_2K_3$。增加这些端子是由于在采用 JK 触发器设计时序逻辑电路时，往往需要在 J、K 端子上接与门，现在触发器本身带了与门，就可以为设计电路带来一定的方便。此外，4095 也有高电平有效的直接置 0 端 R、直接置 1 端 S，CP 也是上升沿触发。4095 的引脚排列如图 2-16b 所示。

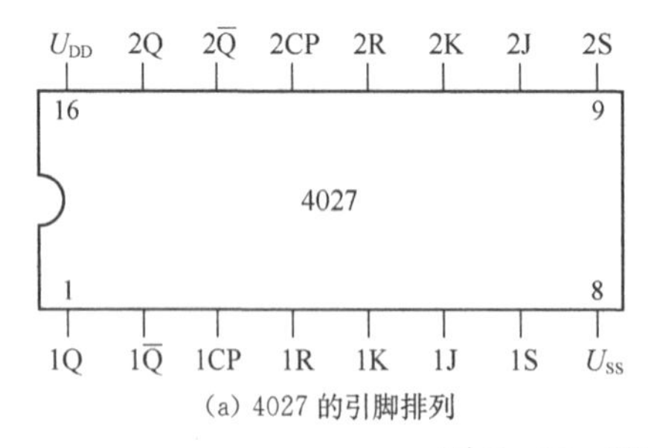

(a) 4027 的引脚排列

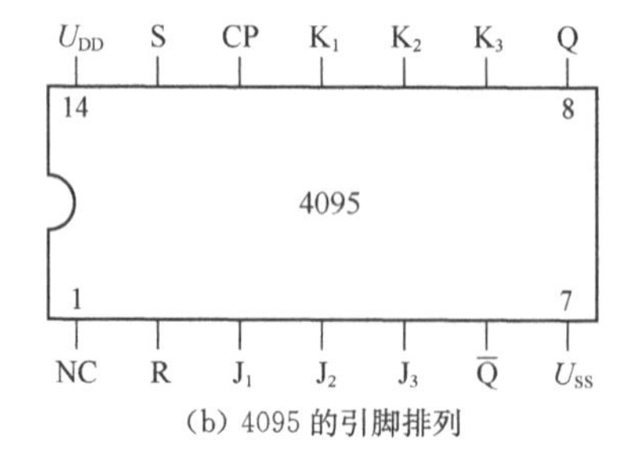

(b) 4095 的引脚排列

图 2-16 两种常用的 JK 触发器

利用 JK 触发器可以很方便地得到计数触发器，只要如图 2-17a 所示把 J、K 都接到高电平上就可以，使得 J=K=1，电路就是每来一个 CP 就翻转一次的计数触发器。如果如图 2-17b 所示把 J、K 接在一起作为控制端 T，该电路还可以做成一个具有控制端的计数触发器（称为“T 触发器”），即 T=0 时（J=K=0），计数触发器不工作，T=1 时（J=K=1）计数触发器工作。

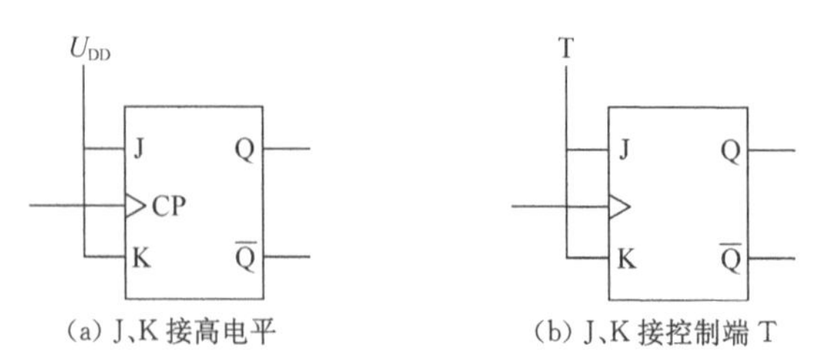

(a) J、K 接高电平　(b) J、K 接控制端 T

图 2-17 JK 触发器改为计数触发器

2.1.4.2　集成移位寄存器

移位寄存器有多种集成芯片可供选择使用，电路有单向移位，也有双向移位。输入方式有串行输入，也有并行输入。常用的有 40194、4021 等。

40194 是 4 位双向移位寄存器，其功能见表 2-5，引脚排列如图 2-18a 所示。电路的功能由 S_1、S_0 进行选择，S_1、S_0 有 4 种不同的取值，使得电路具有保持、左移、右移及并行输入 4 种功能。由功能表可见，左移时信号从左移串行输入端 D_{SL} 端输入到最高位 Q_3，信号从高位向低位移动；右移时信号从右移串行输入端 D_{SR} 端输入到最低位 Q_0，信号从低位向高位移动。D_0、D_1、D_2、D_3 是并行输入端，电路在 CP 的上升沿翻转，$\overline{R}$ 是低电平清零端。

表 2-5　40194 的功能

CP	S_1	S_0	$\overline{R}$	Q_0	Q_1	Q_2	Q_3	功能
↑	0	0	1	Q_{0n}	Q_{1n}	Q_{2n}	Q_{3n}	保持
↑	0	1	1	D_{SR}	Q_{0n}	Q_{1n}	Q_{2n}	右移
↑	1	0	1	Q_{1n}	Q_{2n}	Q_{3n}	D_{SL}	左移
↑	1	1	1	D_0	D_1	D_2	D_3	并行输入
×	×	×	0	0	0	0	0	清零

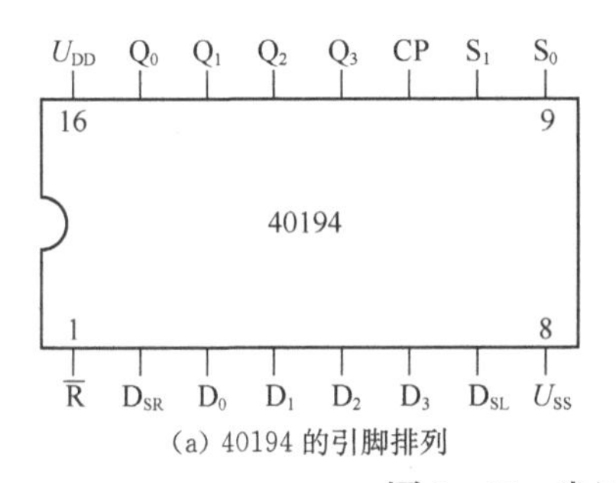

(a) 40194 的引脚排列

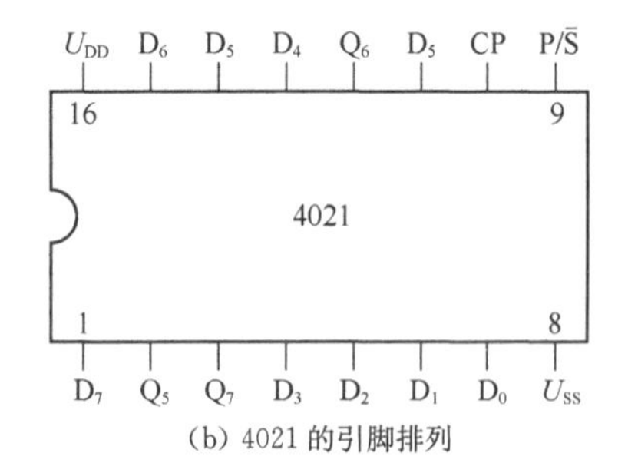

(b) 4021 的引脚排列

图 2-18　常用移位寄存器的引脚排列

4021 是 8 位移位寄存器，其功能见表 2-6，引脚排列如图 2-18b 所示。

表 2-6　4021 的功能

CP	$P/\overline{S}$	Q_0	Q_n
×	1	D_0	D_n
↑	0	D_S	Q_{n-1}

除了上述两种移位寄存器以外，还有许多位数较长的移位寄存器，如 4006(18 位)、4031(64 位)和 4562(128 位)等多种电路，输入方式都是串行输入，输出也仅仅引出若干位。

2.1.4.3　集成计数器

集成计数器的种类很多，CMOS4000 系列的集成计数器对最高频率及时钟脉冲的上升、下降时间都有一定的要求，否则可能发生误计数现象，具体参数可查阅有关手册。4000 系列的最高频率大致为 2～5 MHz(电源电压高则频率高)，因此在计数频率超过 1 MHz 时可以考虑选用 74HC 系列高速 CMOS 电路。4000 系列时钟脉冲的上升、下降时间一般不得大于 5～15 μs(电源电压高则要求时间短)，因此在低频计数时应注意如果 CP 的边沿不够陡峭，电路可能无法正常计数。某些集成计数器内部带有施密特输入整形电路，则对 CP 的边沿没有限制。

40192 是双时钟可预置可逆 BCD 计数器，其功能见表 2－7，引脚排列如图 2－19a 所示。CP＋及 CP－分别是加法计数及减法计数的时钟脉冲输入端，这种时钟脉冲的输入方式称为“双时钟方式”。注意在一个 CP 端加上时钟脉冲时，另一个 CP 端应该加上高电平。$\overline{PE}$ 是预置数使能端，低电平有效，即当 $\overline{PE}=0$ 时为置数状态，此时电路的四位输出 Q_3、Q_2、Q_1、Q_0 分别等于输入的预置数 I_3、I_2、I_1、I_0。当 $\overline{PE}=0$ 时为计数状态，电路即从设定的预置数起开始计数。R 为高电平清零端。为了多级 BCD 计数方便，电路还有两个进位及借位输出端，级连接法如图 2－19b 所示。$\overline{C_0}$ 是进位输出端，当加法计数满 9(1001)时，对应 CP＋的下降沿出 0；当下一个 CP＋的上升沿到来时，$\overline{C_0}$ 即产生进位信号上跳为 1，这一上跳送到高位计数器的 CP＋端即可使得高位计数器加 1(同时本位计数器加 1 变为 0000)。$\overline{B_0}$ 是借位输出端，当减法计数到 0(0000)时，对应 CP－的下降沿出 0；当下一个 CP－的上升沿到来时，$\overline{B_0}$ 即产生借位信号上跳为 1，这一上跳送到高位计数器的 CP－端，即可使得高位计数器减 1(同时本位计数器减 1 变为 1001)。

表 2－7　40192 可预置可逆计数器功能

CP＋	CP－	$\overline{PE}$	R	功能
↑	1	1	0	加计数
1	↑	1	0	减计数
×	×	0	0	置数
×	×	×	1	清零

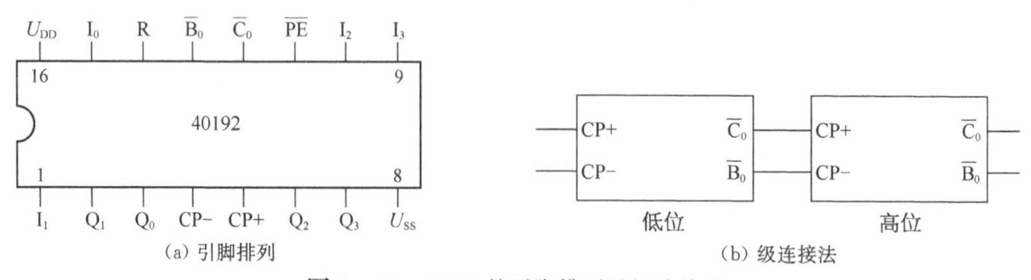

图 2－19　40192 的引脚排列及级连接法

集成计数器 40193 与 40192 功能相似，其区别在于 40193 是四位二进制计数器，而 40192 是二-十进制计数器，它们的引脚排列与功能完全相同。

各种集成计数器由于类型很多，无法一一列举。在查阅有关手册时，应该注意各种手册对于同一集成块的端子名称往往是各不相同，列举部分名称供对照：

U_{DD}↔V_{DD}；U_{SS}↔V_{SS}/GND；CP↔CLOCK/CLK/CK；CP_+↔CLK. UP/CP_U；CP_-↔CLK. DOWN/CP_D；R↔CLEAR/CLR/RST/MR；PE↔LOAD；I↔D/P/J。

2.1.5 555集成电路的应用

2.1.5.1 555集成电路的型号

555集成电路是脉冲电路中常用的模拟-数字混合式的集成芯片，通常用于延时、振荡等需要较为精确定时的场合。不同公司出品的产品尽管型号不同，但是其型号的最后3位数字均为555，其内部电路也基本相同，工作原理电路图如图2-20a所示，引脚排列也都统一如图2-20b所示。也有厂家生产双555集成电路，型号为556，引脚排列如图2-20c所示。双极型的555集成电路电源电压范围为5～18 V，输出驱动能力比TTL电路大得多，可达100 mA；单极型(CMOS)的555集成电路，型号为7555(7556)，电源电压范围为2～18 V，驱动能力仅3 mA。

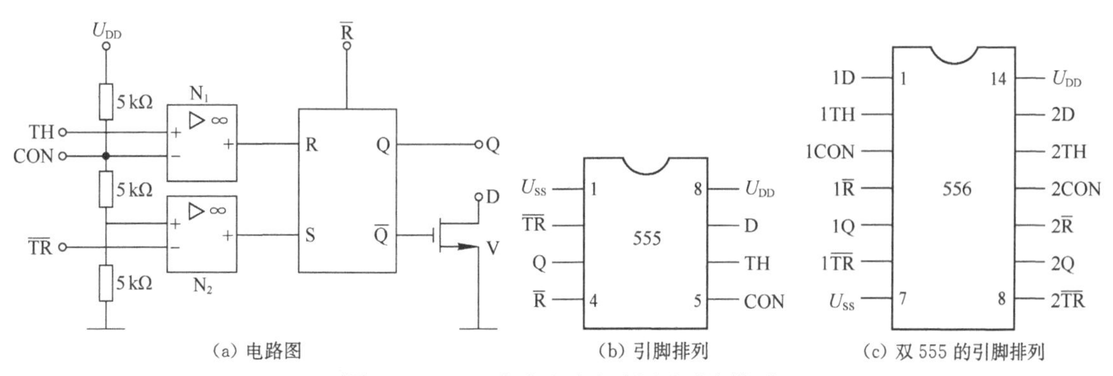

(a) 电路图　(b) 引脚排列　(c) 双555的引脚排列

图2-20 555集成电路电路图及引脚排列

555集成电路的输出端有时也常用OUT表示，由于电路有较强的驱动能力，输出电阻小，故输出一旦对地短路很容易烧毁集成块，应加以注意。

2.1.5.2 多谐振荡器

由555集成电路组成的多谐振荡器如图2-21a所示，电路的波形图如图2-21b所示。由图可见输出端输出是矩形波，同时在电容器上还产生一个锯齿波，其振荡周期为 $T=t_1+t_2=0.7(R_1+2R_2)C$。

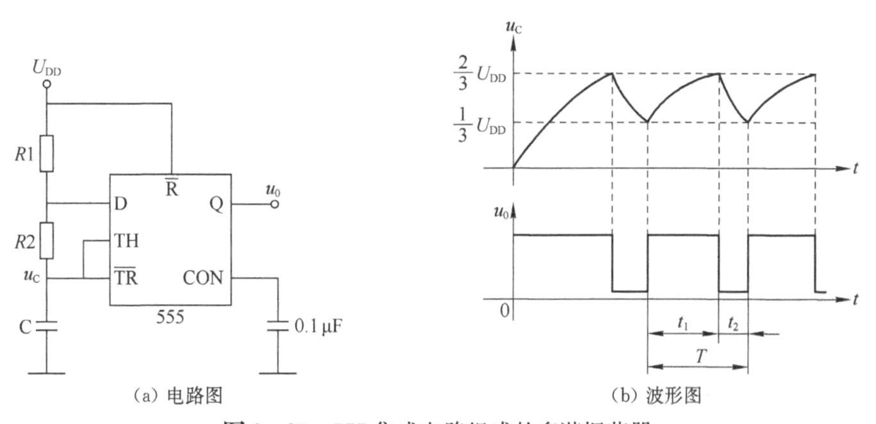

(a) 电路图　(b) 波形图

图2-21 555集成电路组成的多谐振荡器

2.1.6 电子电路的一般调试及常见故障

电子电路的调试在电子工程技术中占有重要地位，是理论付诸实践的过程，是对设计的电路能否正常工作,能否达到性能指标的检验。

调试过程是利用符合指标要求的各种仪器,如万用表、示波器、信号发生器和逻辑分析仪等,对安装好的电路进行调整和测量,是判断性能好坏、各种指标是否符合设计要求的最后一关。因而,调整和测试必须遵守一定的测试方法并按一定的步骤进行。

2.1.6.1 调试方法和步骤

1) 检查

(1) 检查连线。电路安装完毕后,不要急于通电,先认真检查连线是否正确,包括错线(连接一端正确,另一端错误)、少线(安装时漏掉的线)和多线(连线的两端在电路图上都是不存在的)。通常采用两种查线方法:一是按照设计的电路图检查安装的线路,把电路图上的连线按一定顺序在安装好的线路中逐一对应检查,这种方法比较容易找出错线和少线;另一种方法是按实际线路来对照电路原理图,按照两个元件引脚的去向去查,查找每个去处在电路图上是否存在。这种方法不但能查出错线和少线,还能查出是否多线。不论用什么方法查线,一定要在电路图上对查过的线路做出标记,并且还要检查每个元件引脚的使用端数是否与图纸相符。查找时最好用指针式万用表的“R×1”挡,或用数字万用表的“蜂鸣器”挡。

(2) 直观观察。直观检查电源、地线、信号线和元件引脚之间有无短路,连线处有无接触不良,二极管、三极管、电阻器和电容器等引脚有无错接,集成电路是否插对等。

(3) 通电观察。把经过准确测量的电源电压加入电路,但信号源暂不接入。电源接通后不要急于测量数据和观察结果,首先要观察有无异常现象,包括有无冒烟、是否闻到异常气味、手摸元件是否发烫和电源是否有短路现象等。如果出现异常,应立即关断电源,待排除故障后方可重新通电。然后,再测量各元件引脚的电源电压,而不是只测量各路总电源电压,以保证元器件正常工作。

2) 调试

电子电路调试方法有两种:分块调试法和整体调试法。

(1) 分块调试法。分块调试是把总体电路按功能分成若干个模块,对每个模块分别进行调试。模块的调试顺序最好是按信号的流向,一块一块地进行,逐步扩大调试范围,最后完成总调试。

实施分块调试法有两种方式:一种是边安装边调试,即按信号流向组装一模块就调试一模块,然后再继续组装下一个模块;另一种是总体电路一次组装完毕后,再分块调试。

分块调试法的优点是问题出现的范围小,可及时发现,易于解决。所以,此种方法适于新设计电路。

(2) 整体调试法。此种方法是把整个电路组装完毕后,不进行分块调试,实行一次性总调试。显然,它只适用定型产品或某些需要相互配合、不能分块调试的产品。不论是分块调试还是整体调试,调试的内容应包括静态调试与动态调试两部分。

① 静态调试。静态调试一般指在没有外加信号的条件下测试电路各点的电位。如测模拟电路的静态工作点,数字电路各输入、输出电平及逻辑关系等,测出的数据与设计值相比较,若超出范围,则应分析原因进行处理。

② 动态调试。动态调试需要加入输入信号,也可以利用前级的输出信号作为后级的输入信号,也可用自身的信号检查功能块的各种指标是否满足设计要求,包括信号幅值、波形的形状、相位关系、频率、放大倍数和输出动态范围等。模拟电路比较复杂;而对于数字电路来说,由于集成度比较高,一般调试工作量不太大,只要元器件选择合适,直流工作状态正常,逻辑关系就不会有太大问题。一般是测试电平的转换和工作速度。

把静态和动态的测试结果与设计的指标作比较，经深入分析后对电路参数提出合理的修正。

3）调试注意事项

（1）调试之前先要熟悉各种仪器的使用方法，并仔细加以检查，避免由于仪器使用不当或出现故障而做出错误判断。

（2）仪器的地线和被测电路的地线应连在一起。只有使仪器和电路之间建立一个公共参考点，测量的结果才是正确的。

（3）调试过程中，发现器件或接线有问题需要更换或修改时，应先断电源，待更换完毕认真检查后才能重新通电。

（4）调试过程中，不但要认真观察和测量，而且还要认真记录。

（5）安装和调试自始至终要有严谨的科学作风，不能采取侥幸心理。出现故障时，不要手忙脚乱，马虎从事，要认真查找故障原因，仔细做出判断，切不可一遇故障解决不了就拆掉线路重新安装。因为重新安装的线路仍然存在各种问题，况且设计上的问题不是重新安装能解决的。

2.1.6.2 调试中常见故障与处理

所谓电路“故障”，是指电路对给定的输入不能给出正常的输出响应，则此电路被认为有故障。如在模拟电路中，静态工作点异常、电路输出波形反常、负载能力差及电路自激振荡等；在数字电路中，逻辑功能不正常、时序错乱和带不起负载等。

1）简易故障诊断法

要寻找故障在哪一级模块和模块内哪个元器件或连线，简易的方法是在电路的输入端施加一个合适的输入信号，依信号流向，逐级观测各级模块的输出是否正常，从而找出故障所在模块。

接下来是查找故障模块内部的故障点，其步骤如下：

（1）检查元器件引脚电源电压。确定电源是否已接到元器件上及电源电压值是否正常。

（2）检查电路关键点上电压的波形和数值是否符合要求。

（3）断开故障模块的负载，判断故障来自故障模块本身还是负载。

（4）对照电路图，仔细检查故障模块内电路是否有错。

（5）检查可疑的故障处元器件是否已损坏。

（6）检查用于观测的仪器是否有问题及使用是否得当。

（7）重新分析电路原理图是否存在问题，是否应该对电路、元器件参数等做出合理的修改。

2）常见的故障原因

（1）元器件引脚接错。

（2）集成电路引脚插反，未按引脚标记插片。

（3）用错集成电路芯片。

（4）元器件已坏或质量低劣，电路组装前，集成块和半导体管未经测试和筛选，导致坏的器件和质量低劣的元器件被用上。

（5）二极管和稳压管极性接反。

（6）电源极性接反或电源线断路。

（7）电解电容极性接反。

（8）连线接错、开路和短路（线间或对地等）。

（9）接插件接触不良。

(10) 焊点虚焊,焊点碰接。

(11) 元器件参数不对或不合理。

2.1.6.3 抗干扰技术

大多数电子电路都是在弱电流下工作的,尤其是CMOS集成电路更是在微安级电流下工作,再加之电子器件与电路的灵敏度高,因此,电子电路很容易因干扰而导致工作失常。

干扰是电子电路稳定可靠工作的大敌,它主要来源于电网的干扰、地线的干扰、信号通道的干扰和空间电磁辐射的干扰。

这四种干扰中,危害性最大的是来自电网的干扰和来自地线的干扰,其次为来自信号通道的干扰,而来自空间电磁辐射的干扰一般不太严重,只要电子系统与干扰源保持一定距离或采取适当的屏蔽措施(如加屏蔽罩、屏蔽线等),基本上就可解决。抗干扰设计又是电子电路设计者最感头痛的难题,原因是它与具体电路和具体应用环境有着密切的关系。在甲电路中有效的抗干扰措施,未必能在乙电路中奏效。

2.2 实训内容

2.2.1 导线及电子元器件焊接

2.2.1.1 实训要求

(1) 掌握焊接的质量要求。

(2) 掌握焊接的操作方法。

2.2.1.2 实训准备

准备内容见表2-8。

表2-8 准备内容

序号	名称	规格型号	数量	备注
1	单相交流电源	220 V	1台	
2	电烙铁	自选	1只	
3	镊子钳	自选	1只	
4	尖嘴钳	自选	1只	
5	鸭嘴钳	自选	1只	
6	剥线钳	自选	1只	
7	电工刀	自选	1只	
8	焊锡丝	自选	1卷	
9	焊剂	自选	1只	
10	多股导线	7/0.43 mm^2	1卷	
11	电子元件		若干	

2.2.1.3 实训步骤

1) 准备

将导线的绝缘层剥去,取一根0.43 mm^2 的裸导线拉直,去除裸导线表面氧化物;去除电子元件表面氧化物。

2）焊接导线及电子元件

左手用镊子钳钳住一根裸导线的端头或电子元器件的端头，右手用烙铁头蘸取焊锡丝和助焊剂进行焊接。

3）清洁焊点

用镊子钳钳住一小团纱布，放到无水酒精中蘸取一些酒精，对焊点进行擦洗。将焊接时产生的气体下沉后白色的薄膜和多余的助焊剂擦洗干净。

2.2.1.4　注意事项

（1）焊导线、电子元件时的烙铁头其形状不同于上锡时宽扁形烙铁头，可修得稍尖一些。

（2）为了防止虚焊，焊导线、电子元件一定要加助焊剂，有助于焊接时焊点的光滑亮泽。

（3）焊锡丝的量要控制适量，防止焊点大小不均匀。

（4）焊接时控制好时间和温度，防止邻近已焊好的交接点熔化移位。

（5）导线、电子元器件上的各焊点饱和度一致，其风格也一致。

2.2.2　直流稳压电源电路装调

2.2.2.1　实训要求

（1）了解铆钉板和电子元器件的焊前处理工艺及操作要求。

（2）了解直流稳压电源的工作原理及稳压特性。

（3）掌握直流稳压电源的安装、焊接和调试方法。

（4）掌握直流稳压电源电路的故障诊断和故障排除。

2.2.2.2　实训准备

准备内容见表2-9。

表2-9　准备内容

序号	名称	规格型号	数量	备注
1	单相交流电源	220 V	1台	
2	直流电源	自选	1台	
3	变压器	220 V/12 V	1台	
4	印制电路板	自选	1块	
5	二极管(V1～V4)	1N4007	4个	
6	三极管(V5)	2SC9013	1个	
7	稳压管(V6)	1N4733	1个	
8	电容C1、C2	100 μF/25 V	2个	
9	电阻	300 Ω、510 Ω、430 Ω	3个	
10	万用表	自选	1台	

2.2.2.3　实训步骤

1）配套元器件的测量

根据图2-22所示串联型晶体管稳压电路图选择元器件并进行测试，重点对二极管、三极

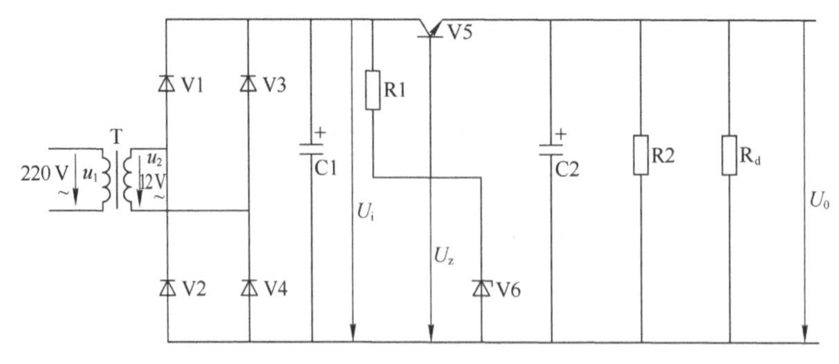

图 2-22　串联型晶体管稳压电路图

管及稳压管等元器件的性能、极性、管脚和电阻的阻值、电解电容器容量和极性进行测试。

2）直流稳压电源电路板的焊接安装

(1) 清查电子元器件的数量与质量，对不合格的电子元器件应及时更换。

(2) 确定电子元器件的安装方式，安装高度一般由该印制电路板的焊接空距离决定。

(3) 对电子元器件的引脚弯曲成形处理，成形时不得从电子元器件引脚根部弯曲。

(4) 对电子元器件的插装，首先将电子元器件的引脚去除氧化层，然后涂上助焊剂焊锡，根据直流稳压电源电路图对号插装，不得插错，对有极性的电子元器件(二极管、三极管、电容和稳压管)的引脚，插孔时应特别注意。

(5) 对电子元器件的焊接，各焊点加热时间及用焊锡量要适当，对耐热性差的电子元器件应使用相关工具辅助散热，连接线不应交叉，焊接应无虚焊、假焊、错焊和漏焊，焊点应圆滑无毛刺。焊接时应重点注意二极管等元器件的管脚和极性。

(6) 焊后处理，应检查有无虚焊、假焊、错焊和漏焊，剪去多余的电子元器件引脚线，检查直流稳压电源电路板所有的焊点，对缺陷进行修补。直流稳压电源电路板如图 2-23 所示。

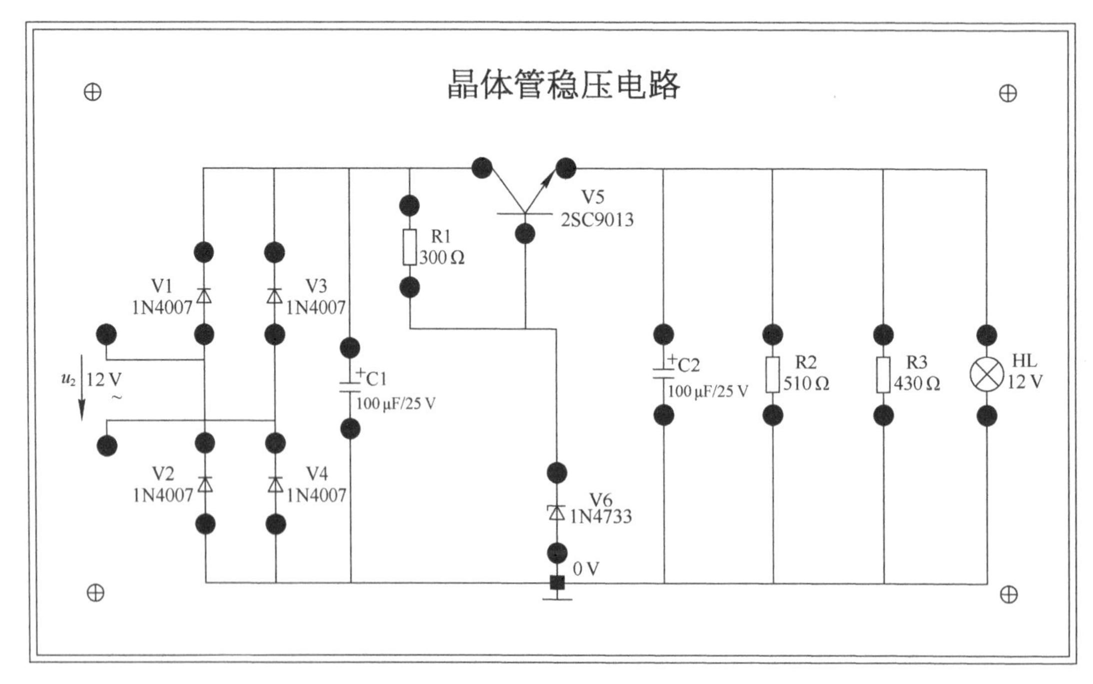

图 2-23　直流稳压电源电路板

3）接通电源并进行调试

（1）通电前检查。对已安装焊接完毕的电路板，根据原理图进行详细检查，重点检查变压器一次绕组和二次绕组接线，二极管、三极管、稳压管的管脚及电解电容极性是否正确。变压器一次绕组和二次绕组接线绝对不能接错，可用万用表的欧姆挡测量变压器一次绕组和二次绕组的电阻值，一次绕组的电阻值应大于二次绕组的电阻值。用万用表的欧姆挡测量单相桥式整流输出端及稳压直流输出端有无短路现象。

（2）通电调试。合上 220 V 交流电源，观察电路有无异常现象。正常情况下，用万用表的交流电压挡测量变压器二次绕组电压 U_2，用万用表的直流电压挡测量输入直流电压 U_i，稳压管 V6 的电压 U_Z，输出直流电压 U_O。正常情况下，输入直流电源电压 U_i 为 13～16 V，输出直流电压 U_O 的数值为 6.3～8.1 V 之间，具体由所采用的稳压管的稳压电压值决定。

（3）稳压电路稳压性能测试。稳压电路工作正常后，可进行电路稳压性能测试。主要测量输入交流电源电压变化和负载变化时稳压电路的稳压性能。

（4）用万用表测量电路各主要点数据并记入表 2－10。

表 2－10　电路各主要点数据

U_1	U_2	U_i	U_O
220 V			

（5）常见故障诊断和故障处理见表 2－11。

表 2－11　常见故障诊断和故障处理

序号	故障现象	故障分析	处理步骤
1	输出直流电压为零	（1）稳压管的极性接错 （2）稳压管短路 （3）限流电阻 R1 回路断开 （4）三极管 V5 回路断开	（1）检查 V6 管是否正常 （2）检查 V6 管电路各元件是否正常 （3）检查 R1 电路是否正常 （4）检查 V5 管是否正常
2	输出直流电压过高	（1）三极管 V5 损害 （2）三极管 V5 短路	（1）检查 V5 管是否正常 （2）检查 V5 的集电极 C 和发射极 E 是否短路

2.2.2.4　注意事项

（1）注意人身安全，杜绝触电事故的发生。在接线和拆线过程中必须断电。

（2）注意设备（仪表）安全，接线完成后必须进行检查，防止交流电源、直流电源等短路，在使用仪表（如万用表）测量时也必须注意人身与仪表安全。

2.2.3　组合逻辑控制移位寄存器设计装调

2.2.3.1　实训要求

组合逻辑控制移位寄存器框图如图 2－24 所示，用 4011 及 4012 与非门完成逻辑控制电路的设计、接线与调试，使得输入的四位二进制数 DCBA 小于等于十进制 4 时，移位寄存器左移；输入的四位二进制数 DCBA 大于十进制 4 时，移位寄存器右移。移位速度为每 0.2 s 移动一位，用 4 四个发光二极管观察移位情况。最后把电路接成右移的扭环形计数器，把 CP 的频率提高 100 倍，用双踪示波器观察并记录右移时 CP、Q_0、Q_1 的波形。

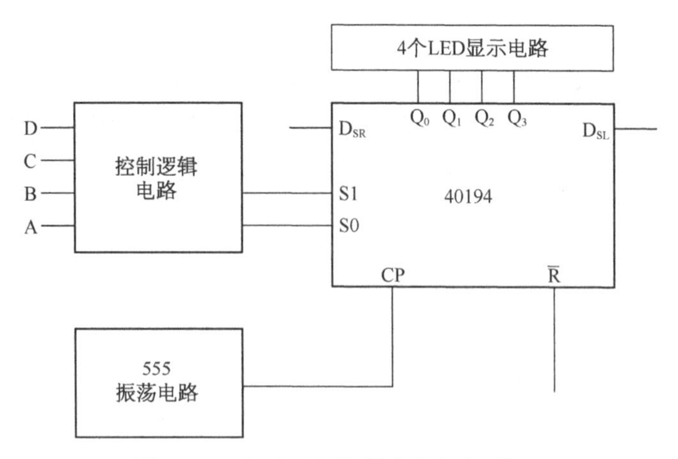

图 2-24 组合逻辑控制移位寄存器框图

2.2.3.2 **电路设计**

移位寄存器 40194 的工作模式由 S_1、S_0 选择，当 $S_1=0$、$S_0=1$ 时，电路右移；当 $S_1=1$、$S_0=0$ 时，电路左移。按操作要求，可以用卡诺图设计 S_0 的逻辑电路，再取 $S_1=\overline{S_0}$ 就可以了。当然，也可以用卡诺图设计 S_1 的逻辑电路，再取 $S_0=\overline{S_1}$。该电路两种设计方法的卡诺图如图 2-25 所示。

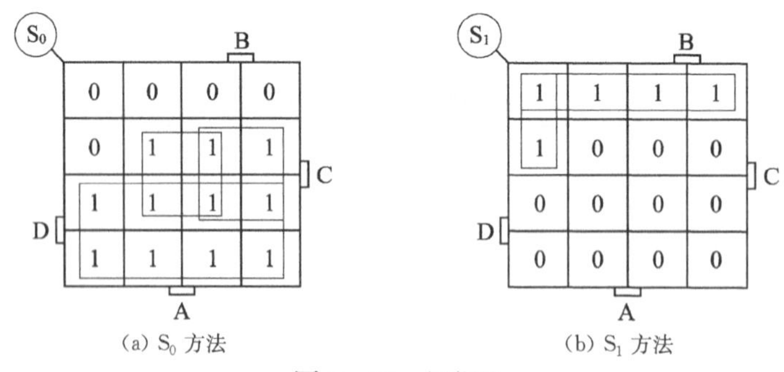

图 2-25 卡诺图

由图 2-25 所示的卡诺图可得以下函数式：

方案一：$S_0=D+CB+CA=\overline{\overline{D}\,\overline{CB}\,\overline{CA}}$，取 $S_1=\overline{S_0}$；

方案二：$S_1=\overline{D}\,\overline{C}+\overline{D}\,\overline{B}\,\overline{A}=\overline{\overline{\overline{D}\,\overline{C}}\,\overline{\overline{D}\,\overline{B}\,\overline{A}}}$，取 $S_0=\overline{S_1}$。

比较可见，方案一较好。

555 集成电路接成多谐振荡器的振荡周期为 $T=0.7(R_1+2R_2)C$。已知 $T=0.2$ s，取 $R_2=10$ kΩ，$C=1$ μF，则可求得 $R_1=265$ kΩ。设计完整的电路如图 2-26 所示。

2.2.3.3 **接线调试**

(1) 调试逻辑控制电路。按图 2-26 所示接好逻辑控制电路部分的接线，把 D、C、B、A 接到电平开关上，用示波器测量 S_1、S_0 两点的电平，在输入 DCBA 的值小于或等于 4 时，应该是 $S_1=1$、$S_0=0$；在输入 DCBA 的值大于 4 时，应该是 $S_1=0$、$S_0=1$。

(2) 调试振荡电路。接好振荡电路，用示波器测量输出是否产生振荡。应该先把示波器的 Y 轴灵敏度置于 2～5 V/格（视电源电压而定），输入耦合置于 DC 挡（直接耦合），扫描方式

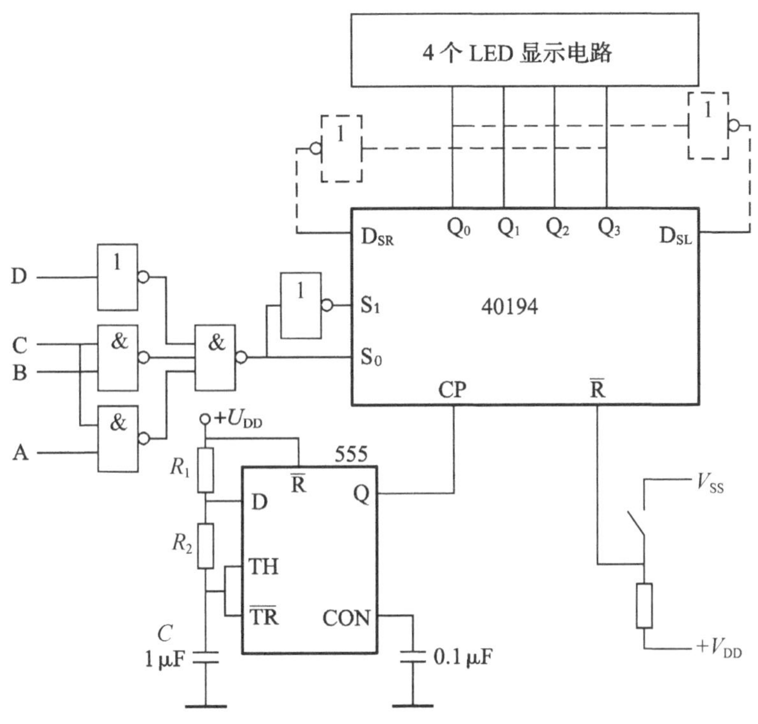

图 2-26　组合逻辑控制移位寄存器电路图

置于自动挡(AUTO),然后调整扫描时间至合适挡位就可以看到波形。在几赫兹的低频情况下,只要看到示波器的扫描线或光点上下跳动就说明有了振荡。

(3) 调试移位寄存器。接好移位寄存器电路,把 40194 的 D_{SL} 端、D_{SR} 端及 $\overline{R}$ 接到电平开关上,当 DCBA 的值小于等于 4 时,在 D_{SL} 端随机输入 0、1 电平应该看到信号左移;在输入 DCBA 的值大于 4 时,在 D_{SR} 端随机输入 0、1 电平应该看到信号右移。如果觉得输入串行信号不方便,可以把 Q_3 通过非门接到 D_{SR} 端上,Q_0 通过非门接到 D_{SL} 端上(即令 $D_{SR}=\overline{Q_3}$、$D_{SL}=\overline{Q_0}$,注意拆除原来接的电平开关),把电路接成双向扭环形计数器,调试就更加方便,此时的状态图 Q_0、Q_1、Q_2、Q_3 为:

左移:0000→0001→0011→0111→1111→1110→1100→1000(1000 返回 0000)

右移:0000→1000→1100→1110→1111→0111→0011→0001(0001 返回 0000)

由于电路没有自启动能力,如果进入无效状态,可以在 $\overline{R}$ 端清零后再试。

2.2.3.4　波形测量

用示波器观察波形时,由于频率过低看不清波形,需要把频率提高再看。此时可把振荡电容由原来的 1 μF 改为 0.01 μF,通电后可以看到 4 个发光二极管常亮,这是由于 CP 频率较高,人眼的错觉所致。在 DCBA 的值大于 4(右移)时,用双踪显示方式观察 CP、Q_0 的波形及 Q_0、Q_1 的波形,Q_0、Q_1 都应该是 CP 波形的 8 分频波形,Q_1 滞后 Q_0 一个 CP 周期,波形如图 2-27 所示。如波形不正常,可能是扭环形计数器进入无效状态,可以在 $\overline{R}$ 端清零后再试。注意:在用双踪方式观察 CP、Q_0 的波形时,由于两个波形频率不同,应该选择频率低的 Q_0 作为触发源，才能使得两个波形都稳定。如果要测量波形的周期和幅度，应该注意把微调旋钮置于校准位置。

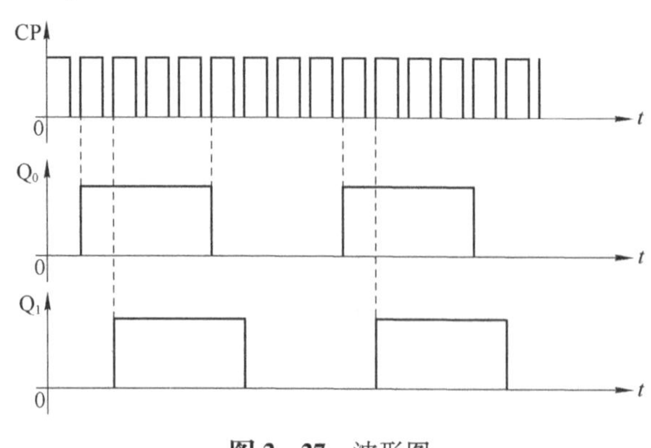

图 2-27 波形图

2.2.3.5 故障诊断与排除方法

如果调试发现电路工作不正常，就须排除故障。检查时，可以用示波器进行以下“三查”：

(1) 查电源。查看各集成块及元件的电源电压是否接好，接地点是否接好。用示波器测量接地是否接通是很方便的。如果接地不通，则示波器的扫描线有波动干扰，接通则是一条水平直线。由于电源线较多，易疏漏，这是常见故障。

(2) 查振荡。用示波器测量振荡电路是否有输出，如无输出则应检查 555 的 $\overline{R}$ 是否为高电平。振荡电路的外接电容器如果采用电解电容器，则应该注意电容器是否接反，因为某些电解电容器漏电较大，将使得电压无法充到翻转值，就不会振荡。如都正常，则再检查接线及集成块。

(3) 查逻辑。按照故障现象判别故障的大致范围，用示波器检查集成块是否按照其逻辑功能正常工作，如与非门在输出空载时是否做到了“有 0 出 1、全 1 出 0”，否则就可能是元件损坏。如果输入信号没有达到工作要求，则可能是前级元器件的故障或前级电路接线有误。

如果电路的输入已经达到了真值表或功能表的要求，而输出没有按照其应有的性能工作，则基本可以断定是集成电路损坏了。例如，40194 在 CP 波形正常、$\overline{R}=1$、$S_1=0$、$S_0=1$ 时应该右移，如果测出此时右移串行输入 $D_{SR}=1$，而 Q_0 空载输出始终为 0，则基本可以判别集成块损坏。在检查这类故障时，注意输出端应该空载，否则后级故障可能会影响前级的工作。

有时应该是固定的高(低)电平输入的端子上出现了脉冲波形，则可能是电源端或应该接线的其他输入端悬空。

40194 等某些时序单元电路在低频情况下工作时，电源电压及 CP 波形对其影响较大，可能会出现工作不正常的情况，此时可以调整电源电压试一试。

2.2.4 电平检测电路控制扭环形计数器电路设计装调

2.2.4.1 实训要求

用运算放大器完成如图 2-28 所示的一个具有滞回特性的电平检测电路的设计、接线与调试，要求当输入电平 u_i 大于 3 V 时，输出 u_o 接近 0 V；输入电平 u_i 小于 2 V 时，输出 u_o 接近 $+U_{DD}$。并用此输出电平去控制 555 振荡电路的输出。40175 四 D 触发器接成扭环形计数器，要求在输入电平 u_i 大于 3 V 时停止计数；输入电平 u_i 小于 2 V 时计数。计数频率为 8 Hz 时，用 4 个发光二极管观察计数情况。最后把 CP 的频率提高 100 倍，用双踪示波器观察并记录

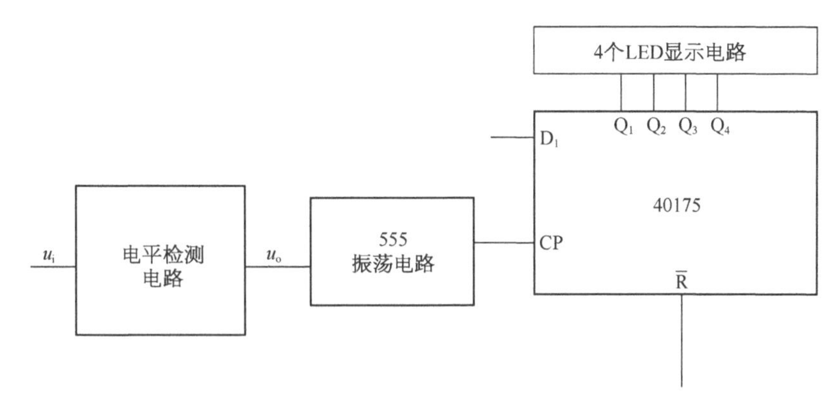

图 2-28　电平检测电路控制扭环形计数器框图

右移时 Q_1、Q_2、Q_3、Q_4 的波形。

2.2.4.2　**电路设计**

按题意,这一滞回特性比较器可以采用反相输入端输入检测信号 u_i,在同相端输入参考电平 U_R,运算放大器的电源采用+12 V 单电源。电路图如图 2-29 所示为运算放大器部分。

运放 LM358 采用+12 V 电源时,输出限幅值约为 $U_{om}=10$ V,令$\dfrac{R_1}{R_2}=k$,则两个翻转点电平为

$$U''=U_R\frac{R_1}{R_1+R_2}=U_R\frac{k}{k+1}=2\text{ V} \tag{2-1}$$

$$U'=U_R\frac{R_1}{R_1+R_2}+U_{om}\frac{R_2}{R_1+R_2}=U_R\frac{k}{k+1}+U_{om}\frac{1}{k+1}=U''+\Delta U=3\text{ V} \tag{2-2}$$

式中回差为

$$\Delta U=U_{om}\frac{1}{k+1}=3-2=1\text{ V} \tag{2-3}$$

由此可得

$$K=\frac{U_{om}}{\Delta U}-1=\frac{10}{1}-1=9$$

可取电阻 $R_1=90$ kΩ,$R_2=10$ kΩ。由此可得参考电平为

$$U_R=U''\frac{k+1}{k}=2\times\frac{9+1}{9}=2.2\text{ V}$$

555 集成电路接成多谐振荡器的振荡周期为

$$T=0.7(R_1+2R_2)C \tag{2-4}$$

已知 $T=1/8$ s=125 ms,取 $R_2=10$ kΩ、$C=1$ μF,则可求得 $R_1=158$ kΩ。电平检测电路控制右移扭环形计数器的完整电路如图 2-29 所示。

上面设计中若运放采用双电源工作,则输出需要用二极管限幅电路去掉负电压输出信号。

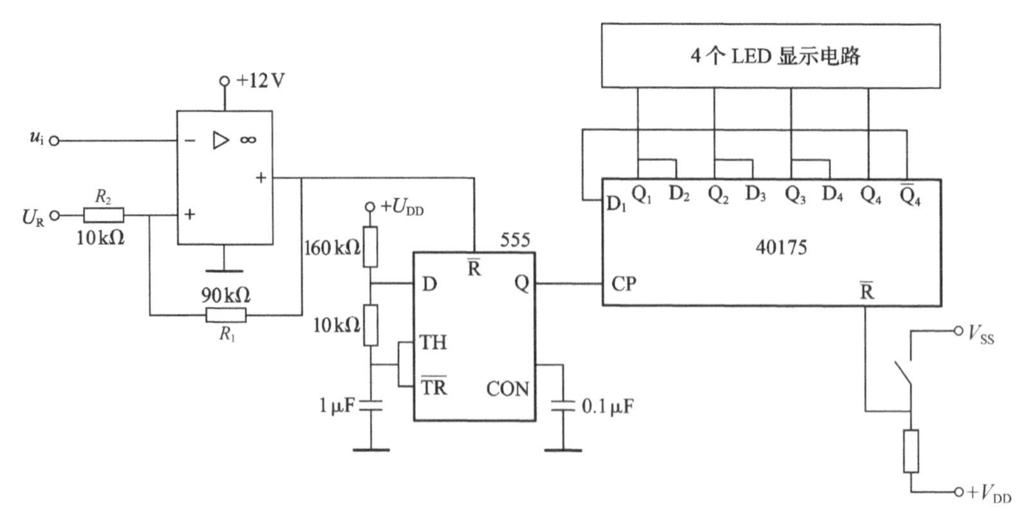

图 2-29 电平检测电路控制右移扭环形计数器电路图

2.2.4.3 **接线调试**

(1) 调试电平检测电路。按图 2-29 接线，调整参考电平 U_R 为 2.2 V，再调节输入电平从 0 开始逐渐增大，用示波器观察运放的输出何时翻转，记录翻转点的电平值；然后调节输入电平逐渐减小，再次记录运放输出翻转时对应的输入电平值。如果两个电平值之间的回差偏大，则应该减小电阻 R_2，反之则应该增大 R_2（图中 R_2 可改用电位器）；如果两个电平值都偏大，则应该减小参考电平，反之则增大参考电平，直至翻转电平达到要求。

(2) 调试振荡电路。观察 555 振荡电路是否受到电平检测电路输出电压的控制。振荡时波形是否正常。

(3) 调试扭环形计数器。40175 在接成右移的扭环形计数器后，输出状态如下：

0000→1000→1100→1110→1111→0111→0011→0001（返回 0000）

由于电路没有自启动能力，如果进入无效状态，可清零后再试。

2.2.4.4 **波形测量**

用双踪显示方式分别测量 Q_1、Q_2 的波形，Q_2、Q_3 的波形及 Q_3、Q_4 的波形，波形图如图 2-30 所示。

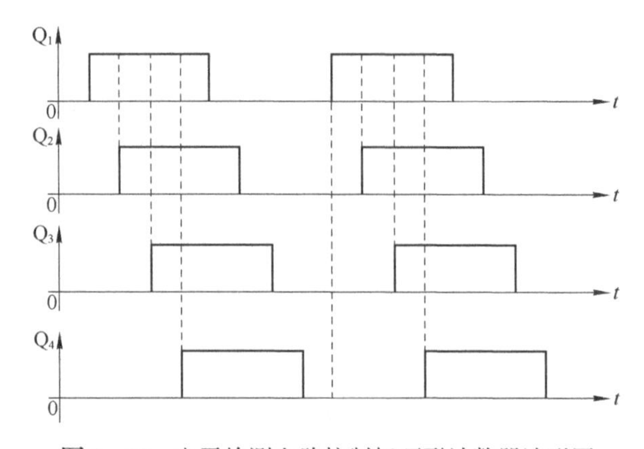

图 2-30 电平检测电路控制扭环形计数器波形图

2.2.4.5　**故障诊断与排除方法**

故障排除的方法同前。本例中须注意的是，由于用到输入电平和参考电平两个输入电压，如果有现成的稳压源当然最好，但此时必须把电源的接地端都接在一起。如果没有多余的稳压电源，可以采用电位器得到可调电压，此时接运放同相端（在此是参考电平 U_R）的电位器阻值小一些为好；否则在翻转点电平变化时，由于电位器输出端电流的变动，会影响已经调整好的 U_R 值，产生较大变动。

2.2.5　二-十进制码减法计数器电路设计装调

2.2.5.1　**实训要求**

设计如图 2－31 所示二-十进制码减法计数器电路，使电路做二-十进制码减法计数时，当 4 号发光二极管亮后，控制逻辑门发出信号使 40192 集成块从 8 开始重新计数，如此不断循环。画出用 4011 与非门组成的逻辑控制电路。电路的计数频率为 6 Hz，画出 RC 桥式振荡器电路并计算电路参数。测量第二级运放的输出波形及 40192 集成块输出端 Q_A、Q_B、Q_C、Q_D 随 CP 脉冲变化的时序图。

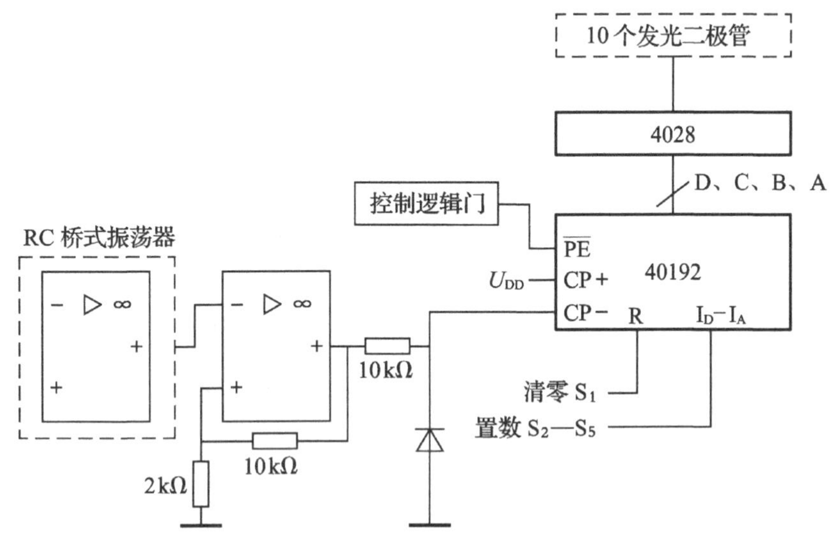

图 2－31　二-十进制码减法计数器电路图

2.2.5.2　**电路设计**

按题意要求从 8 开始做减法计数，计数到 4 以后再次置数到 8，故电路应该把 8 作为预置数，并检测电路减法计数到 4，以后再来一个 CP 立即置数，故置数信号应该多走一步到 3，即 40192 输出 $Q_DQ_CQ_BQ_A$ 为 0011 时，产生置数信号，立即把 3 擦去并置数为 8。观察表 2－12 所列的计数过程，表示 $Q_DQ_CQ_BQ_A$ 计数到 3 的置数信号可取

$$\overline{PE}=\overline{\overline{Q_D}\ \overline{Q_C}}$$

表 2－12　计数过程

	$Q_DQ_CQ_BQ_A$
8	1 0 0 0
7	0 1 1 1
6	0 1 1 0
5	0 1 0 1
4	0 1 0 0
3	0 0 1 1

RC 桥式振荡器的振荡周期为

$$T=2\pi RC$$

已知 $T=1/6=0.167$ s，取 $C=1\ \mu$F，则可求得 $R=26.6$ kΩ。二-十进制码减法计数器电

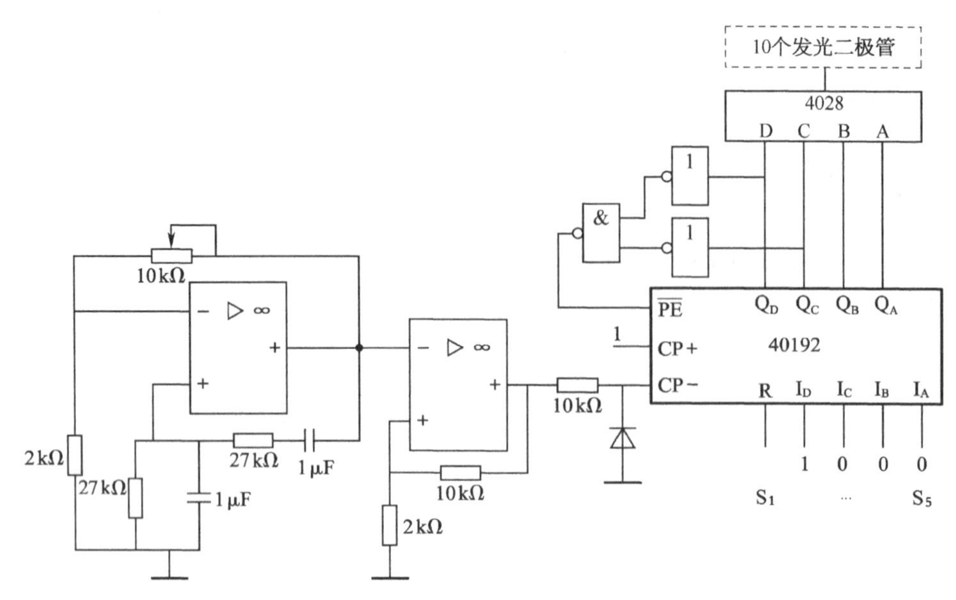

图 2-32 二-十进制码减法计数器电路图

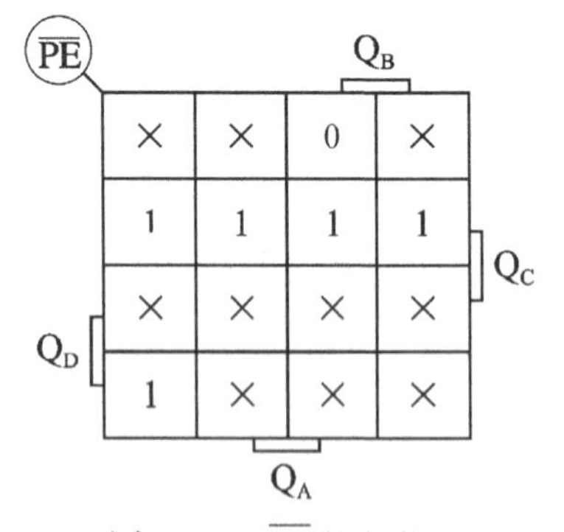

图 2-33 $\overline{PE}$ 的卡诺图

路完整的电路如图 2-32 所示。

本电路的置数信号也可以取 $\overline{PE}=\overline{\overline{Q_C}Q_B}$ 或 $\overline{PE}=\overline{\overline{Q_C}Q_A}$，这一点还可以用卡诺图来说明。置数信号 $\overline{PE}$ 的卡诺图如图 2-33 所示。圈 0 可得 $\overline{PE}$ 的函数式有三种圈法。

总结上述二-十进制码减法计数器电路的设计方法，无论是加计数还是减计数，可见循环计数的控制方法是把一个循环的初始值作为预置数，终结值多走一步作为置数信号。如果计数的范围在 0～7 之间，则 Q_D 没有参与计数，可以不做考虑。

2.2.5.3 接线调试

(1) 调试振荡电路。按图 2-32 接好振荡电路，用示波器测量输出是否产生振荡。调试时，应调节电位器使得 RC 桥式振荡器产生正弦波，由于电路没有稳幅措施，故电位器调到有了正弦波后，稍过一些波形就会失真，这是正常的。然后看第二级运放输出是否有矩形波，经过二极管限幅后输出负半周是否已经削去。

(2) 调试计数器。接好 40192 计数器及 4028 译码显示电路，把振荡信号送到 40192 的 CP−端，观察计数器是否可以正常置数、计数。40192 在电源电压较高时，有时计数会出现跳空(某些计数状态不出现)现象，可以降低电源电压再试。

(3) 调试控制电路。接好置数控制电路($\overline{PE}$ 上原来接的电平开关注意拆除)，观察电路是否在指定的计数范围内循环计数。

2.2.5.4 波形测量

把两个振荡电容器都换成 0.01 μF，用双踪示波器测量振荡输出波形 CP−及计数器输出 Q_D 端的波形，然后测量 Q_D 与其他各个输出端 Q_C、Q_B、Q_A 的波形，二-十进制码减法计数器波形图如图 2-34 所示。注意：触发源应该选择 Q_D。

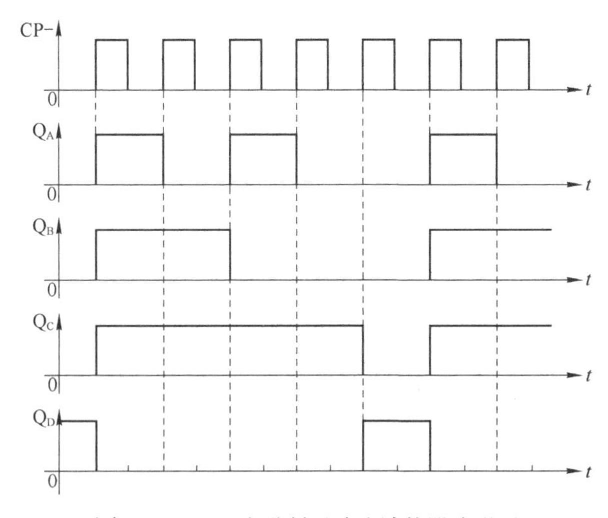

图 2 - 34　二-十进制码减法计数器波形图

2.2.5.5　故障诊断与排除方法

振荡、计数部分的排故方法同上，如果振荡、计数部分工作正常，则问题可能出在控制部分。由于控制部分计数不停，无法检查，可以采用以下两种方法：一是去掉振荡器，把单脉冲电路接到计数输入端，单脉冲电路每按一次按钮产生一个计数脉冲，这样就可以观察控制部分是否工作正常；二是断开控制门电路到 $\overline{PE}$ 的连线，把 $\overline{PE}$ 接到电平开关上，通过置数使得计数器输出从 8 到 3 的各种状态，观察控制部分是否在计数器输出为 0011 时输出低电平。

类似的循环计数电路有减计数的也有加计数的，如果控制部分有三个输入量要接，而门电路只有 4011 二输入端的与非门，则电路就需要用到多级门电路，这时应该注意电路有可能产生竞争现象。例如，电路要求从 2 到 6 加计数循环，则 $\overline{PE}=\overline{Q_CQ_BQ_A}$，此时应该先处理 Q_CQ_B 作与运算，然后再和 Q_A 做与非运算。如果采用先处理 Q_B、Q_A 做与运算，然后再和 Q_C 做与非运算，则在计数器从 011 走到 100 时，由于 Q_B、Q_A 经过了两级门才到达最后的与非门，出 0 较慢；而 Q_C 是直接到达的，出 1 较快，这样从 011 走到 100 的瞬间可能会产生 111 的干扰信号，使得电路只能在 2 到 3 之间循环，达不到预期的控制要求。

模块 3

电力电子电路设计装调维修实训

实训要求

通过本模块的学习，要求学生掌握电力电子电路的工作原理、电路结构、电气性能和波形分析方法等；能对三相可控整流电路、直流斩波电路进行设计，具有一定的电力电子电路安装、调试及维修能力。

3.1 基础知识

3.1.1 三相可控整流电路

当整流负载容量较大，或要求直流电压脉动较小，应采用三相整流电路，应用最广的是三相桥式、三相双反星形等。

3.1.1.1 三相桥式全控整流电路

工业上广泛应用的三相桥式全控整流电路如图3-1所示。主电路共阴极组晶闸管编号为VT1、VT3、VT5；主电路共阳极组晶闸管编号为VT6、VT4、VT2。

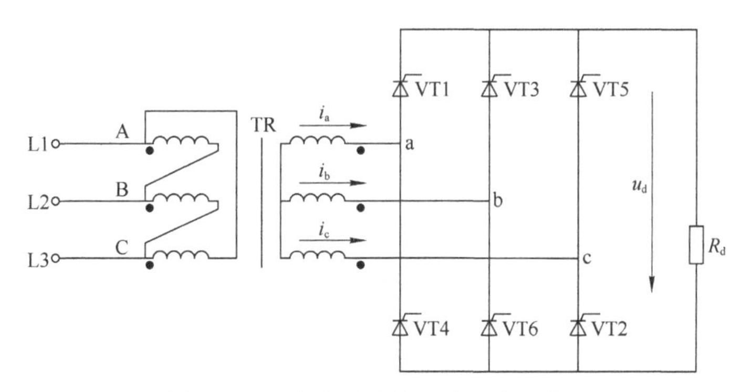

图3-1 三相桥式全控整流电路电路图

1) 电阻负载

图3-2所示为三相桥式全控整流电路带电阻负载时在不同控制角α下的波形。

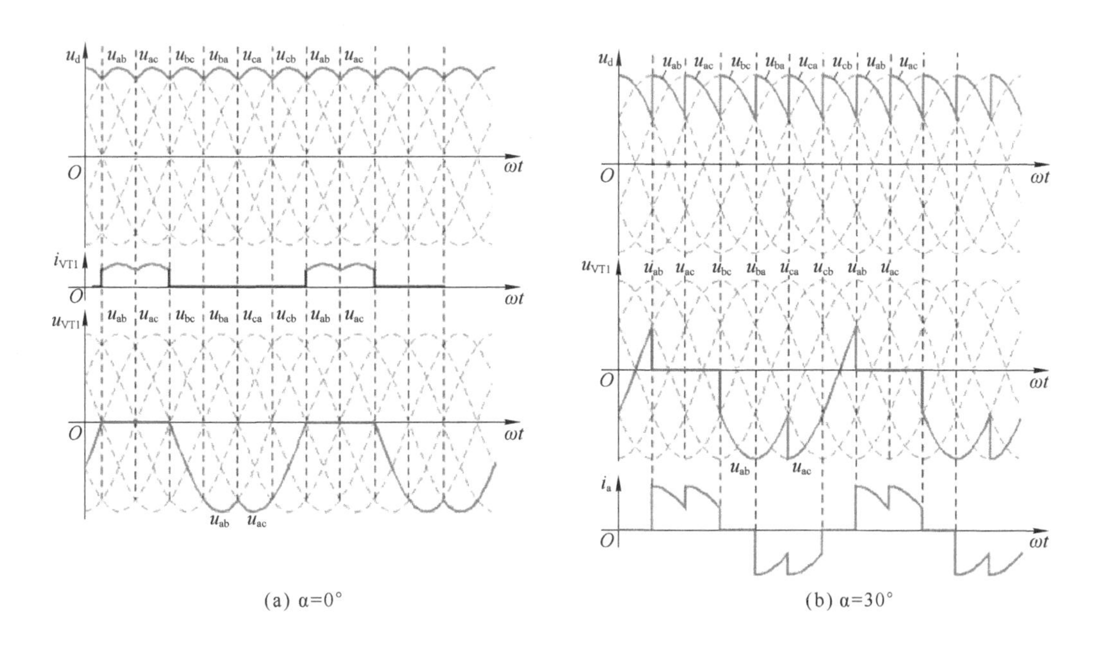

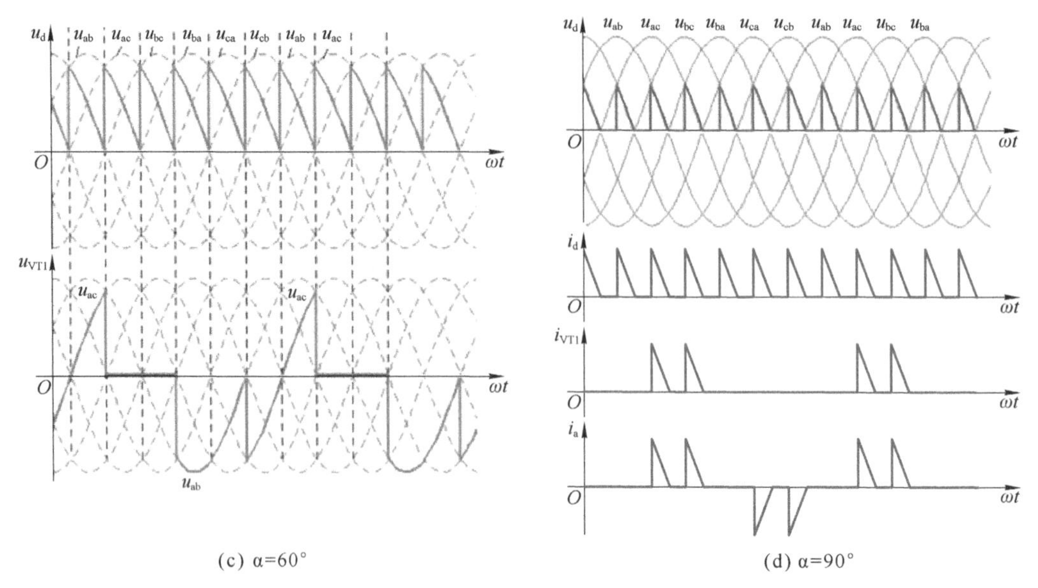

(c) α=60°　　　　(d) α=90°

图 3-2　三相桥式全控整流电路带电阻负载时在不同控制角 α 下的波形

2）阻感负载

图 3-3 所示为三相桥式全控整流电路带阻感负载时在不同控制角 α 下的波形。

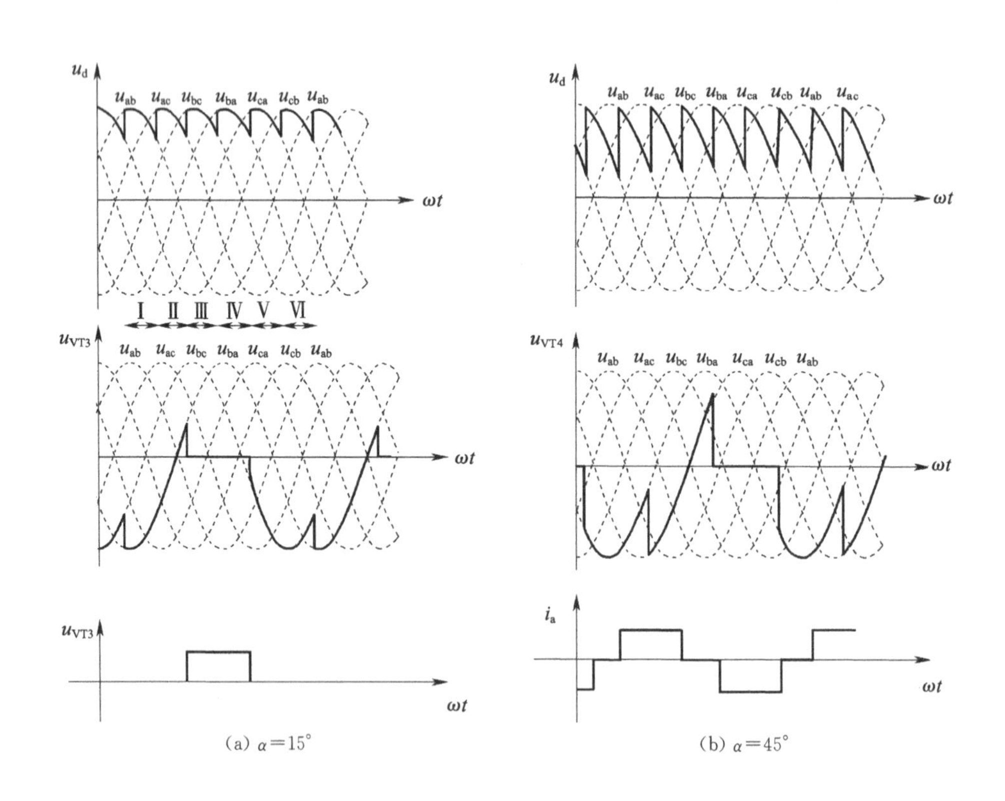

(a) α=15°　　　　(b) α=45°

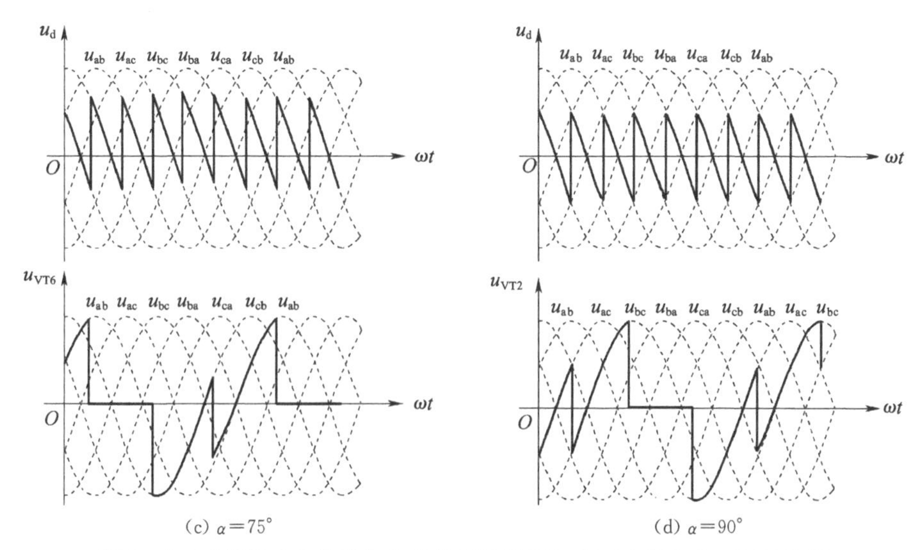

图 3-3　三相桥式全控整流电路带阻感负载时在不同控制角 α 下的波形

由波形图可见：

(1) 当 $0°\leqslant\alpha\leqslant 60°$时，$u_d$ 波形连续，电路的工作情况与带电阻负载时相似，两者 u_d 波形、u_{VT} 波形一样，区别在于负载电流 i_d 波形不同，因为电阻负载时，u_d 波形和 i_d 波形完全一样；而阻感负载时，由于电感的作用，使得 i_d 波形变得平直，当电感足够大的时候，i_d 波形可近似为一条水平线。其输出整流电压的平均值为：$U_d=2.34U_{2\Phi}\cos\alpha$。

(2) 当 $60°<\alpha<90°$时，阻感负载时的工作情况与电阻负载时不同，电阻负载时 u_d 波形不会出现负的部分，而阻感负载时，由于电感的作用，u_d 波形会出现负的部分。其输出整流电压的平均值为 $U_d=2.34U_{2\Phi}\cos\alpha$。

(3) 当 $\alpha=90°$时，若电感值足够大，u_d 中正、负面积将基本相等，U_d 平均值近似为零。所以，带阻感负载的三相桥式全控整流电路 α 的移相范围是 0°～90°。

3.1.1.2　三相桥式半控整流电路

在中等容量的整流装置或不要求可逆的电力拖动系统中，采用桥式半控整流电路比采用全控电路更简单、更经济。其电路如图 3-4 所示，改变可控组的 α 可得到 $0\sim 2.34U_{2\Phi}$ 的可调输出电压。

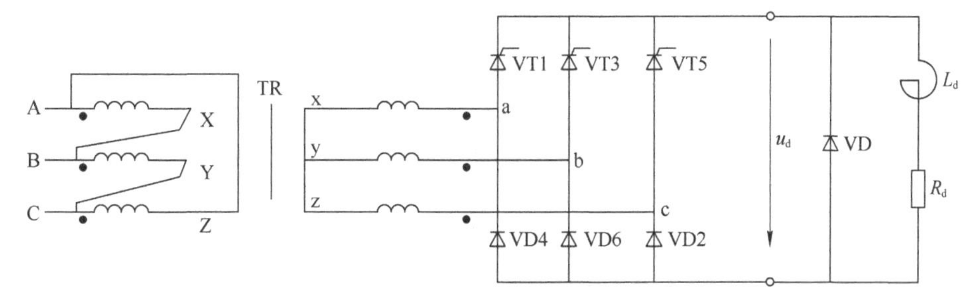

图 3-4　三相桥式半控整流电路电路图

1) 阻性负载

图 3-5 所示为带阻性负载的三相桥式半控整流电路在不同控制角 α 下的波形。由波形图可见：

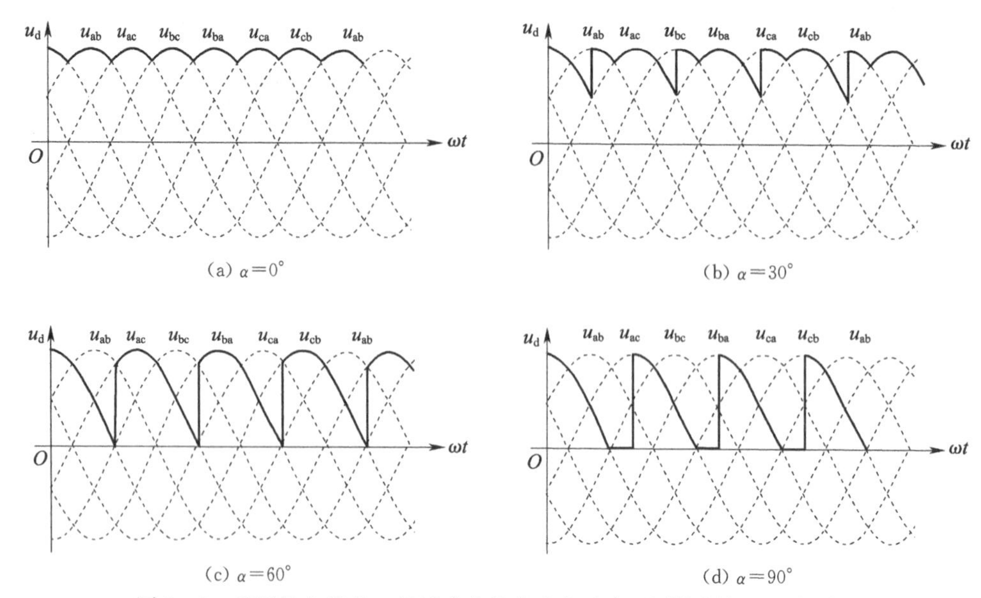

(a) $\alpha=0^\circ$ (b) $\alpha=30^\circ$

(c) $\alpha=60^\circ$ (d) $\alpha=90^\circ$

图 3-5 带阻性负载的三相桥式半控整流电路在不同控制角 α 下的波形

(1) 当 $\alpha=0^\circ$时，u_d 波形与三相全控桥 $\alpha=0^\circ$时输出的电压波形一样。

(2) 当 $0^\circ<\alpha\leqslant60^\circ$时，$u_d$ 波形由一个缺角波形和一个完整波形组成。当 $\alpha=60^\circ$时，u_d 波形只剩下 3 个波头，波形刚好为维持连续。其输出电压的平均值 $U_d=1.17U_{2\Phi}(1+\cos\alpha)$。

(3) 当 $60^\circ<\alpha\leqslant180^\circ$时，$u_d$ 波形出现断续，由 3 个间断的线电压波头组成，其输出电压的平均值仍为 $U_d=1.17U_{2\Phi}(1+\cos\alpha)$。

2) 阻感负载

三相半控桥式整流电路与单相半控桥式整流电路一样，桥路内部二极管有续流作用。因此在带电感性负载时，输出电压 u_d 的波形不会出现负的部分，即输出电压平均值 U_d 的计算与带电阻性负载时一样。在带大电感负载时，为了避免发生失控现象，必须并联续流二极管。为了使电路能真正起到续流效果，要选用正向压降小的续流管，整流桥输出端与续流二极管之间的连接线应越短越好，并且要选择维持电流较大的晶闸管。只有当 $\alpha>60^\circ$时，并联的续流二极管才流过电流。

3.1.1.3 TC787 集成触发电路

TC787 是采用先进 IC(集成电路)工艺设计制作的单片集成电路，可单电源工作，亦可双电源工作。TC787 主要适用于三相晶闸管移相触发电路和三相晶体管脉宽调制电路，以构成多种调压调速和变流装置。

1) TC787 引脚排列

TC787 引脚排列如图 3-6 所示。

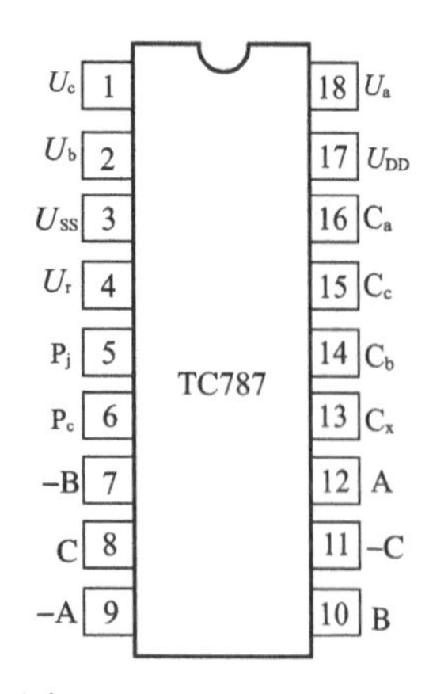

图 3-6 TC787 引脚排列

2) TC787 各引脚的功能及用法

(1) 同步电压输入端。1# 脚(U_c)、2# 脚(U_b)及 18# 脚(U_a)分别为三相同步输入电压连接端，在实际应用中分别接经输入滤波后的同步电压，同步电压的峰值应不超过 TC787 的工作电源电压。

(2) 脉冲输出端。在半控单脉冲工作模式下，8#脚(C)、10#脚(B)、12#脚(A)分别为与三相同步电压正半周对应的同相触发脉冲输出端，而7#脚(−B)、9#脚(−A)、11#脚(−C)分别为与三相同步电压负半周对应的反相触发脉冲输出端。在全控双窄脉冲工作模式下，8#脚为与三相同步电压中C相正半周及B相负半周对应的两个脉冲输出端，12#脚为与三相同步电压中A相正半周及C相负半周对应的两个脉冲输出端，11#脚为与三相同步电压中C相负半周及B相正半周对应的两个脉冲输出端，9#脚为与三相同步电压中A相负半周及C相正半周对应的两个脉冲输出端，7#脚为与三相同步电压中B相负半周及A相正半周对应的两个脉冲输出端，10#脚为与三相同步电压中B相正半周及A相负半周对应的两个脉冲输出端。在实际应用中脉冲输出端均接脉冲功率放大环节或脉冲变压器去驱动开关管的控制极。

(3) 控制端。

① 图中5#脚(P_j)为输出脉冲禁止端。该端用来进行故障状态下封锁TC787的输出，高电平有效，应用中接保护电路的输出。

② 图中14#脚(C_b)、15#脚(C_c)、16#脚(C_a)分别为对应三相同步电压的锯齿波电容器连接端。该端连接的电容值大小决定了移相锯齿波的斜率和幅值，应用中分别通过一个相同容量的电容接地。

③ 图中6#脚(P_c)为TC787工作方式设置端。当该端接高电平时，输出双脉冲；而当该端接低电平时，输出单脉冲。

④ 图中4#脚(U_r)为移相控制电压输入端。该端输入电压的高低，直接决定着TC787输出脉冲的移相范围，应用中接给定环节输出，其电压幅值最大为TC787的工作电源电压U_{DD}。

⑤ 图中13#脚(C_x)。该端连接电容器C_x的容量决定着TC787输出脉冲的宽度，电容的容量越大，则脉冲宽度越宽。

(4) 电源端。TC787可单电源工作，亦可双电源工作。单电源工作时3#脚(U_{SS})接地，而17#脚(U_{DD})允许施加的电压为8～18 V。双电源工作时，3#脚(U_{SS})接负电源，允许施加的电压为−4～−9 V；17#脚(U_{DD})接正电源，允许施加的电压为+4～+9 V。

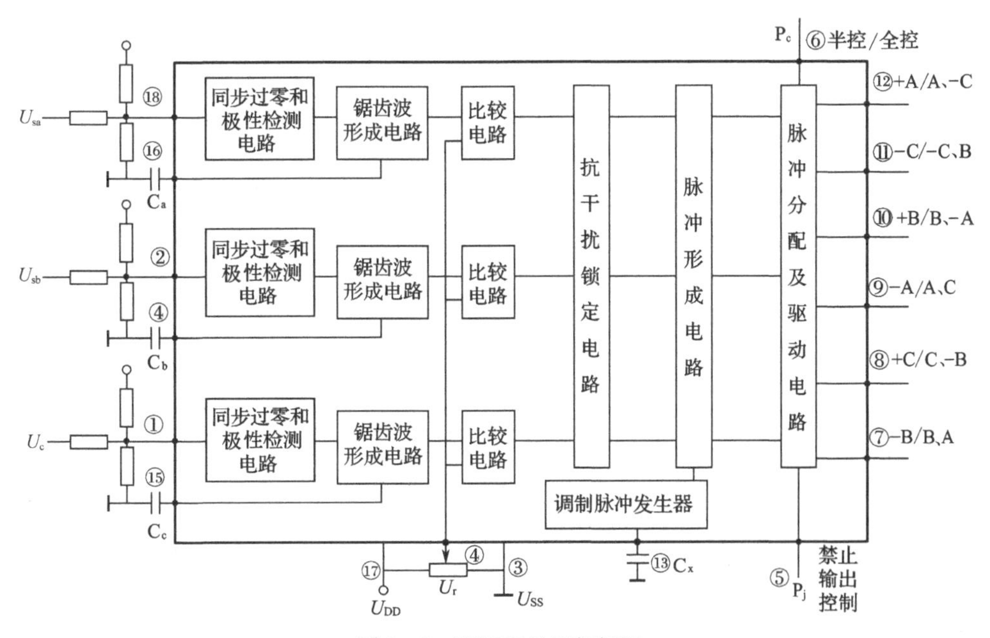

图3-7　TC787的逻辑框图

3）TC787 逻辑框图

TC787 逻辑框图如图 3－7 所示，其电路由三路相同的部分组成：同步过零和极性检测电路、锯齿波形成电路和锯齿波比较电路。经过抗干扰锁定、脉冲形成等电路形成三相触发调制脉冲或方波，由脉冲分配电路实现全控、半控的工作方式，再由驱动电路完成输出驱动。

4）TC787 的波形图

TC787 各点的波形如图 3－8 所示。

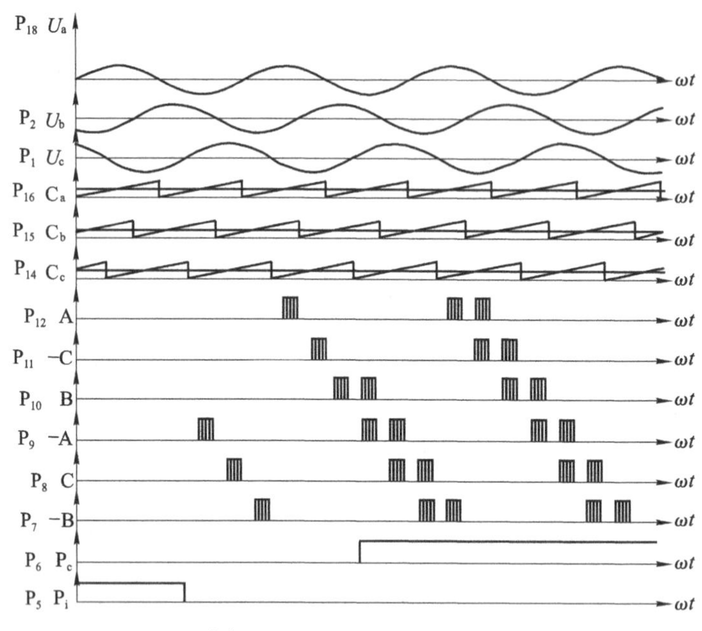

图 3－8 TC787 各点的波形

3.1.2 直流斩波电路

3.1.2.1 降压型直流斩波电路

降压斩波电路及波形如图 3－9 所示，电路中 V 采用 IGBT，VD 为续流二极管。当斩波开关 V 关断时，续流二极管 VD 为感性负载提供电流通路，E_M 为反电动势。

若负载中 L 值较小，则在 V 关断后，到 t_2 时刻，如图 3－9c 所示，负载电流已衰减至零，会出现负载电流断续的情况。由图可见，u_o 会被抬高，故一般不希望出现电流断续的情况。

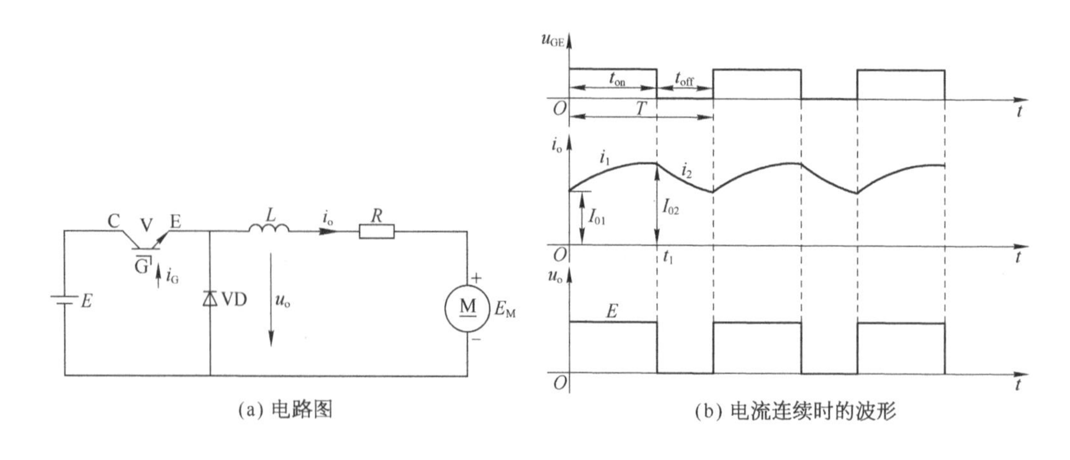

(a) 电路图

(b) 电流连续时的波形

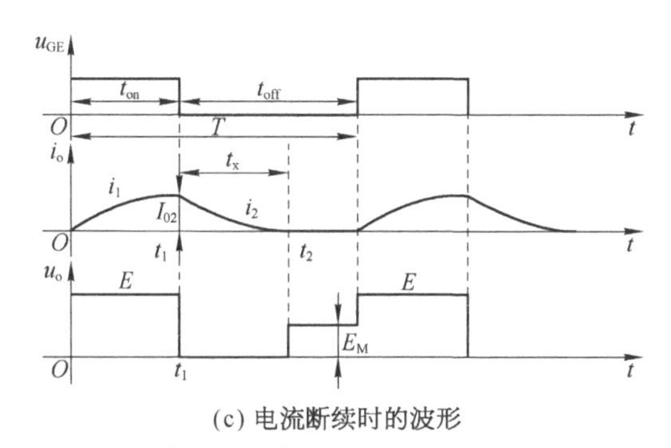

(c) 电流断续时的波形

图 3－9　降压斩波电路及波形

3.1.2.2　**升压型直流斩波电路**

升压斩波电路及波形如图 3－10 所示，它由功率开关管 V(IGBT)、储能元件 L、升压二极管 VD 和滤波电容 C 组成。

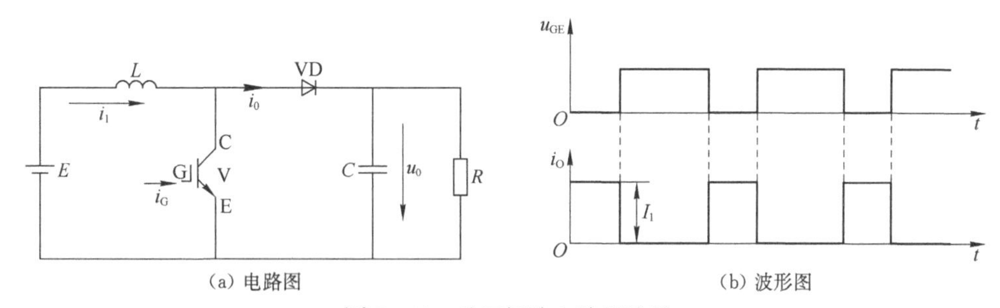

(a) 电路图　　(b) 波形图

图 3－10　升压斩波电路及波形

升压斩波电路能使输出电压高于电源电压的原因：一是电感 L 储能之后具有使电压泵上升的作用；二是电容 C 可将输出电压保持不变。在以上分析中，认为 V 导通期间因电容 C 的作用使得输出电压 U_o 不变，但实际 C 值不可能无穷大，在此阶段其向负载放电，U_o 必然会有所下降，故实际输出电压会略低计算值，如果忽略电路中的损耗，则由电源提供的能量仅由负载 R 消耗，即与降压斩波电路一样，升压斩波电路也可看作直流变压器。

3.1.2.3　**升降压型直流斩波电路**

升降压型直流斩波电路图及波形如图 3－11 所示，它是由降压式和升压式两种基本变换电路混合串联而成。此电路的输出与输入有公共接地端，输出电压的幅值可以高于或低于输入电压，其极性为负。

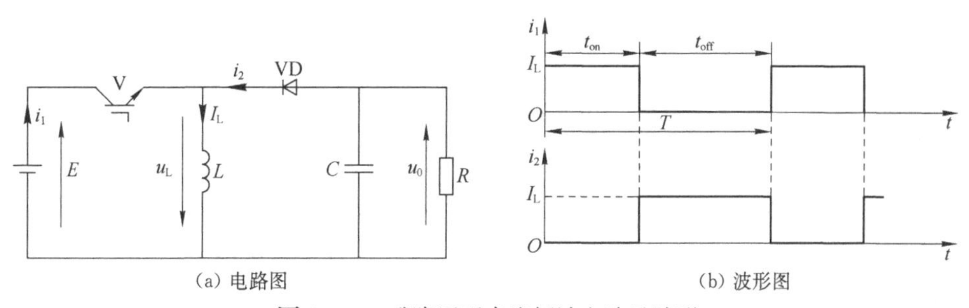

(a) 电路图　　(b) 波形图

图 3－11　升降压型直流斩波电路及波形

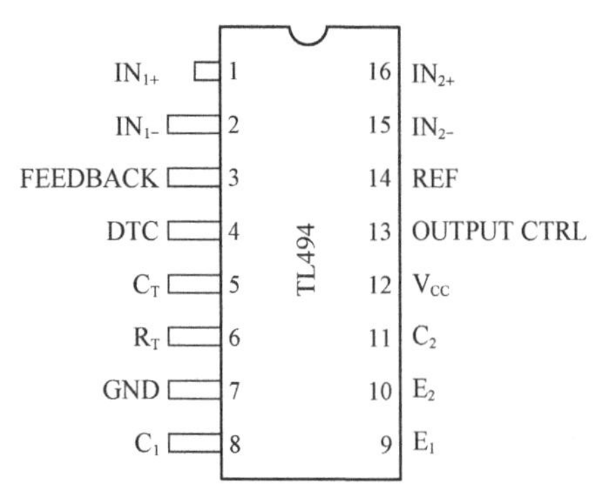

图 3-12 TL494 的引脚排列

3.1.2.4 PWM 专用集成电路 TL494 芯片

TL494 是一种固定频率脉宽调制电路，它包含了开关电源控制所需的全部功能，广泛应用于单端正激双管式、半桥式、全桥式开关电源。TL494 有 SO-16 和 PDIP-16 两种封装形式，以适应不同场合的要求。

1) TL494 的引脚排列及引脚的功能

TL494 为双列直插式 16 个列脚，引脚排列如图 3-12 所示，各引脚功能见表 3-1。

表 3-1 TL494 的引脚功能说明

脚号	代号	名称或功能
1	IN_{1+}	内部 1# 误差放大器同相输入端
2	IN_{1-}	内部 1# 误差放大器反相输入端
3	FEEDBACK	反馈/PWM 比较器输入端
4	DTC	死区时间控制比较器输入端
5、6	C_T、R_T	设定振荡器频率用电容与电阻连接端
7	GND	工作参考地端
8、11	C_1、C_2	正脉冲输出端和负脉冲输出端
9	E_1	对应引脚 8 输出脉冲参考地端
10	E_2	对应引脚 11 输出脉冲参考地端
12	V_{CC}	TL494 工作电源连接端
13	OUTPUT CTRL	输出模式控制端
14	V_{REF}	基准电压输出端
15、16	IN_{2-}、IN_{2+}	内部 2# 误差放大器反相与同相输入端

2) TL494 内部结构及工作原理

(1) 内部结构。TL494 内部结构框图如图 3-13 所示，该集成电路由一个振荡器(OSC)、两个误差放大器、两个比较器(死区时间控制比较器和 PWM 比较器)、一个触发器(FF)、两个与门和两个或非门、一个或门、一个+5 V 基准电源，两个 NPN 输出功率放大用开关晶体管(V_1、V_2)组成。

(2) 工作原理。TL494 是一个固定频率的脉冲宽度调制电路，内置线性锯齿波振荡器，其振荡频率由 5# 脚、6# 脚外接 R_T、C_T 参数决定，即振荡频率为

$$f_{osc}=\frac{1.1}{R_T \cdot C_T}$$

输出脉冲的宽度通过电容 C_T 上的正极性锯齿波电压与另外两个控制信号进行比较来实现。功率输出管 V_1 和 V_2 受控于或非门。当双稳态触发器的时钟信号为低电平时才会被选

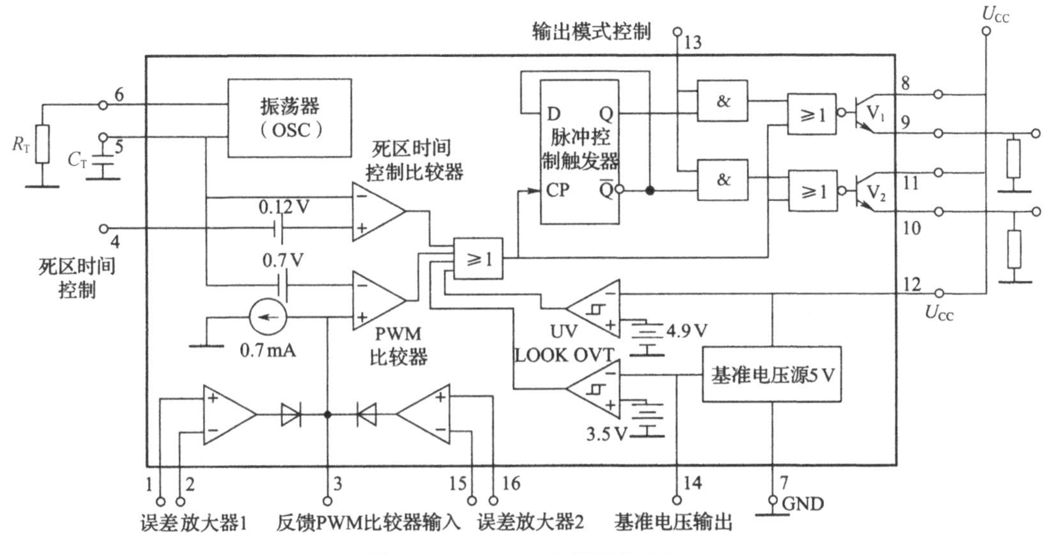

图 3-13 TL494 内部结构框图

通，即只有在锯齿波电压大于控制信号期间才会被选通。当控制信号增大，输出脉冲的宽度将减小。其有关时序图如图 3-14 所示。

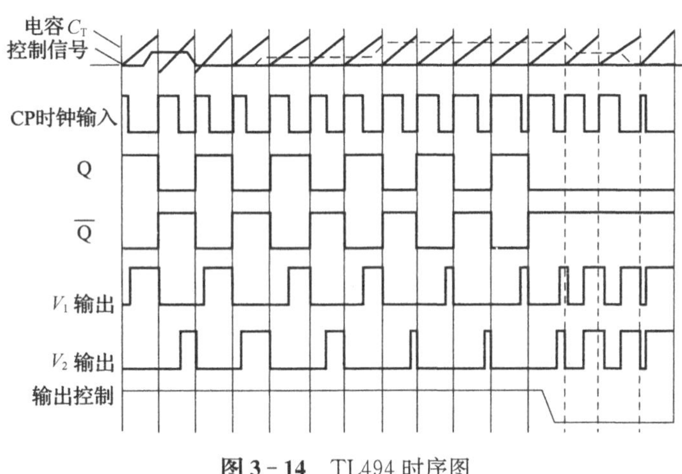

图 3-14 TL494 时序图

控制信号由集成电路外部输入，一路送至死区时间控制比较器，一路送至误差放大器的输入端。死区时间控制比较器具有 120 mV 的输入补偿电压，它限制了最小输出死区时间约等于锯齿波周期的 4%，当输出端接地，最大输出占空比为 96%；而输出端接参考电平时，占空比为 48%；当把死区时间控制输入端接上固定的电压(范围在 0～3.3 V 之间)，即能在输出脉冲上产生附加的死区时间。

3.2 实训内容

3.2.1 三相桥式全控整流电路设计装调

3.2.1.1 实训要求

如图 3-15 所示，根据已知整流变压器 TR(△/Y-1)和同步变压器 TS(Y/Y-12)的连接

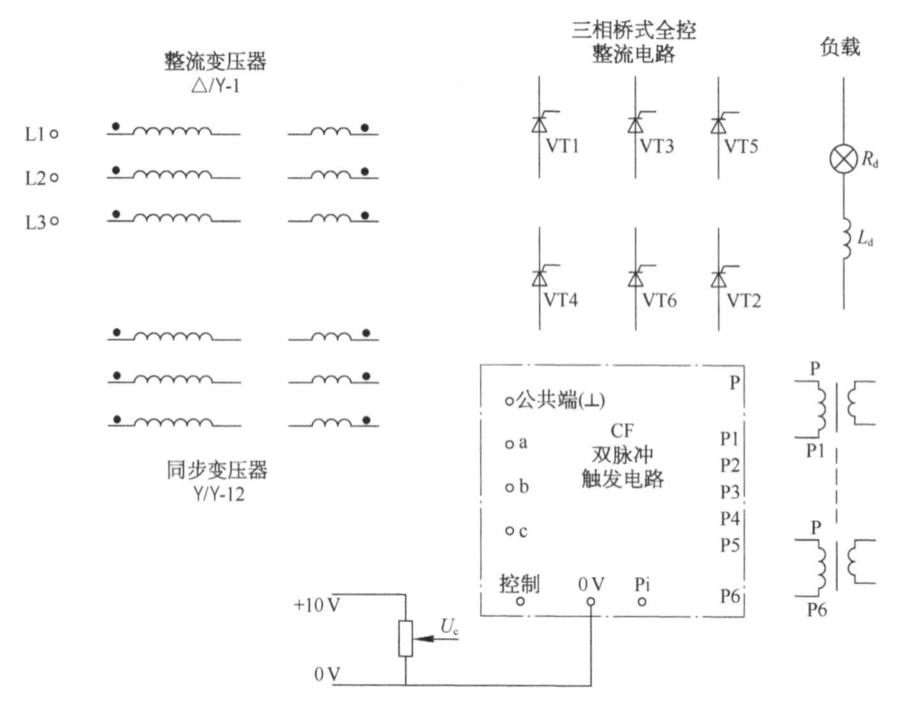

图 3-15　三相桥式全控整流电路带电阻(白炽灯)-电感性负载

组别号，画出其接线图、标明相序，并画全三相桥式全控整流电路带电阻(白炽灯)-电感性负载的系统接线图，然后在电力电子技术实训装置上完成其接线、通电调试、用双踪示波器观察并记录同步电压及锯齿波电压的波形，同时记录 α 为某角度时的输出电压 u_d 和晶闸管 VT 两端的波形及触发脉冲的波形。

3.2.1.2　电路设计

根据已知整流变压器 TR(△/Y-1)和同步变压器 TS(Y/Y-12)的连接组别号，画出其接线图、标明相序，并画全三相桥式全控整流电路带电阻(白炽灯)-电感性负载的系统接线图，如图 3-16 所示。

3.2.1.3　接线调试

1) 主电路接线

三相电源从三相空气开关板的 L1、L2、L3 上引出，连接三相整流变压器的三相输入 L1、L2、L3 上，三相整流变压器的一次侧、二次侧根据题目要求连接成△/Y-1 接法，二次侧输出分别连接到三个晶闸管(VT1、VT3、VT5)阳极，三个阴极连起来后再接到负载电感 L_d 上，再接灯泡负载，之后从灯泡返回三个晶闸管(VT4、VT6、VT2)阳极，最后将三个晶闸管(VT1、VT3、VT5)和另三个晶闸管(VT4、VT6、VT2)串联，即完成了三相桥式全控整流电路主电路的接线。

2) 控制电路接线

从三相空气开关板上引出三相电源 L1、L2、L3 连接同步变压器的三个输入端 L1、L2、L3 上，同步变压器根据题目要求接成Y/Y-12 接法，二次侧三个输出端 a、b、c 和 x、y、z 连接处分别接到双脉冲触发电路的 a、b、c 端和公共端。另外电压给定器的输出 U_C 端连接到双脉冲触发电路的 U_C 端，作为移相控制电压。双脉冲触发电路的 P_i 端用短接桥接地，Pc 控制端开关打到双脉冲状态，P 端连到六个晶闸管触发端的脉冲变压器的 P 端，P1、P3、P5 连接晶闸管

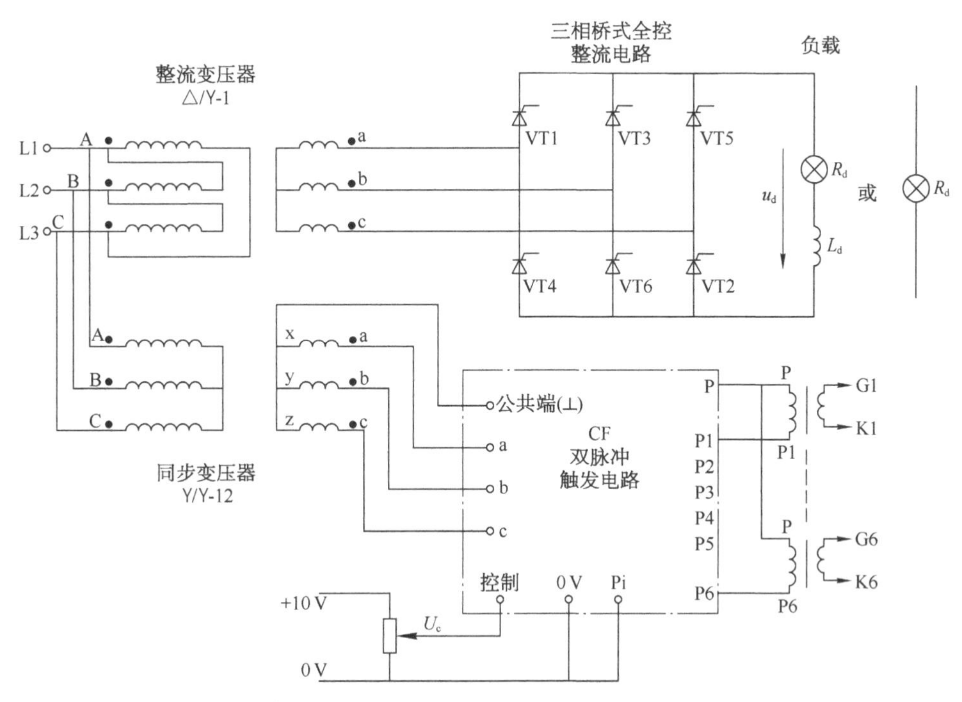

图 3－16　三相桥式全控整流电路系统接线图

(VT1、VT3、VT5)相应的 P1、P3、P5 端，P2、P4、P6 连接晶闸管(VT4、VT6、VT2)相应的 P2、P4、P6 端。

接线使用导线的注意事项：主电路导线用保护插头，控制电路导线用普通插头，插头与插头连接以两只为宜。

3) 合总电源开关 QF，测定三相交流电源的相序

首先，将示波器调整到正常测试状态，根据所用的探头按下 CH_1 或 CH_2 键，扫描源为电源，扫描方式为自动，扫描时间为 2 ms。其次，将示波器探头接地端接 N 端，探头端接 L1 端，调节示波器的扫描微调旋钮、水平位移旋钮和 Y 轴输入开关，使 u_{L1N} 波形起点在示波器显示屏最左端，一个周期占示波器刻度 6 格(目的是每格自定义为 60°)，幅度适中，波形稳定(电平旋钮配合)。最后，测 u_{L2N}、u_{L3N} 相位依次滞后 120°(2 格)、240°(4 格)，如图 3－17 所示。如果测出相序不对，则要将三相电源进线中的任意两相调换，重新测定。测量完毕后扫描及扫描微调旋钮严禁再动。

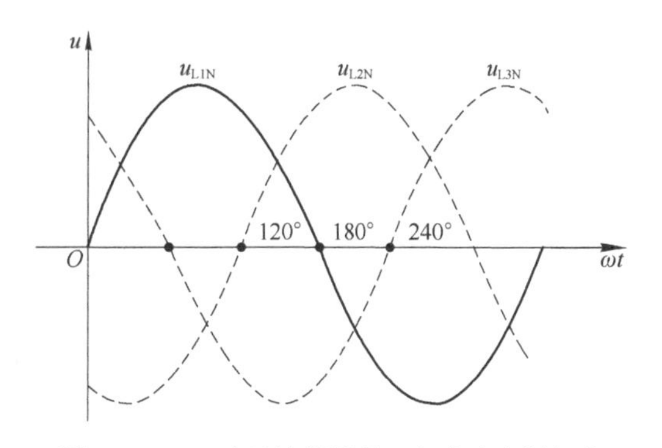

图 3－17　双踪示波器测量三相交流电源相序

4) 触发电路调试

(1) 合直流电源开关，为触发电路提供±15 V 的直流电源。

(2) 合触发电路电源开关，检查三相同步变压器的连接组别。三相同步变压器连接组别为Y/Y－12，变压器绕组接法和向量图如图 3－18 所示，用双踪示波器分别测量 u_{AB}(以 B 点

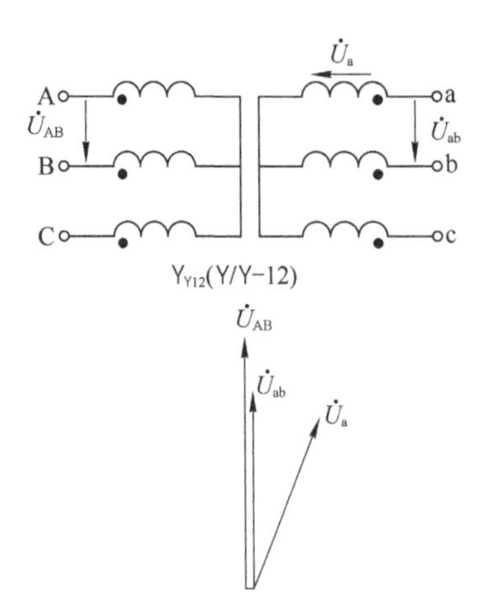

图 3-18　三相同步变压器绕组接法和向量图

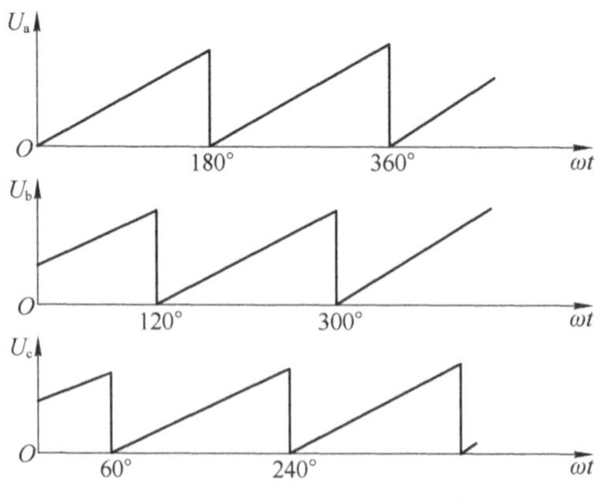

图 3-19　三相的锯齿波电压波形

为参考点测 A)和 u_{ab}(以 b 点为参考点测 a)波形,二次侧线电压(如 u_{ab})与对应的一次侧线电压(u_{AB})同相。

(3) TC787 集成触发电路调试。

① 用双踪示波器依次测量 u_a、u_b、u_c 三相的锯齿波电压波形,并调整各相电位器 RP,使各相锯齿波电压相互间隔为 120°,如图 3-19 所示。

② 用双踪示波器依次测量各相触发电路功放管 V_1~V_6 集电极电压 u_{P1}~u_{P6} 波形,相互间隔是否为 60°,如图 3-20 所示。调节移相控制电压 U_c 或偏移电压 U_b,观看 u_{P1}~u_{P6} 波形

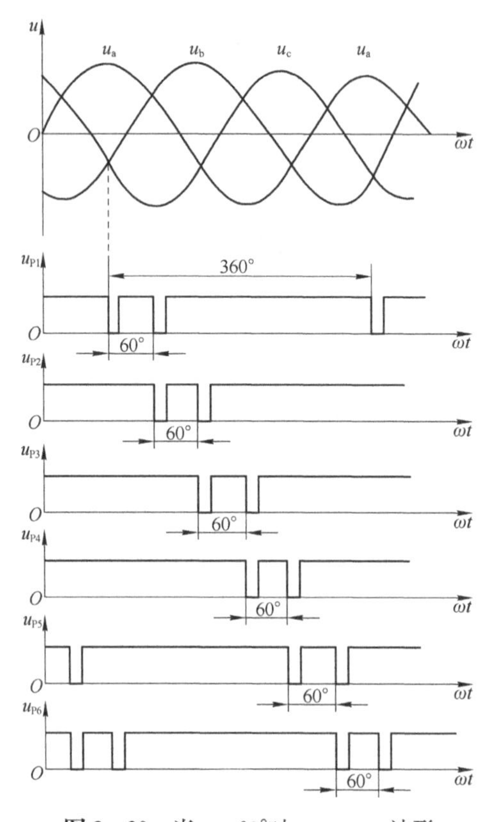

图 3-20　当 $\alpha=60°$时 u_{P1}~u_{P6} 波形

的移动变化情况。

③ 用双踪示波器依次测量各相同步信号电压和锯齿波电压波形，如 a 相同步信号电压 u_{sa} 和 a 相锯齿波电压 u_a 波形如图 3 - 21 所示。图中 φ 的角度取决于 TC787 集成触发电路板中同步电压回路阻容移相角度(具体可调节电位器 RP 的值)。其他各相如 u_{sb} 和 b 相锯齿波电压，u_{sc} 和 c 相锯齿波电压等相位可类似进行检查。

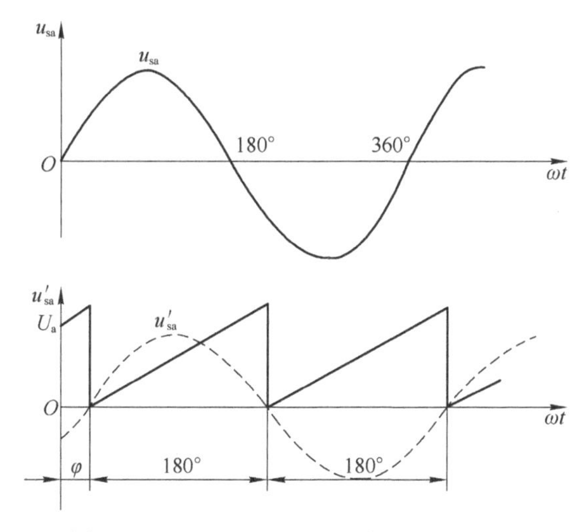

图 3 - 21　同步电压和锯齿波电压相位关系

(4) 分析晶闸管主电路电压和触发电路同步电压的相位关系。在本实例中，根据整流变压器△/Y - 1 和同步变压器Y/Y - 12，可画出其电压向量图，由图 3 - 22 可知 u_{sa} 与 u_{ab} 同相。

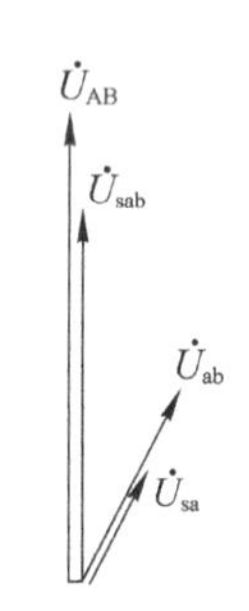

图 3 - 22　整流变压器△/Y - 1 和同步变压器Y/Y - 12 的向量图

(5) 根据 u_{sa} 与 u_{ab} 同相的关系，用示波器测 u_{sa} 波形即可确定 $\alpha = 0°$ 位置，如图 3 - 23 所示。

(6) 用示波器测 u_{p1} 波形，通过 P_c 控制开关选择双窄脉冲。

(7) 确定触发脉冲的初始相位并观察移相。用示波器测 u_{p1} 波形，当移相控制电压 $U_c =$ 0 V 时，调节偏移电压 U_b 使触发脉冲的初始相位为 90°(带电感性负载)后，保持偏移电压 U_b 不变。调节移相控制电压 U_c，观察触发脉冲 α 从 90°→0°变化。

5) 主电路调试

(1) 先将移相控制电压 U_c 调到 0 V，再合上主电路电源开关。

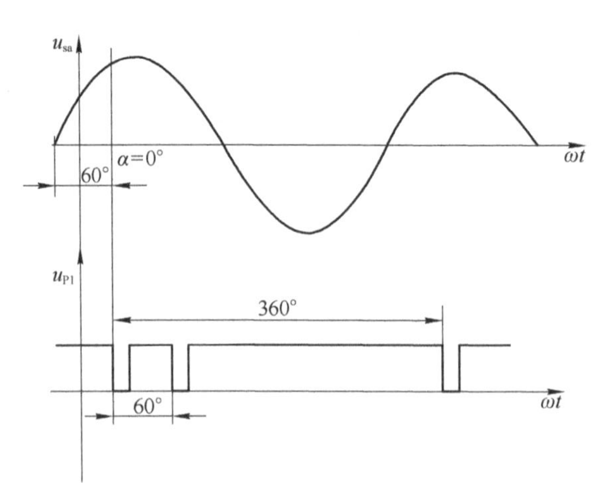

图 3-23 测 u_{sa} 波形确定 $\alpha=0°$位置

(2) 检查三相整流变压器的连接组别。本实例中，三相整流变压器连接组别为△/Y-1，变压器绕组接法如图 3-24 所示，用双踪示波器分别测量 u_{AB} 和 u_{ab} 波形，二次侧电压(如 u_{ab})滞后对应的一次侧线电压(u_{AB})30°。

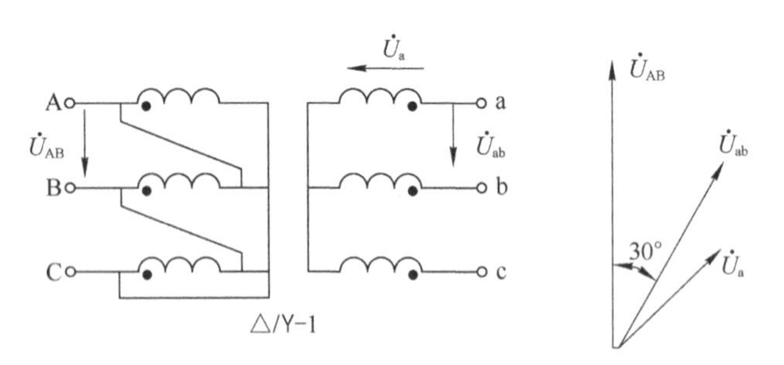

图 3-24 三相整流变压器绕组接法和向量图

(3) 调节移相控制电压 U_c，使 α 从 90°→0°变化，用示波器观察整流输出电压 u_d 波形，要求不缺相并且波形整齐。

(4) 测量三相桥式全控整流电路带电感负载时，在不同控制角 α 时的 u_d、u_{VT}、u_p 等波形，如图 3-25 所示。

6) 三相桥式全控整流电路缺相工作故障分析与处理

实际应用与技能实训中，三相桥式全控整流电路会遇到各种各样的故障。本实例以三相桥式全控整流电路带电阻性负载时，发生单只晶闸管故障为例加以分析与说明。

当三相桥式全控整流电路发生单只晶闸管故障时，反映在整流输出电压上是较正常电压低 1/3，输出波形少 2 个波头。假设 VT5 发生开路故障，则整流输出电压将从 U_0 下降为 U_1，整流输出电压 u_d 波形中的 u_{ca}、u_{cb} 将丢失，如图 3-26 所示。如果发生故障的晶闸管不是 VT5 而是其他晶闸管时，可以依照上面的方法找到对应的波头，很方便地查到是哪一个晶闸管故障，以便有针对性地进行处理。

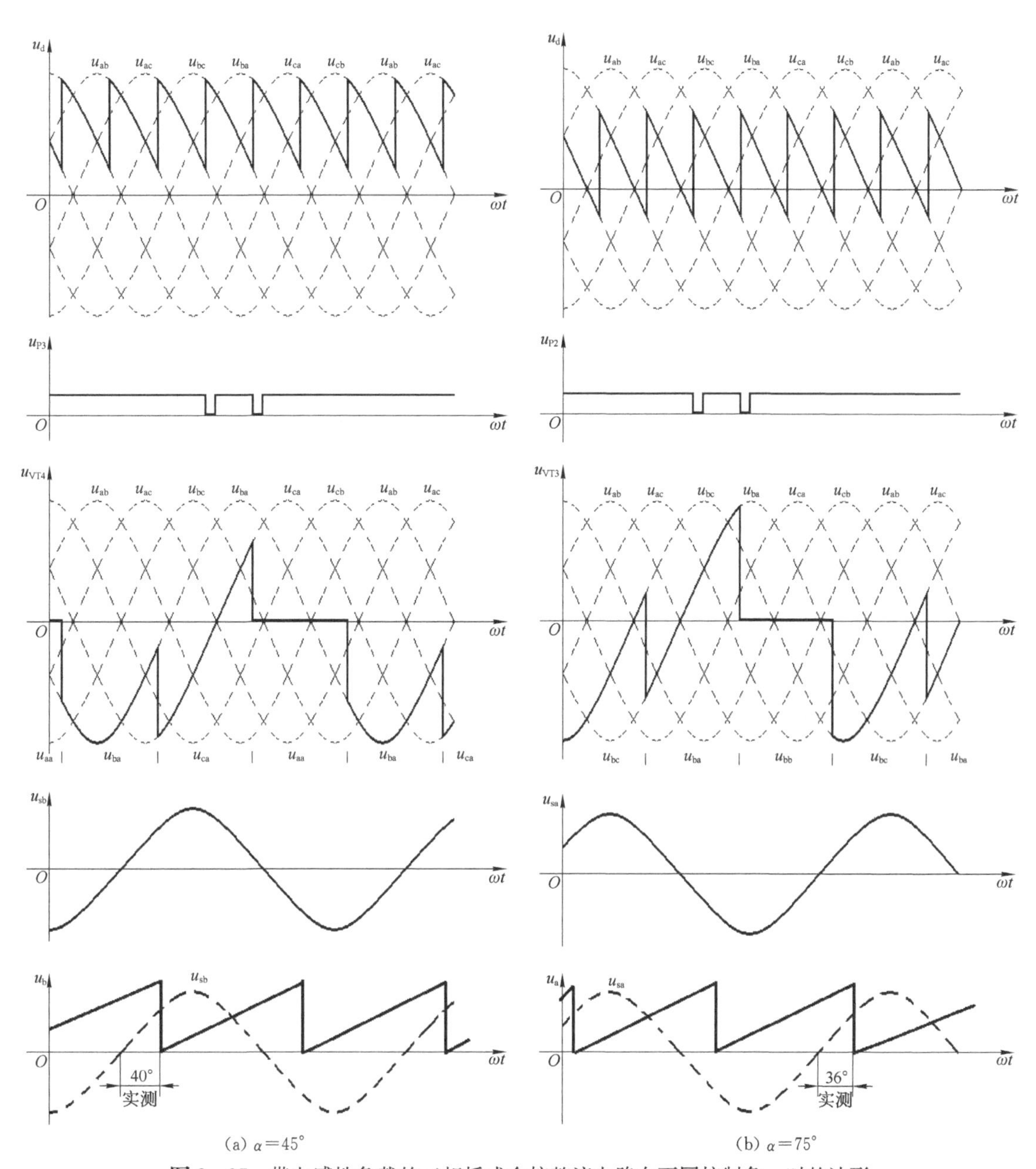

(a) $\alpha=45°$　　(b) $\alpha=75°$

图 3－25　带电感性负载的三相桥式全控整流电路在不同控制角 α 时的波形

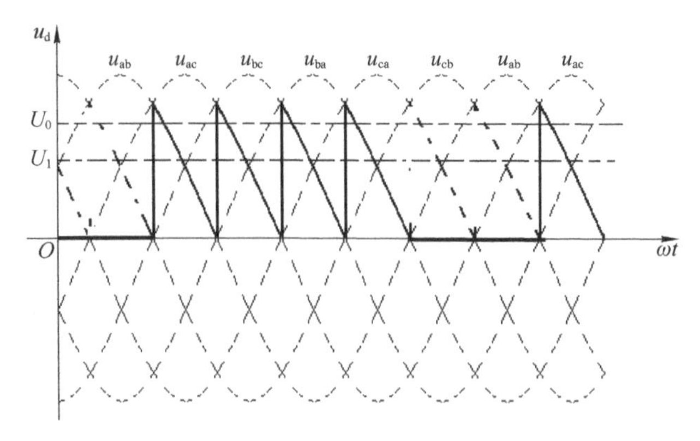

图 3-26　$\alpha=60°$时单只晶闸管故障时 u_d 的波形

3.2.2　三相桥式半控整流电路设计装调

3.2.2.1　实训要求

如图 3-27 所示，根据已知整流变压器 TR(△/Y-11)和同步变压器 TS(△/Y-11)的连接组别号，画出其接线图、标明相序，并画全三相桥式半控整流电路带电阻(白炽灯)-电感性负载的系统接线图，然后在电力电子技术实训装置上完成其接线、通电调试、用双踪示波器观察并记录同步电压及锯齿波电压的波形，同时记录 α 为某角度时的输出电压 u_d 和晶闸管 VT 两端的波形及触发脉冲的波形。

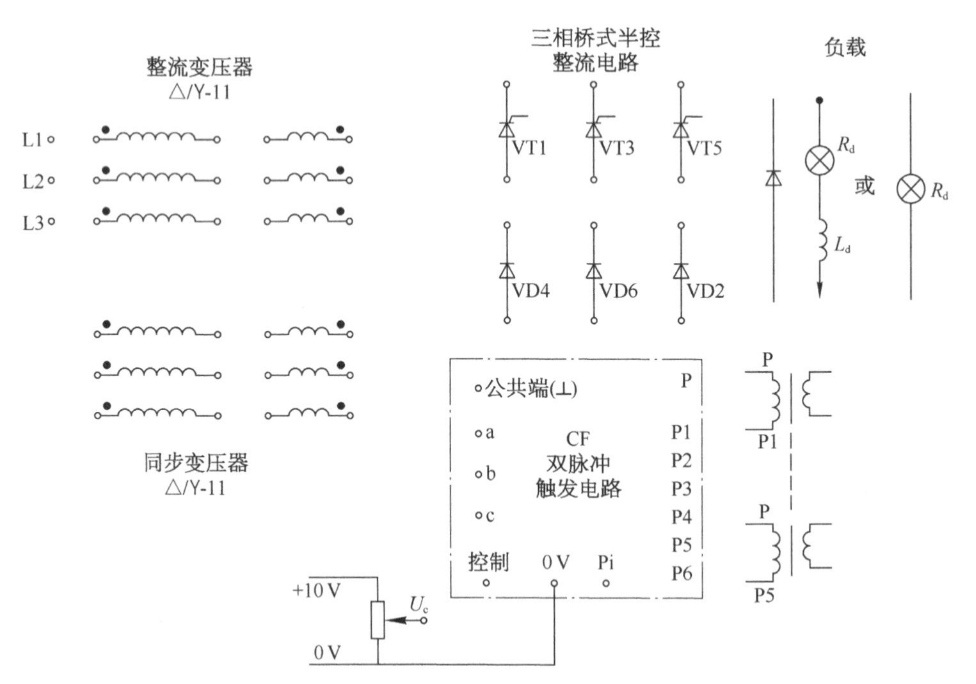

图 3-27　三相桥式半控整流电路带电阻(白炽灯)-电感性负载

3.2.2.2　电路设计

根据已知整流变压器 TR(△/Y-11)和同步变压器 TS(△/Y-11)的连接组别号，画出其接线图、标明相序，并画全三相桥式半控整流电路带电阻(白炽灯)-电感性负载的系统接线图，

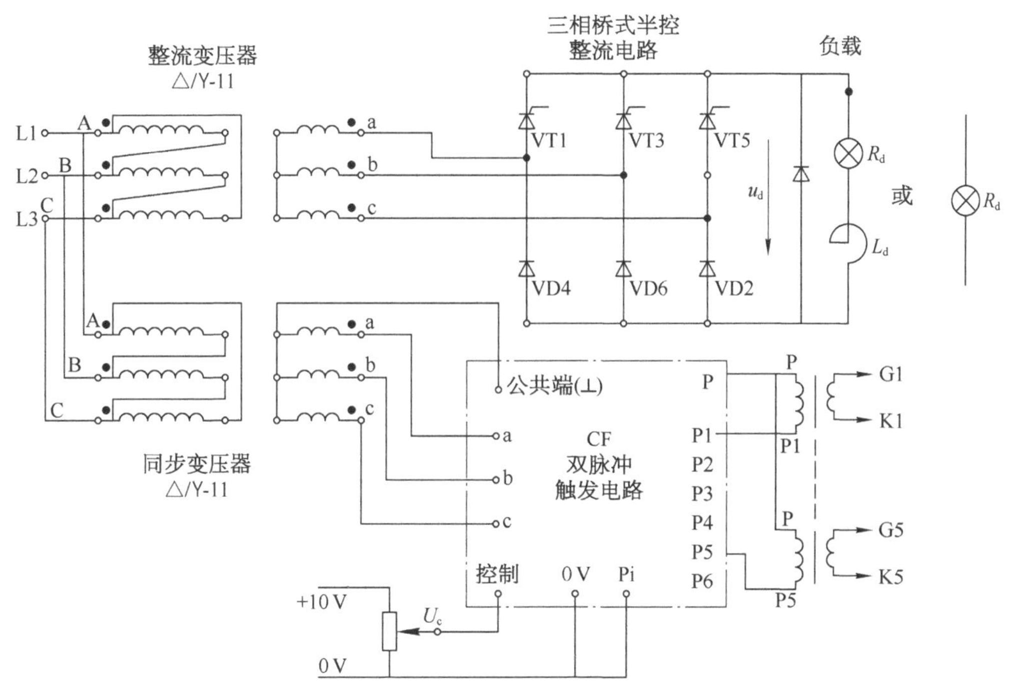

图 3-28 三相桥式半控整流电路系统接线图

如图 3-28 所示。

3.2.2.3 **接线调试**

(1) 按图 3-28 所示的接线图在电力电子技术实训装置上完成接线。本实训采用的系统接线图与三相桥式全控整流电路实训线路基本相同,仅将共阳极组 VT4、VT6、VT2 的晶闸管元件改为 VD4、VD6、VD2 整流二极管,以构成三相桥式半控整流电路。三相整流变压器和三相同步变压器,其连接组别和钟点数可按要求进行连接,本实例都采用△/Y-11。三相同步变压器的副边三个输出端和公共端分别连接双脉冲触发电路的 a、b、c 端和公共端。另外,电压给定器的输出 U_C 端连接双脉冲触发电路的 U_C 端,作为移相控制电压。双脉冲触发电路的 P_i 端用短接桥接地,Pc 控制端开关打到单脉冲状态,P 端连接三个晶闸管触发端的脉冲变压器的 P 端,P1、P3、P5 连接晶闸管(VT1、VT3、VT5)相应的 P1、P3、P5 端。

(2) 合总电源开关 QF,测定三相交流电源的相序。

(3) 触发电路调试。

① 合直流电源开关,为触发电路提供±15 V 的直流电源。

② 合触发电路电源开关,检查三相同步变压器的连接组别。本实例中,三相同步变压器连接组别为△/Y-11,二次侧电压(如 u_{ab})滞后对应的一次侧线电压(u_{AB})330°。

③ TC787 集成触发电路调试。步骤为:a. 用双踪示波器依次测量(u_a、u_b、u_c)三相的锯齿波电压波形,并调整各相电位器 RP,使各相锯齿波电压相互间隔为 120°;b. 用双踪示波器依次测量各相触发电路功放管 V_1、V_3、V_5 集电极电压 u_{P1}、u_{P3}、u_{P5} 波形,相互间隔是否为 120°,调节移相控制电压 U_c 或偏移电压 U_b,观看 u_{P1}、u_{P3}、u_{P5} 波形的移动变化情况;c. 用双踪示波器依次测量各相同步信号电压和锯齿波电压波形。

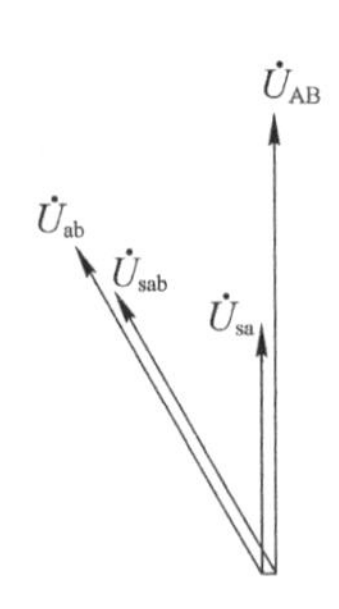

图 3-29 整流变压器△/Y-11 和同步变压器△/Y-11 的向量图

④ 分析晶闸管主电路电压和触发电路同步电压的相位关系。在本实例中，根据整流变压器△/Y-11 和同步变压器△/Y-11，可画出其电压向量图，由图 3-29 可知 u_{sa} 滞后 u_{ab} 30°。

⑤ 根据 u_{sa} 滞后 u_{ab} 30°的关系，用示波器测 u_{sa} 波形确定 $\alpha=0°$ 位置，如图 3-30 所示。

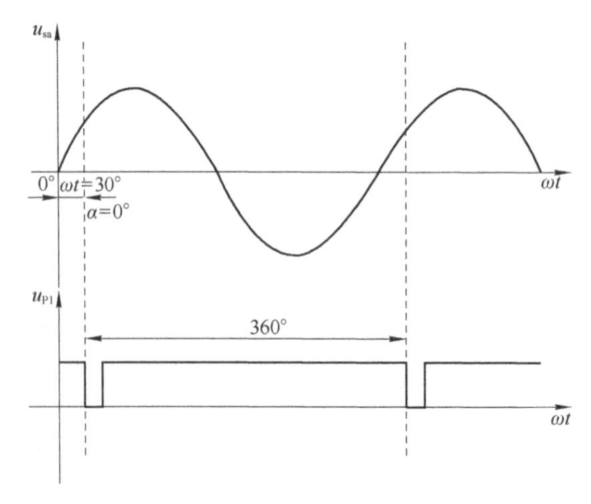

图 3-30 测 u_{sa} 波形确定 $\alpha=0°$位置

⑥ 用示波器测 u_{P1} 波形，通过 P_c 控制开关选择单脉冲。

⑦ 确定触发脉冲的初始相位并观察移相。用示波器测 u_{P1} 波形，当移相控制电压 $U_c=0$ V时，调节偏移电压 U_b 使触发脉冲的初始相位 $\alpha=180°$后，保持偏移电压 U_b 不变。调节移相控制电压 U_c，观察触发脉冲 α 从 180°→30°变化。

(4) 主电路调试。步骤如下：①先将移相控制电压 U_c 调到 0 V，再合上主电路电源开关。②检查三相整流变压器的连接组别。本例中，三相整流变压器连接组别为△/Y-11，用双踪示波器分别测量 u_{AB} 和 u_{ab} 波形，二次侧电压(如 u_{ab})滞后对应的一次侧线电压(u_{AB})330°。③调节移相控制电压 U_C，使 α 从 180°→30°变化，用示波器观察整流输出电压 u_d 波形，要求不缺相并且波形整齐。④测量三相桥式半控整流电路带电感性负载时，在不同控制角 α 时的 u_d、u_{VT}、u_P 等波形，如图 3-31 所示。

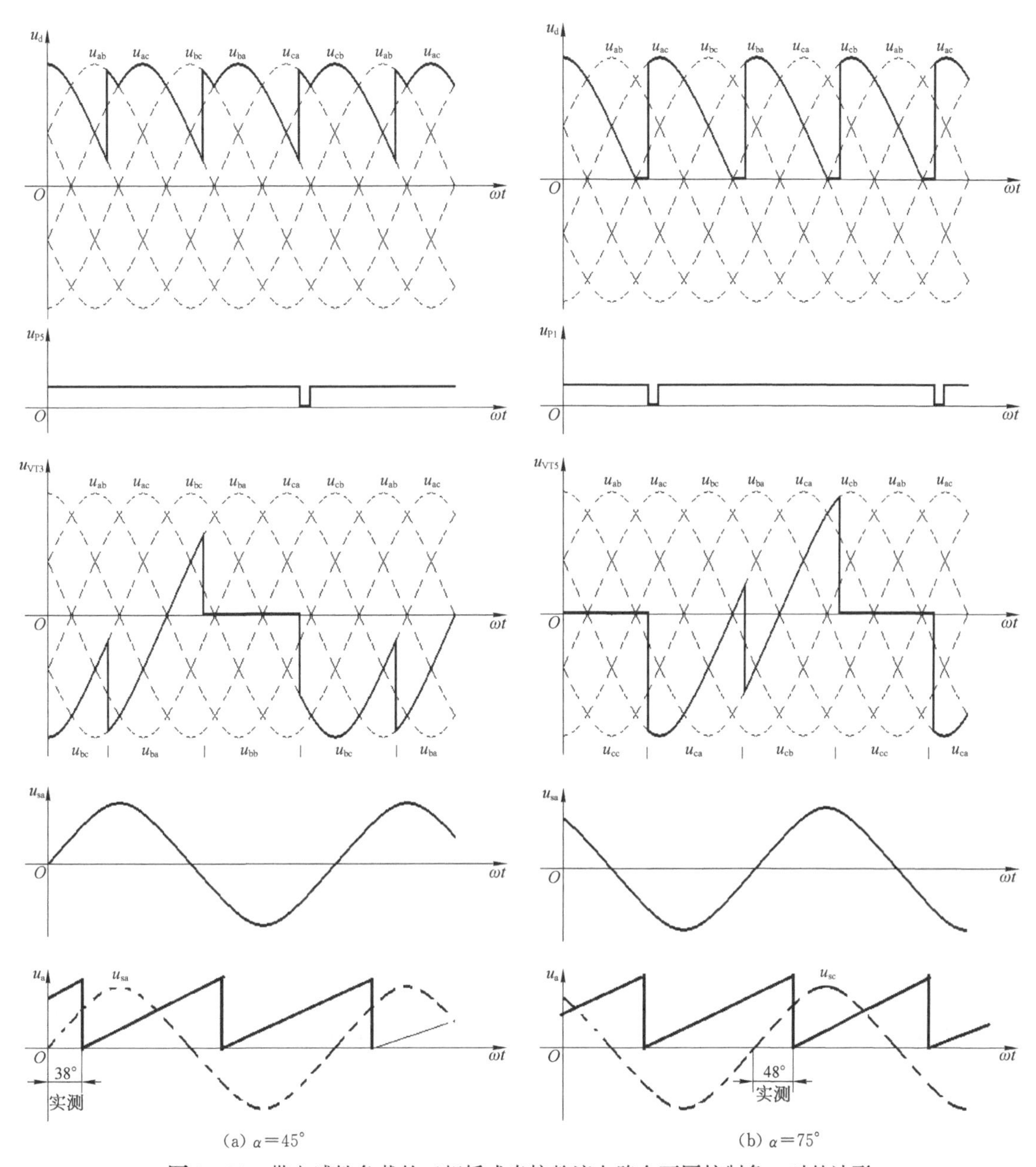

图 3-31 带电感性负载的三相桥式半控整流电路在不同控制角 α 时的波形

(5) 三相桥式半控整流电路装置缺相工作故障分析与处理。三相桥式半控整流电路的工作正常与否,只须用双踪示波器检测该整流电路的输出电压 u_d 及晶闸管两端电压 u_{VT} 的波形便可得知。如果出现异常,可根据 u_d、u_{VT} 的波形快速的分析故障所在,这样就可以将故障迅速地排除。

如图 3-32 所示为三相桥式半控整流电路带大电感负载,当 $\alpha=30°$时,正常情况下的 u_d、u_{VT1} 波形。由图可知 u_d 波形由 u_{ab}、u_{ac}、u_{bc}、u_{ba}、u_{ca}、u_{cb} 六个波头组成,从图中形状可以看出共阴极的晶闸管输出电压是可控的,共阳极的二极管输出电压是自然换相的。例如 u_{ab}、u_{ac},前一字母表示共阴极连接组接 a 相的晶闸管 VT1 所在桥臂,在 VT1 导通后若输出线电压

u_{ab}，则说明 VT1 与 VD6 管所在桥臂导通，当相电压自然换相由 b 相到 c 相时，输出电压为 u_{ac}，说明 VT1 与 VD2 配合导通。在实际运行过程中，如发现整流电路输出的直流平均电压 U_d 值下降时，首先用示波器检查输出 u_d 的波形，根据 u_d 波形波头情况进行分析判断后，再做进一步的检查，即可查找出故障所在处。

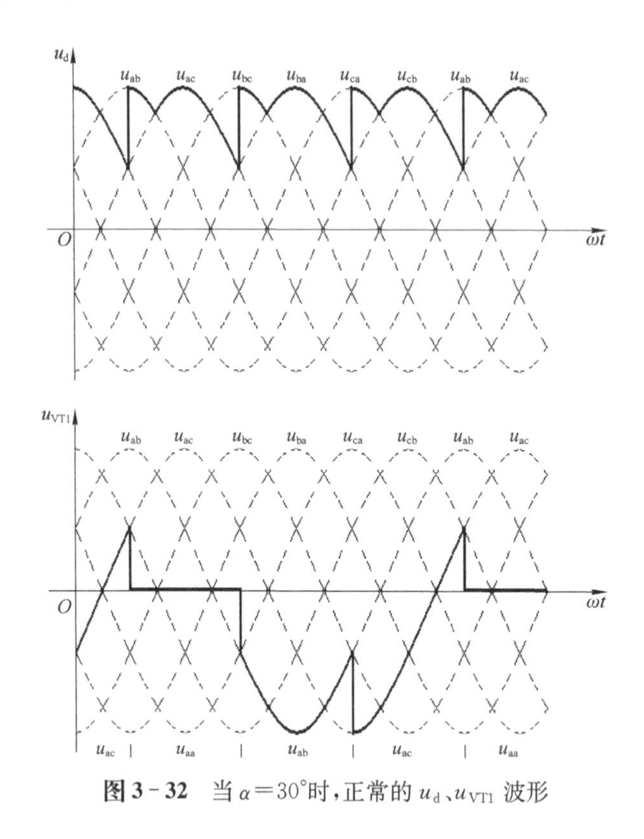

图 3-32 当 $\alpha=30°$时，正常的 u_d、u_{VT1} 波形

下面分析当 $\alpha=30°$时 u_d 的各种故障波形，如图 3-33 所示。

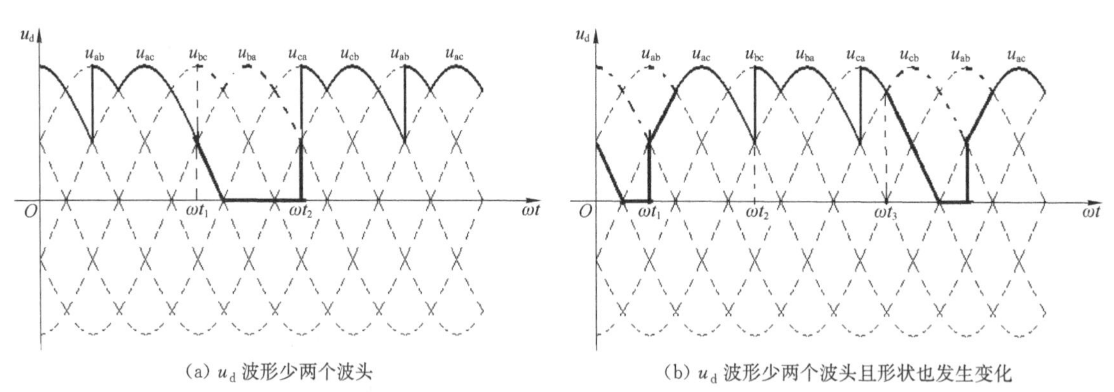

(a) u_d 波形少两个波头　　(b) u_d 波形少两个波头且形状也发生变化

图 3-33 当 $\alpha=30°$时 u_d 的各种故障波形

① 故障现象 1。u_d 波形每周期少了两个波头。如图 3-33a 所示，u_d 波形每周期少了两个波头，u_d 波形在 wt_1 时刻不能正常换相，到 wt_2 时刻才恢复正常换相。$wt_1 \sim wt_2$ 之间为 120°，在正常情况下三相半控桥式整流电路输出的 u_d 波形在连续时每个周期内有六个波头，即：u_{ab}、u_{ac}、u_{bc}、u_{ba}、u_{ca}、u_{cb}，而现在 u_d 波形少两个波头正好是 120°，正常运行时每个桥臂导通

120°，波形可以自然换相，只是可控波形的某一相在 ωt_1 时不能换相。因此，无论少哪两个波头均可以判断出有一可控桥臂发生断路。然而，因为示波器测得 u_d 波形并没有标明标号，要找出具体是哪一桥臂断路还须按下列步骤做进一步的检查：

a. 用示波器检测各 u_{VT} 的波形，哪个 u_{VT} 波形上没有导通段，即该桥臂断路。

b. 检查各可控桥臂上的快速熔断器是否熔断。

c. 检查各可控桥臂上晶闸管的门极触发脉冲是否正常。

d. 检查各可控桥臂上连接线是否有断线或接头脱落。

上述检查若全部正常，则必然是晶闸管已损坏。

② 故障现象2。u_d 波形每周期少两个波头且波形形状也发生了变化。

如图3-33b所示，此波形与图3-33a比较，虽然都是 u_d 波形每周期少两个波头，但是有所不同的是 u_d 波形的形状也发生了变化。其中，一个波头提前输出，并且 u_d 波形在 ωt_1、ωt_3 时刻均不能正常换相，ωt_2 时刻可以正常换相。根据故障现象1的分析，可初步判断为一个桥臂发生断路，根据如图3-33b所示的 u_d 波形又可以排除可控桥臂发生断路，即此现象可判断为不可控桥臂发生断路。假设是b相VD6管所在桥臂发生断路，在 ωt_1 时刻VT1导通，而VD6不能与之配合，此刻VD2自然导通与VT1配合，输出电压为 u_{ac}，再到 ωt_2 时正常换相，到达 ωt_3 时刻由于VD6不能导通，u_{ca} 不能自然换相到 u_{cb}，所以在此 u_d 波形中，无论少了哪两个波头都可以判断出存在共阳极的不可控桥臂发生断路。

3.2.3 升降压式斩波电路设计装调

3.2.3.1 操作实训要求

如图3-34所示，根据已知整流变压器TR的连接组别号（Y/△-11），画出其接线图、标明相序，并画全升压/降压式直流斩波电路带电阻性负载（白炽灯）的系统接线图，并在图中标明输出电压 u_o 与负载中电流 i_o 的参考方向，然后在电力电子技术实训装置上完成其接线、通电调试，画出 $\alpha=f(U_{C1})$ 特性曲线，用双踪示波器观察并记录某占空比 α 时锯齿波电压 U_A 与

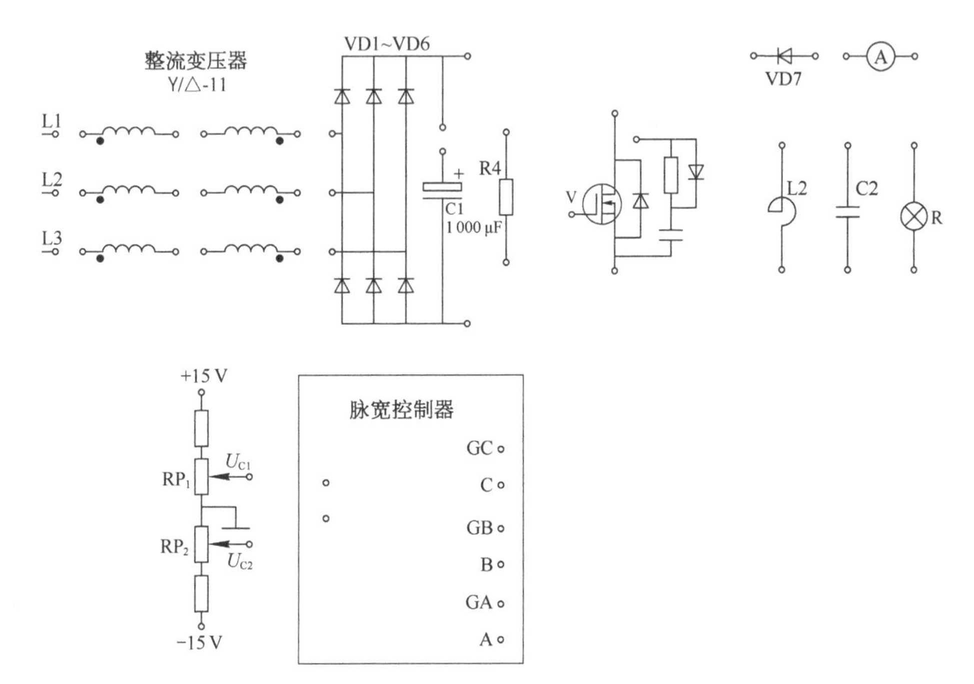

图3-34 升压/降压式直流斩波电路带电阻性负载（白炽灯）的系统图

PWM 信号 U_B 的波形、u_o 与 i_o 及 MOSFET 管 V 两端的电压 u_{DS} 的波形。

3.2.3.2 **电路设计**

根据已知整流变压器 TR(Y/△-11)的连接组别号,画出其接线图、标明相序,并画全升压降压式直流斩波电路带电阻性负载(白炽灯)的系统接线图,如图 3-35 所示。

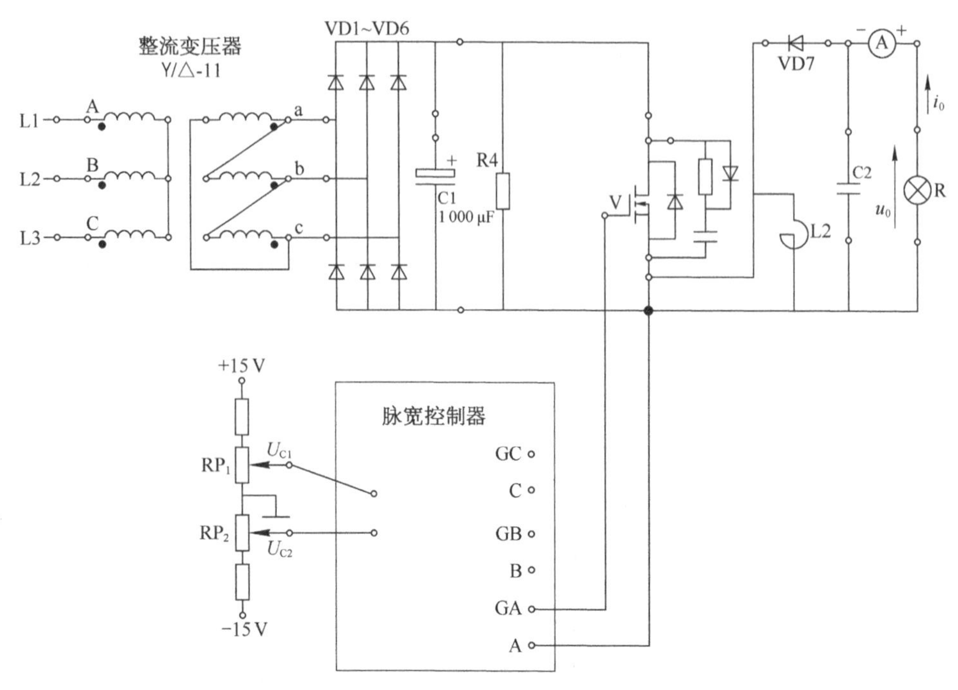

图 3-35 升压/降压式直流斩波电路带电阻性负载(白炽灯)的系统接线图

3.2.3.3 **接线调试**

(1) 按图 3-35 所示接线图在电力电子技术实训装置上完成其接线。

(2) 合总电源开关 QF,测定三相交流电源的相序。

(3) 脉宽调制电路调试。

① 合直流电源开关,为脉宽调制电路提供±15 V 的直流电源。

② TL494 集成脉宽调制电路调试。步骤如下:

a. 首先用示波器测量脉宽调制电路的锯齿波信号 u_A,调节 RP_4 电位器,观察锯齿波信号频率的变化,使锯齿波信号频率为 500 Hz。

b. 然后分别调节 RP_1、RP_2、RP_3 电位器使 $U_{C1}=0$ V、$U_{C2}=0$ V、$U_4=0$ V,用示波器测量脉宽调制电路的输出脉冲信号 u_B,调整偏移电位器 RP_2 改变 U_{C2},使输出脉冲信号 U_B 的脉宽逐渐减小,直至为零,然后保持 U_{C2} 不变,再调整控制电位器 RP_1 改变控制电压 U_{C1} 由零上升,使输出脉冲信号的脉宽逐渐变宽直至最大,即占空比由 0~100%(近似)连续可调。

c. 最后改变 TL494 上 4# 脚外接电位器 RP_3 阻值,观察脉宽调制电路的输出脉冲信号 u_B 波形中死区时间的变化,调整 RP_3 阻值,使死区时间为振荡周期的 30%。

③ 调整控制电压 U_{C1},用示波器观察并记录 U_{C1} 为不同值时,脉宽调制电路的输出脉冲信号 u_B 的宽度 t_{on},计算占空比 α,并记录最大占空比 α_{max},画出 $\alpha=f(U_{C1})$ 特性曲线如图 3-36 所示。

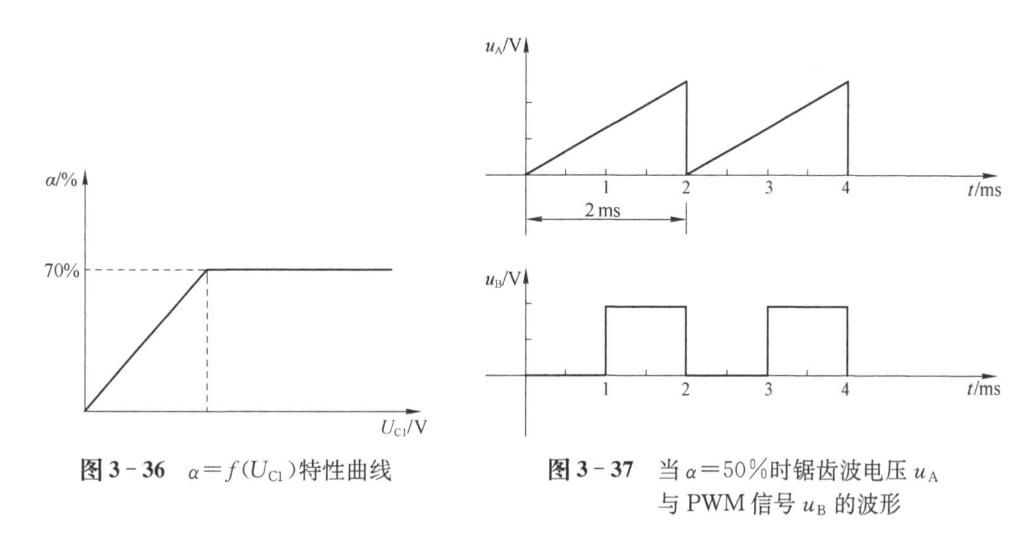

图 3－36　$\alpha=f(U_{C1})$特性曲线

图 3－37　当 α＝50％时锯齿波电压 u_A 与 PWM 信号 u_B 的波形

④ 调节 RP_1 电位器改变控制电压 U_{C1}，使脉宽调制电路的输出脉冲信号 u_B 占空比为 50％时，记录锯齿波电压 u_A 与脉宽调制电路的输出脉冲信号 u_B 的波形如图 3－37 所示。

⑤ 再测驱动电路输出脉冲是否正常。待正常后，调控制电位器 RP_1 改变控制电压 U_{C1}，观察开关管栅极、源极间的脉冲宽度是否连续可调，正常后再将控制电压 U_{C1} 调到 0 V。

(4) 主电路调试。

① 接通主电路交流电源，检查三相整流变压器的连接组别。本例中，三相整流变压器连接组别为Y/△－11，二次侧电压(如 u_{ab})滞后对应的一次侧线电压(u_{AB})330°。

② 用万用表测量 C_1 两端直流电压 U_i 是否正常，来说明三相整流变压器、整流桥及滤波电容工作是否正常，记录直流输入电压 U_i 的平均值。

③ 调节控制电位器 RP_1，增大 U_{C1}，用示波器观察输出电压 u_o 波形，要求当占空比由 0～70％连续可调，输出电压的平均值能平滑调节。

④ 调节 U_{C1} 使占空比 α＝60％，观察并记录 u_o、i_o 及 MOSFET 两端电压 u_{DS} 的波形，如图 3－38 所示。

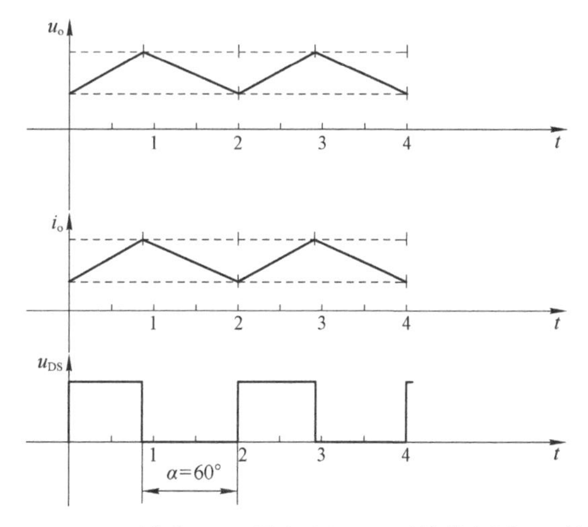

图 3－38　α＝60％时 u_o、i_o 及 MOSFET 两端的电压 u_{DS} 的波形

模块 4

三菱可编程控制器应用系统设计装调维修实训

实训要求

通过本模块的学习，要求学生拓宽顺序控制的编程思路；能应用功能指令编制一些数据处理程序；学会对特殊功能模块(模拟量输入/模拟量输出模块)的应用，掌握可编程控制器应用系统的设计装调方法；掌握触摸屏的使用方法；通过实训提高编程和调试技巧。

4.1 基础知识

4.1.1 可编程控制器应用系统的设计

4.1.1.1 可编程控制器应用系统的设计调试方法

可编程控制器应用系统的设计流程图如图 4-1 所示。

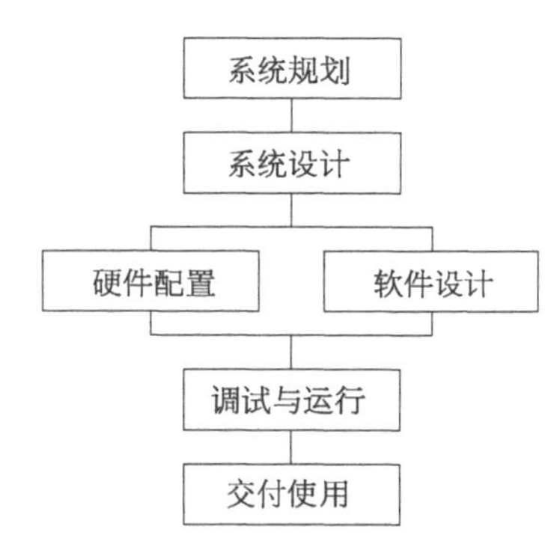

图 4-1 可编程控制器应用系统的设计流程图

1) 系统规划

系统规划实际上是对被控系统功能进行全面了解和分析,制定出对系统进行控制的各项技术要求,为系统设计的合理性打好基础。

(1) 应详细了解被控对象的全部功能,如机械部分的动作顺序、动作条件、必要的保护与联锁,系统要求哪些工作条件,是否需要通信联网,有哪些故障现象等。

(2) 应与该设备或系统有关的工艺、机械方面的技术人员交流,了解运行环境、运行速度和加工精度等,最终确定系统控制所要达到的各项技术要求。

(3) 要形成项目技术目标任务,作为系统设计的基本。

2) 系统设计

(1) 硬件配置方面。根据系统控制的技术要求,综合系统今后运行时达到操作简单、维护方便、可扩展性和成本等因素,确定 PLC 系统的基本规模及布局。系统设计时主要确定人机接口、冗余设计和通信方式等方面的规模。

在人机接口的选择方面,对于单台 PLC 的小型开关量控制系统,一般用指示灯、报警器、按钮和操作开关来作为人机接口;对于要求较高的大中型控制系统可以采用带触摸屏的操作设备(以下简称"可编程序终端"),其接口作为人机接口。

对于某些必须连续不断进行的生产过程,要求控制系统有极高的可靠性,即使 PLC 出现故障,也不允许系统停止生产。因此,在设计时必须考虑使用有冗余功能的 PLC。冗余控制系统一般采用 2～3 个 CPU 模块,其中一个直接参与控制,其余的作为备用。当参与控制的 CPU 出现故障时,备用的 CPU 立即投入使用。

通信方式的选择方面,随着通信技术的普及及生产管理的需要,一般设计中均考虑在硬件配置上要有联网通信功能。

(2) 软件设计方面。根据系统控制功能的复杂程序对程序编制提出功能要求,一般生产上实际使用的程序都包含手动程序、自动程序和故障处理程序等。要按照用户的需求对这些程序提出编制要求。例如,手动程序中是否有手动操作生产过程的要求,自动程序中是否有单周期、单步控制的要求。对于故障应做出不同的处理方法,有些故障只需单纯报警,有些故障在报警同时必须立即停机,这些在系统设计时都必须详细写明。

3) 硬件配置

选择合适的硬件配置,会给设计、操作及将来的扩展带来很大的方便,通常 PLC 的硬件配置在设计开始时进行。硬件配置一般从以下几方面考虑:

(1) 输入/输出点数的确定。根据控制要求,将各输入设备和输出设备详细列表,预先统计出被控设备对输入/输出点数的需求量,然后再加 15%～20%的备用量,作为选购 PLC 输入/输出点数的标准。

在确定输入/输出点数时，还要注意它们的性能、类型和参数，比如是开关量还是模拟量、是交流量还是直流量和电压大小等级等。同时，还要注意输出端的负载特点，以此选择和配置相应的机型和模块。

(2) 程序存储器容量的估算。用户程序所需存储器容量可以预先估算。对于开关量控制系统，用户程序所需存储器的字数大约等于输入、输出信号总数乘以 8；对于有模拟量输入、输出的系统，每一路模拟量信号大约需要 100 字的存储容量。

PLC 内的存储量是以“步”为单位，每一步占用两个字节。

(3) PLC 的型号选择。根据控制系统需要的功能，来选择具有这些功能的 PLC，当然还要兼顾可持续性、经济性和备件的通用性。单机控制要求简单、仅需开关量控制的设备，一般的小型 PLC 都可以满足需要。随着计算机控制技术的飞速发展，PLC 与 PLC、PLC 与上位机之间都具备了联网通信、数据处理及模拟量控制等功能，因此在功能选择方面，还要注重特殊功能模块的使用，注意网络扩展功能，以提高 PLC 的控制能力。

PLC 的响应时间在多数应用场合是能满足控制要求的。某些输入频率过高的信号，可采用高速计数模块或中断输入模块来处理。

4) 软件设计

从程序结构分析，软件设计包括系统初始化程序、主程序、子程序、故障应急措施和辅助程序等设计，一般较简单的控制系统只有主程序。软件设计的步骤大致有如下几个方面：

(1) 通过对工艺过程的分析和结构控制的要求，确定用户程序的基本结构，画出程序流程图。流程图反映了实现控制功能的路径，是编制程序的主要依据，应尽可能准确和详细。

(2) 写出实现控制功能的逻辑表达式及数据处理的运算公式，列出输入/输出端口配置表、内部辅助继电器分配表及所用定时器、计数器的设定值表。

(3) 编制梯形图程序或指令语言表程序。在编程软件中，可以给用户程序中的各个变量命名，便于程序的阅读和调试。

5) 调试

用户程序设计好之后，必须经过全面而仔细地调试，确认能实现被控设备的全部控制功能，设备运行正常一段时间后，才能交付使用。调试程序一般有以下几步：

(1) 模拟调试。程序编制完之后，首先要做模拟调试，模拟调试可以在计算机上用仿真软件进行。在仿真时，按照系统功能的要求，将某些输入元件强制为 ON 或 OFF，或改写某些元件的数据，监视系统功能是否能正确实现。

模拟调试也可用 PLC 硬件来进行，可以用接在输入端的小开关和按钮来模拟 PLC 实际的输入信号，再通过输出模块上各输出点对应的发光二极管，观察输出信号是否满足设计的要求。

(2) 联机调试。在模拟调试确认功能完整后，就可与被控设备连接起来进行联机调试。在现场联机调试前，要确认人机界面的控制屏，仔细检查各路电气接线是否正确，检测元件、执行机构工作是否正常，检查控制屏外的输入信号是否能正确地送到 PLC 的输入端口、PLC 的输出信号是否能正确操作设备上的执行机构，在确认无误时才能进行联机调试。

联机调试时，可先进行手动程序的调试。在调试自动程序时，可先进行单步、单周期的调试，成功后再进行连续运行调试。

(3) 在调试时，应充分考虑各种可能出现的情况，对系统各种不同的工作方式，都应逐一检查，不能遗漏。对于调试过程中暴露出来系统可能存在的硬件问题，以及程序设计中的问题，都必须现场加以解决，直到完全符合要求。

调试完成后，必须要整理出完整的技术文件，并提供给用户，以便于今后的系统维护和改进。其技术文件应包括以下几类：

① PLC 的外部接线图和其他电气图纸。

② PLC 的编程元件表，包括定时器、计数器的设定值等。

③ 带注释的程序文本和必要的总体文字说明。

4.1.1.2　可编程控制器应用系统的可靠性措施

PLC 是专门为工业环境设计的控制装置，一般不需要采取什么特殊措施就可以直接在工业环境使用。但是，如果环境过于恶劣、电磁干扰特别强烈或安装使用不当，都不能保证系统的正常安全运行。电磁干扰可能使 PLC 接收到错误的信号，造成误动作，或使 PLC 内部的数据丢失，严重时甚至会使系统失控。在系统设计时，应采取相应的可靠措施，以消除或减少电磁干扰的影响，保证系统正常运行。

1）对电源的处理

电源是干扰进入 PLC 的主要途径之一，电源干扰主要是通过供电线路的阻抗耦合产生的，各种大功率用电设备和产生谐波的设备是主要的干扰源。

在干扰较强或对可靠性要求很高的场合，可以在 PLC 的交流电源输入端加接带屏蔽的隔离变压器和低通滤波器。

2）安装与布线

(1) PLC 应远离强干扰源。PLC 不能与高压电器安装在同一个开关柜内，在柜内 PLC 应远离动力线，两者之间的距离应大于 200 mm。与 PLC 装在同一个开关柜内的电感性元件，应并联 RC 消弧电路。

(2) 动力线、控制线、PLC 的电源线和 I/O 线应分别配线，隔离变压器与 PLC 和 I/O 电源之间应采用双绞线连接。

(3) PLC 的输入与输出最好分开走线，开关量与模拟量信号线也要分开敷设。模拟量信号的传送线采用屏蔽线，屏蔽线应一端或两端接地，且接地电阻应小于屏蔽层电阻的 1/10。

3）PLC 输出的可靠性措施

由于感性负载有储能作用，当控制触点断开时，电路中的感性负载会产生高于电源电压数倍甚至数十倍的反电势，从而会对系统产生干扰。对此可采取以下措施：

(1) 直流感性负载的两端应并联续流二极管，以抑制电路断开时产生的电弧对 PLC 的影响。续流二极管的额定电流应大于负载电流，额定电压应大于电源电压的 2～5 倍。

(2) 交流感性负载的两端应并联阻容电路。电阻可以取 100～120 Ω，电容可以取 0.1～0.47 μf，电容的额定电压应大于电源峰值电压。

4）可靠接地

良好的接地是 PLC 安全可靠运行的重要条件，PLC 与强电设备最好分别使用接地装置，接地线的截面积应大于 2 mm^2，接地点与 PLC 的距离应小于 50 m，接地电阻要小于 10 Ω。

4.1.2　WEINVIEW MT500 人机界面

4.1.2.1　EB500 组态软件包简介

使用人机界面最主要的是要组建监控画面，而监控画面的组建是通过组态软件来实现的，EasyBuilder500 软件包是 MT500 系列人机界面的组态工具。在计算机上安装 EasyBuilder500 软件包后桌面上出现“ ”图标，双击该图标，在桌面上就会弹出“EasyManager”对话框，如图

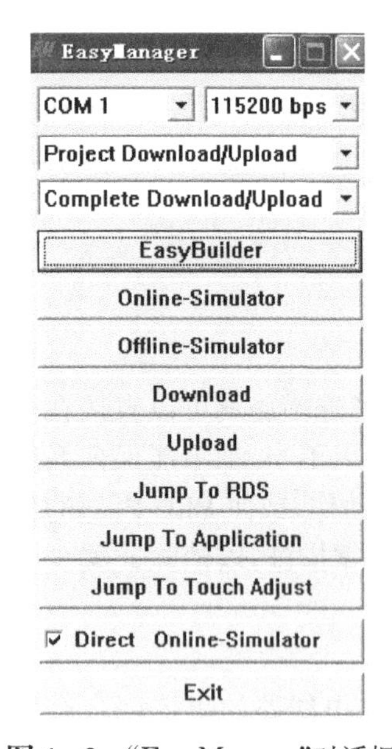

图 4-2 "EasyManager"对话框

4-2 所示。

1) EasyManager

(1) 包含模块。EasyManager 是整套 EasyBuilder500 软件的系统综合软件,整个 EasyBuilder500 系统共包含以下 3 个模块:

① EasyLoad 模块。包括 Upload(上传)和 Download(下载)。

② EasyWindow 模块。它是在线模拟和离线模拟。

③ EasyBuilder 模块。它是组态软件。

(2) 结构关系。EasyBuilder 是组态软件,用来配置各种元件,一般简称为 EB500。在 EasyBuilder 中也可以下载及在线(或离线)模拟,但它是通过 EasyManager 来调用其他两个模块的方式来实现。在 EasyBuilder 中下载或在(离)线模拟时,并不需要打开 EasyManager 窗口,但是必须先设定好 EasyManager 上的相关参数(如通信口、通信速率等),否则这些操作可能会不能进行。EasyManager 的结构关系如图 4-3 所示。

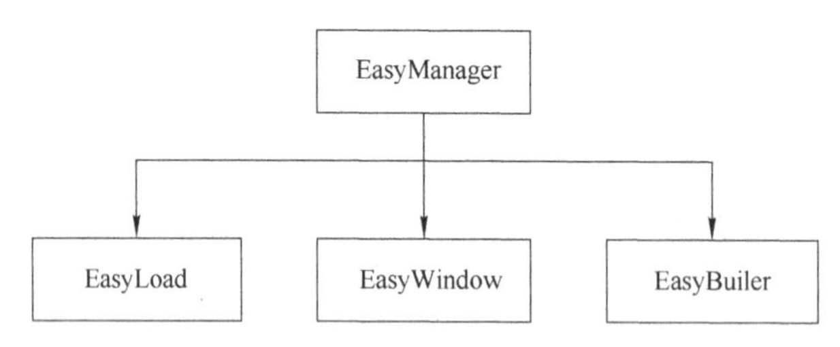

图 4-3 EasyManager 的结构关系

(3) 通信参数各选项定义。在 EasyManager 上的通信参数是计算机和触摸屏之间的通信参数,各个选项的具体定义如下。

① 通信口选择。选择计算机上和触摸屏相连接的串口为 COM1 或 COM2(可选择 COM1~COM10)。

② 通信口速率选择。在下载/上传时决定计算机和触摸屏之间的数据传输速率,建议选择 115 200 bit/s(一般对于一些老型机器或特殊要求时才选用 38 400 bit/s)。

③ Project Download/Upload or Recipe Download/Upload。下载/上传工程相关文件或下载/上传配方资料数据。

④ Project。工程相关文件。

⑤ Recipe。配方资料数据。

⑥ Complete or Partial Download/Upload。对于下载,选择"Complete"将包含工程文件(*.eob)和系统文件(*.bin),一起下载速度较慢,"Partial"则仅下载工程文件(*.eob),速度较快。对于上传,则只上传工程文件(*.eob),选择"Complete"和"Partial"都是一样的。

⑦ EasyBuilder。EasyBuilder 是用来配置 MT500 系列触摸屏元件的综合设计软件,或者称为组态软件。按下这个按钮,可以进入 EB500 组态软件的编辑画面。

⑧ OnLine-Simulator。OnLine(在线)工程经由 EB500 编译后(其编译后的文件为 *.eob 文件),Simulator(模拟)可经由 MT500 读取 PLC 的数据,并在 PC 屏幕上直接模拟 MT500 操

作。在调试过程中，使用在线模拟功能可以节省大量程序重复下载的时间。

⑨ Offline-Simulator。Offline(离线)模拟可以离线模拟程序运行，其读取的数据都是触摸屏内部的静态数据。

⑩ Download(下载)。将编译过的程序下载到 MT500。

⑪ Upload(上传)。从 MT500 上传工程文件到一个存档文件(后缀名为 *.eob)，这个存档文件并不能用 EB500 打开，但可以传送其他的 HMI。这可以用来在需要使用相同程序的 HMI 之间传送文件。

⑫ Jump TO RDS 模式(远端在线模式)。用于在线模拟或远端侦错，下载或上传时也会自动使用这一模式。

⑬ Jump TO Application 模式(应用程序状态模式)。这是触摸屏的正常操作模式。按下这个按钮时，触摸屏将首先显示下载的工程文件中所设定的起始窗口。如果在触摸屏中没有工程文件(或工程文件损坏)，开机后会自动切换到 RDS 模式，这时可以下载一个完整的工程到触摸屏中，然后再返回操作模式状态。

⑭ Jump To Touch Adjust(触控校准模式)。用于校准触摸屏。更换主机板或触摸屏时，必须使用这一模式来校准触摸屏，MT500 系列将会显示相关向导说明来引导用户完成这一校准操作。

⑮ Exit。离开。

2) EB500 界面

在图 4-2“EasyManager”对话框中，按下“EasyBuilder”按钮，将弹出 EB500 界面，如图 4-4 所示。

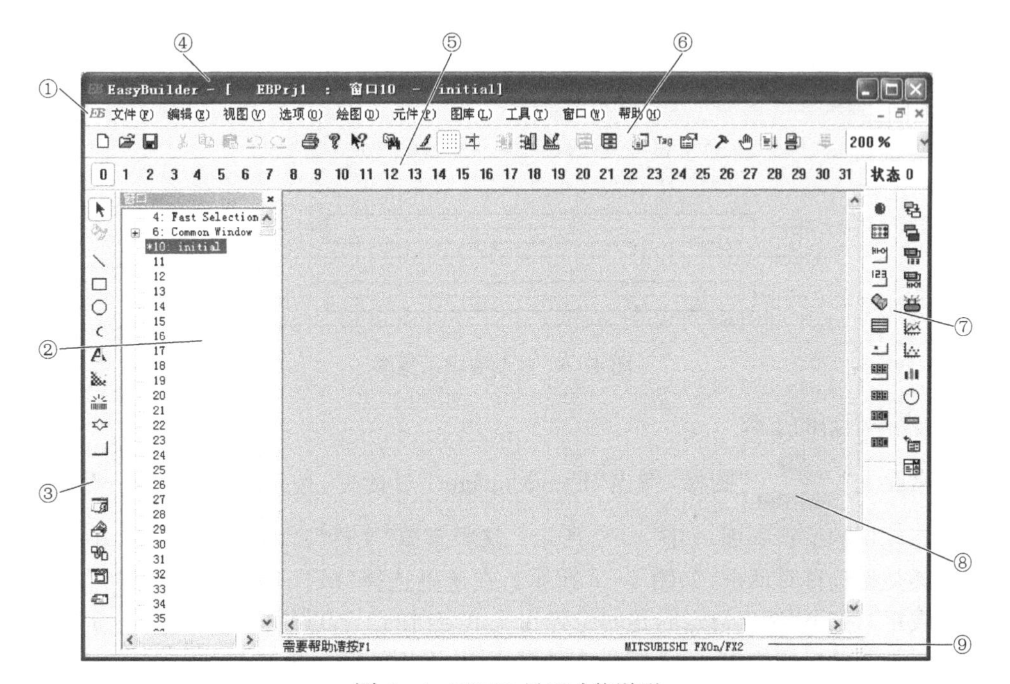

图 4-4　EB500 界面功能说明

EB500 界面中每一项的名称及功能说明如下：

① 绘图工具条。每个图标代表每个它们所显示的绘图工具。所提供的画图工具包括线

段、矩形、椭圆/圆、弧形、多边形、刻度、位图和向量图等。

② 窗口/元件选择列表框。在这里可以很方便地选择一个窗口或元件。

③ 菜单栏。用来选择 EasyBuilder 的各项命令的菜单。选择这些菜单会弹出相应的下拉菜单。每一个下拉菜单执行一项命令的操作。

④ 标题栏。显示工程的名称、窗口编号和窗口名称。

⑤ 状态选择框。可以切换屏幕上的所有元件到指定的状态。

⑥ 标准工具条。显示文件,编辑、图库、编译、模拟和下载等功能的相应按钮。

⑦ 元件工具条。每个图标代表一个元件,点击任何一个图标会弹出对应元件的属性设置对话框,可以在对话框里设定元件的属性,然后可以把这些元件配置到屏幕上。

⑧ 画面编辑窗口。编辑设计画面的区域。

⑨ 状态条。显示目前鼠标所在的位置及辅助说明。

4.1.2.2 工程项目

下面通过一个工程项目的制作,来了解如何通过 EasyBuilder 组态软件来制作监控画面并下载到 MT500 触摸屏,以及通过触摸屏对 PLC 运行进行控制的过程。

例 4-1 在人机界面屏幕上设置 8 个指示灯对应 Y0～Y7,设置两个按钮 SB1 和 SB2。要求按下启动按钮 SB1 后,8 个指示灯按两亮两熄的顺序由小到大循环移位 10 s,然后再由大到小循环移位 10 s,每 1 s 移位一次,如此反复,直到按停止按钮 SB2,则全部熄灭。

屏幕设置示意图如图 4-5 所示,控制要求示意图如图 4-6 所示。

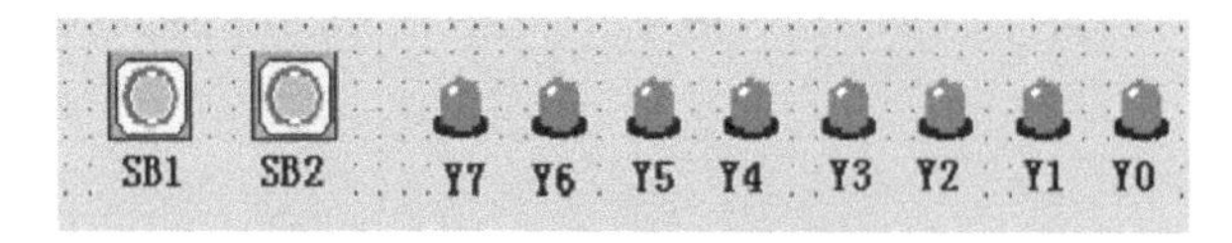

图 4-5 屏幕设置示意图

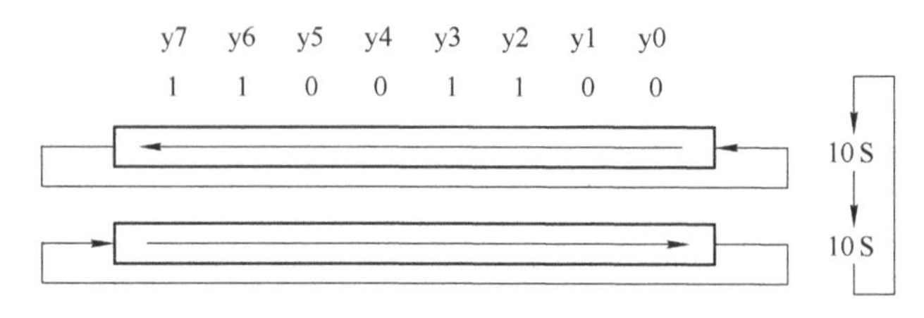

图 4-6 控制要求示意图

1) 创建一个新的工程

双击桌面上“ ”图标,弹出“EasyManager”对话框,按下“EasyBuilder”按钮,进入 EB500 组态软件的编辑画面,如图 4-7 所示。选择菜单“文件”/“新建”来新建一个工程,首先弹出触摸屏类型选择对话框,如图 4-8 所示。在这里选择“MT510T 640×480”(按使用的人机类型设定),按下“确定”按钮,这时将弹出一个空白的工程编辑画面,如图 4-9 所示。

在编辑画面的标题栏中,输入工程文件名 EBPrj2,窗口 10 是属于基本窗口,也是起始窗口,如图 4-10 所示。

2) 选择 PLC 型号

设置好选定的 PLC 型号,才能保证触摸屏与 PLC 的正常通信,在菜单“编辑”中选择“系统参数”项,将出现对话框图,如图 4-10 所示,在此对话框中有 6 个选项卡,分别为“PLC 设置”

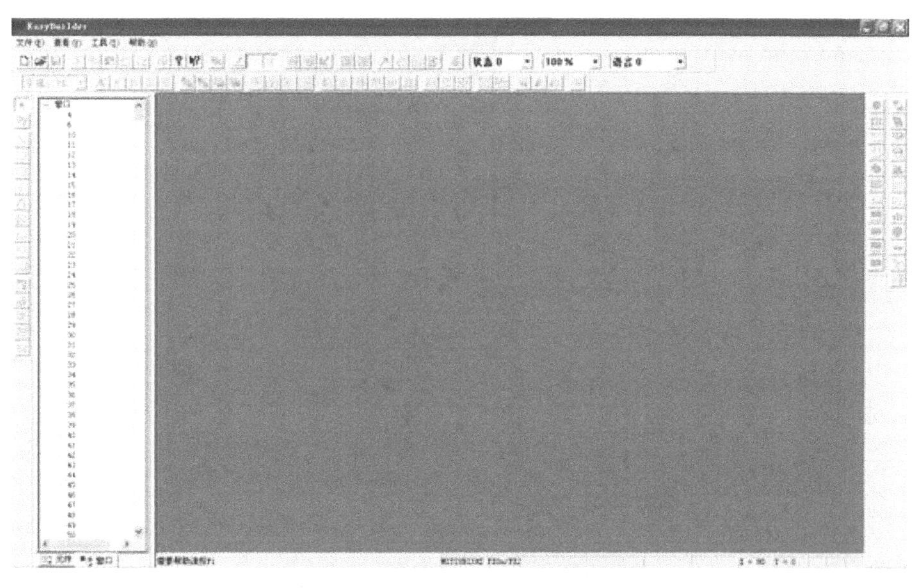

图 4－7　EB500 组态软件的编辑画面

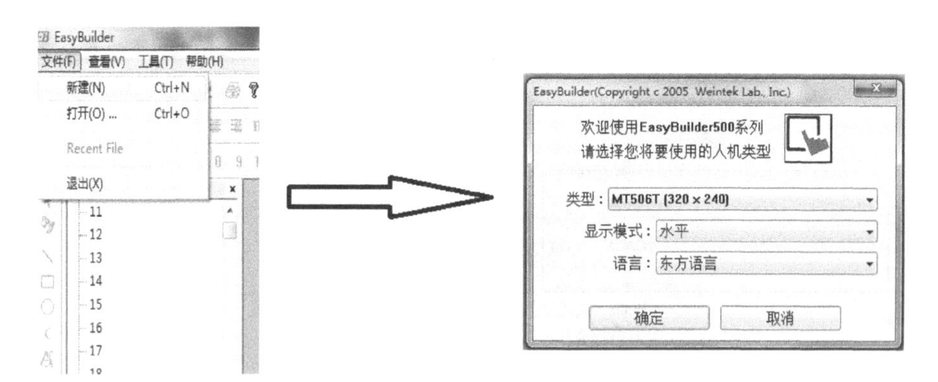

图 4－8　触摸屏类型选择对话框

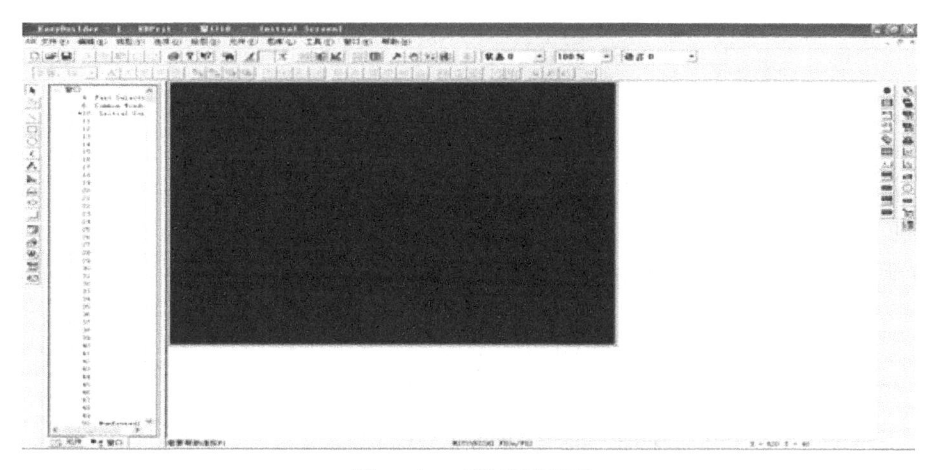

图 4－9　工程编辑画面

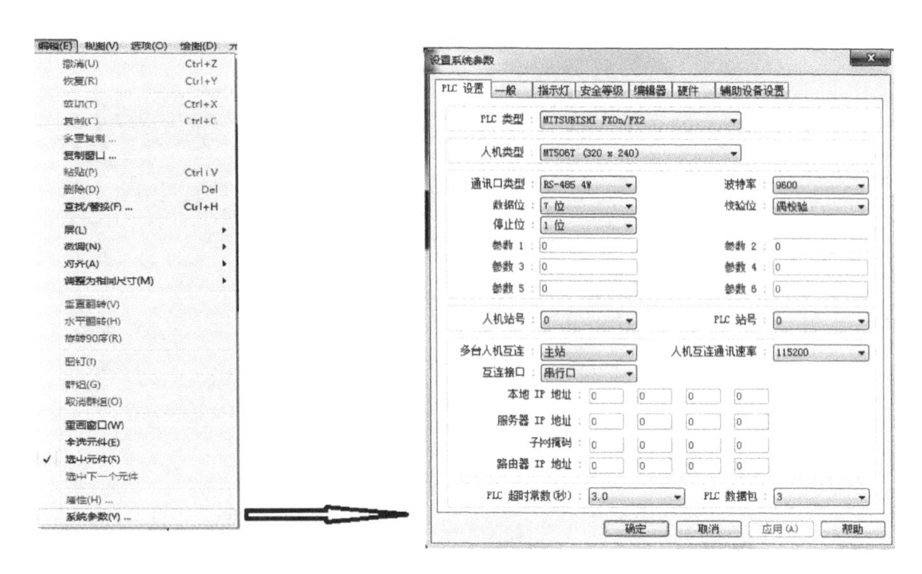

图 4－10 在“系统参数”对话框图中设定的 PLC 型号

“一般”“指示灯”“安全等级”“编辑器”和“硬件”。当仅使用一台触摸屏时，只须对“PLC 设置”进行设定。

(1) PLC 类型。可以从图 4－11 所示 PLC 选择列表中选择合适的 PLC 类型。

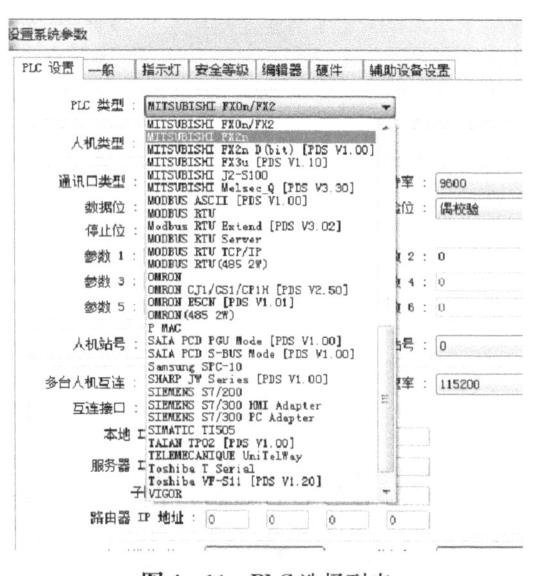

图 4－11 PLC 选择列表

(2) 人机类型。选择合适的触摸屏类型，如图 4－12 所示。

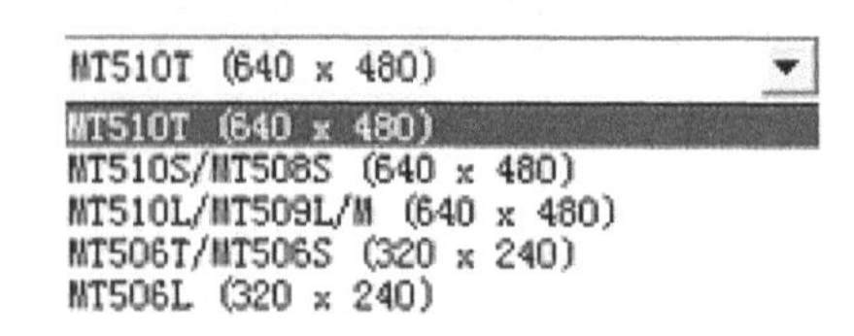

图 4－12 触摸屏类型列表

(3) 通信口类型。选择触摸屏和 PLC 的通信方式,可选用 RS－232 或 RS－485。

(4) 波特率、检验位、数据位和停止位。选择和 PLC 匹配的通信参数。

(5) 人机站号、PLC 站号。只使用一台触摸屏时,无须设定。

(6) PLC 超时常数(s)。这个参数决定了触摸屏等待 PLC 响应的时间。当 PLC 与触摸屏通信时,延时时间超过超时常数的时间,触摸屏将出现系统信息(PLC NO RESPONSE)。通常 PLC 超时常数应设置为 3.0(s)。

(7) PLC 数据包。用于选择触摸屏读取 PLC 中数据时,数据存放地址之间允许的间隔,不需要设定。

PLC 类型设置好以后,在运行过程中触摸屏将会自动根据 PLC 的型号与 PLC 中的元件进行通信。

3) 组态监控画面

(1) 组建 1 个指示灯元件。单击菜单"元件"选项拖出一个下拉菜单,在下拉菜单中单击"位状态指示灯",此时出现该元件的属性对话框,如图 4－13 所示。

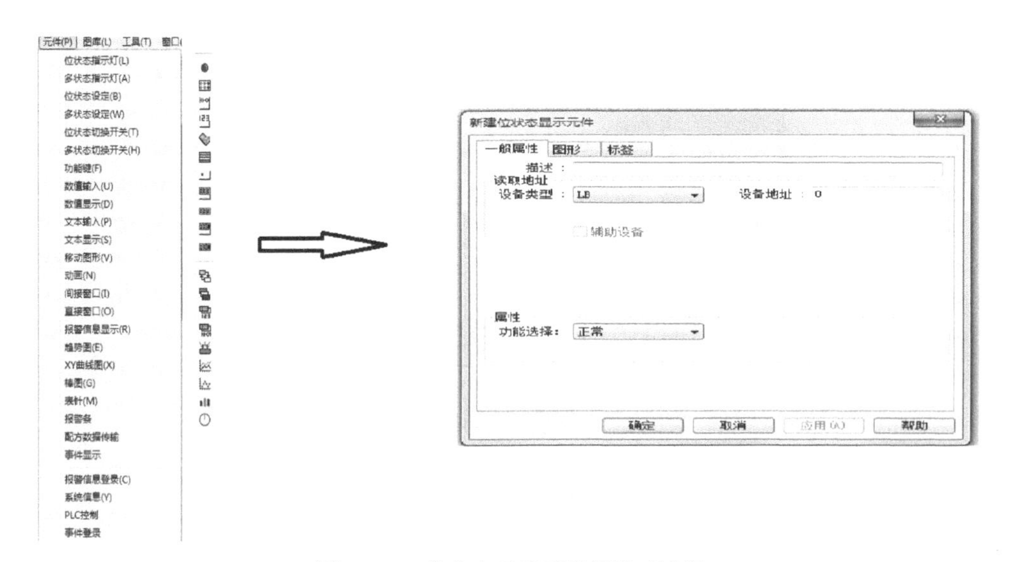

图 4－13　位状态显示元件属性对话框

① 填写"一般属性"页的内容。

a. 描述。分配给全状态指示灯的参考名称(不显示)。

b. 读取地址。控制位状态指示灯的状态、图形和标签等 PLC 的位地址,单击"设备类型",弹出如图 4－14 所示的位元件列表。

对于本题选择 Y,设备地址为 7。

c. 正常。只显示对应状态的图形,该图形不闪烁。

d. 闪烁状态 0(或 1)时的图形。当读取地址状态为 OFF 时,显示稳定的状态为 0 的图形;当状态为 ON 时,显示状态为 1 的图形,并且其显示效果是闪烁的,闪烁频率由"闪烁频率"设置。

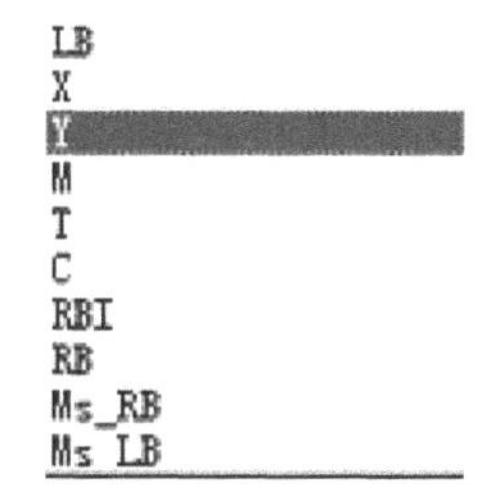

图 4－14　位元件列表

② 填写"图形"选择。由图 4－15 中选"使用向量图",然后按下"向量图库"按钮,这时弹出如图 4－16 所示"向量图库"对话框,在弹出的对话框中选择一个向量图,并按下"确定"按钮,如图 4－17 所示,确定状态为 0 的指示灯图形。

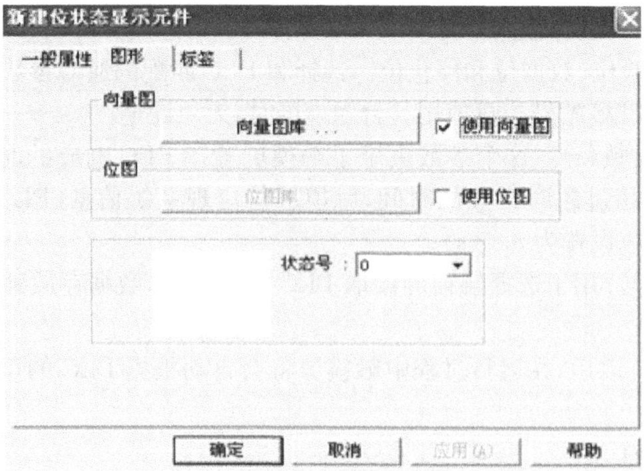

图 4 - 15 “新建位状态显示元件”对话框

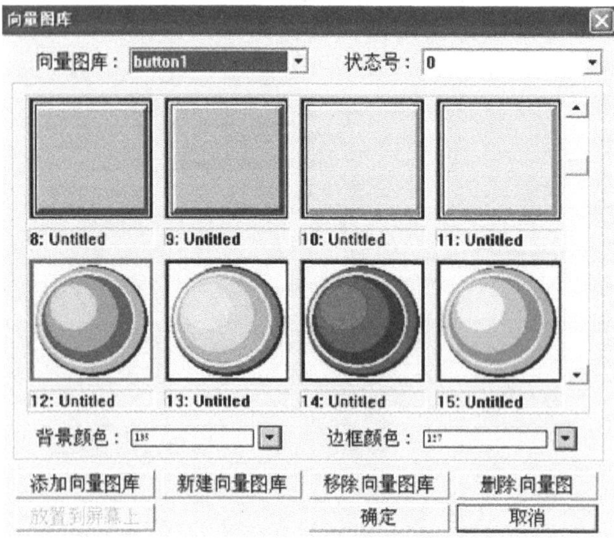

图 4 - 16 “向量图库”对话框

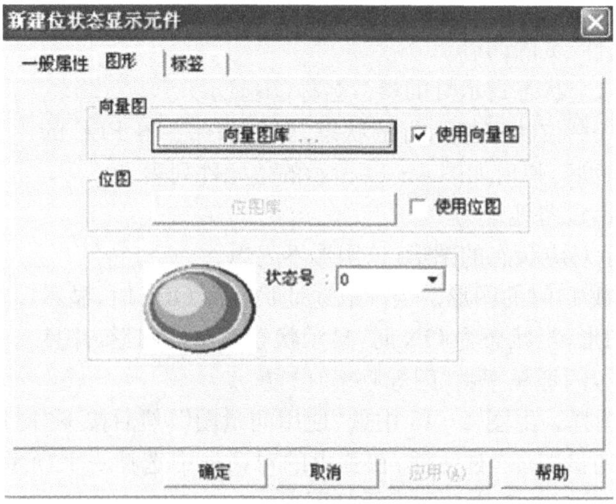

图 4 - 17 确认 1 个指示灯的图形

该选项是选择向量图或位图来表示位地址的 OFF 和 ON 状态对应的图形。

③ 填写“标签”选项。对应 OFF 和 ON 状态，填入相应的文本，如图 4 - 18 所示。

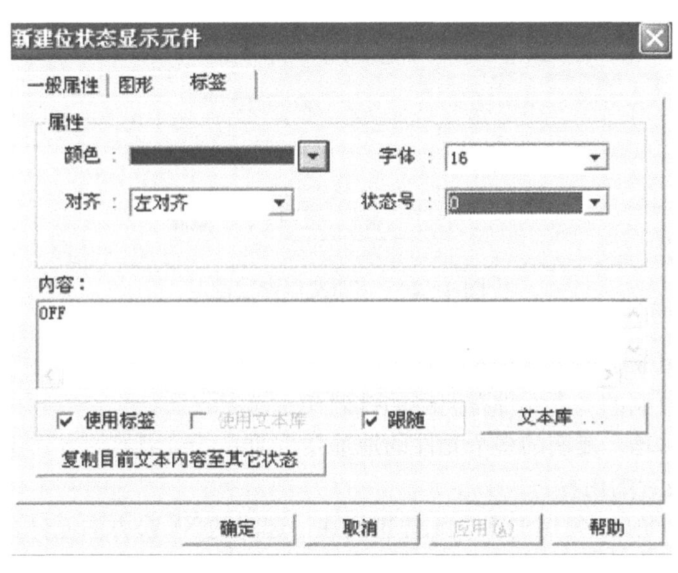

图 4 - 18　在“标签”选项卡中设定 OFF 或 ON 状态

④ 按下“确定”按钮，该指示灯元件就出现在工程编辑画面上，如图 4 - 19 所示。在屏幕上按下鼠标左键，把该元件拖移到设定的位置上。

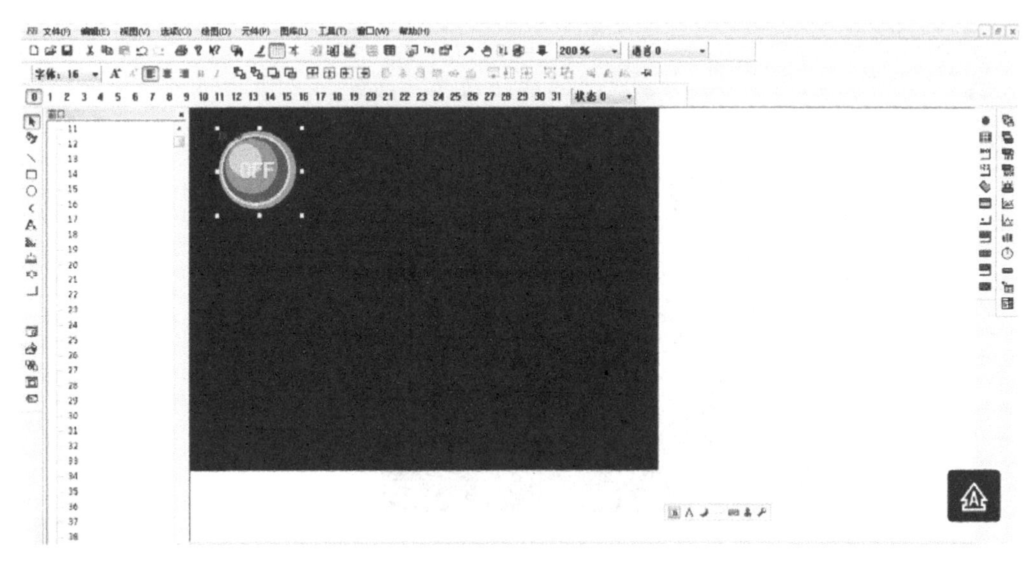

图 4 - 19　在工程编辑画面上完成 1 个指示灯的编辑

(2) 用多重复制组建 8 个指示灯。多重复制可以用来把一个元件复制为多个，并按一定方式排列。首先将组建的第一个元件放在编辑画面的左上方，然后选择菜单“编辑”/“多重复制”，弹出如图 4 - 20 所示的多重复制对话框，对话框中各项参数说明如下：

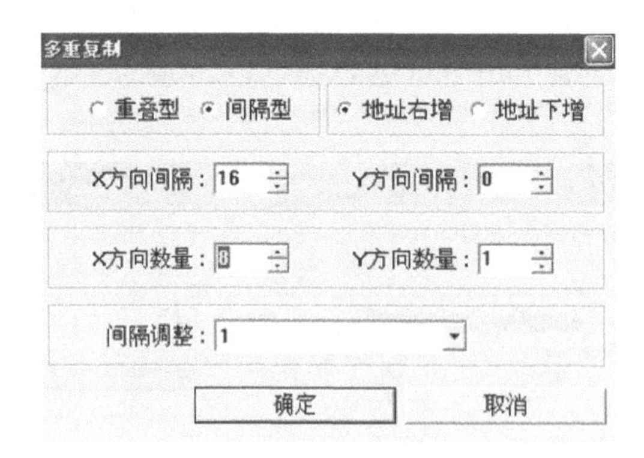

图 4-20 多重复制参数设定

① 重叠型。复制的多个元件重叠在一起。

② 间隔型。复制的多个元件有间隔的排列在一起。

③ 地址右(下)增。复制的多个元件的地址是按向右(下)增加的方式递加排列，其递加值为“地址间隔”所设置的内容。

④ X(Y)方向间隔。复制的多个元件排列在一起时的 X(Y)方向元件之间的间隔。

⑤ X(Y)方向数量。复制的元件在 X(Y)方向的数量。

⑥ 间隔调整。复制的多个元件的地址排列间隔。

按照本例题，设置为：间隔型、地址右增、X 方向间隔为 16、Y 方向间隔为 0、X 方向数量为 8、Y 方向数量为 1 和间隔调整为一1。

按下“确定”按钮，复制后效果如图 4-21 所示。查看每个元件属性，将会发现它们的地址分别为 Y0、Y1、Y2、Y3、Y4、Y5、Y6 和 Y7，共 8 个指示灯。

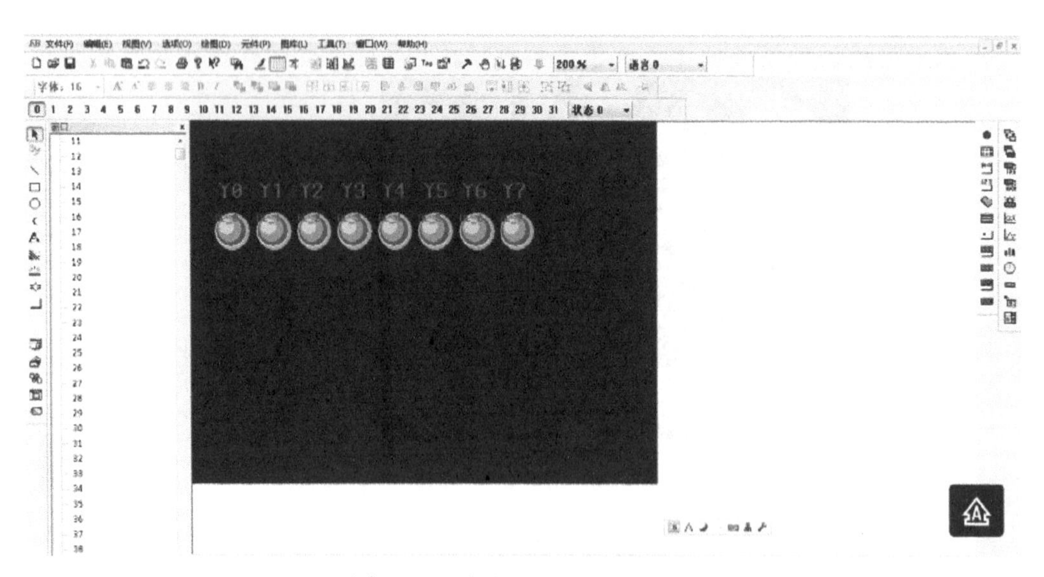

图 4-21 完成 8 个指示灯的编辑

(3) 组建 1 个切换开关。按下“元件”/“位状态切换开关”，出现如图 4-22 所示的属性对话框。它包括“一般属性”“图形”和“标签”3 个选项卡。

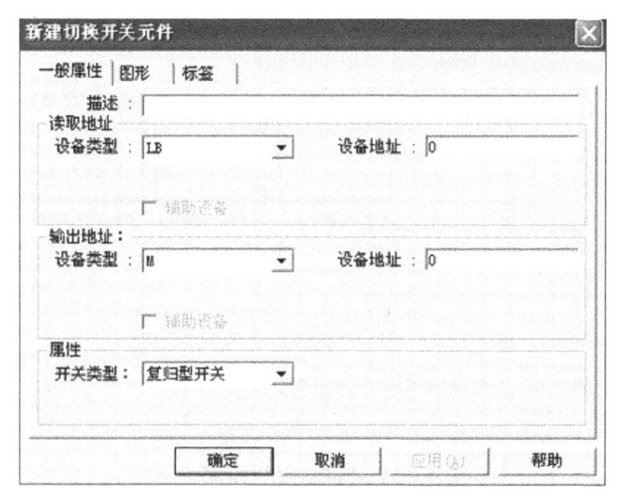

图 4 - 22　“新建切换开关元件”对话框

① “一般属性”各项说明。

a　读取地址。控制位状态切换开关的状态、图形和标签在 PLC 中相应的地址。

b　输出地址。在 PLC 中的位状态切换开关控制的设备地址。

c　属性。所采用的开关元件类型见表 4 - 1。

表 4 - 1　开关类型

类型	说　明
ON	当元件被按下后，指定的 PLC 位地址置为 ON。放开后状态不变
OFF	当元件被按下后，指定的 PLC 位地址置为 OFF，放开后状态不变
切换开关	每按下一次元件，指定的 PLC 位地址状态改变一次(ON→OFF→ON)
复归型开关	当元件被按住时，PLC 位地址状态置为 ON，而放开后，又变为 OFF 相当于复归型开关

按照本例题，对读取地址、输出地址均为 M0，开关类型为复归型开关。

② “图形”设定。选中“使用位图”复选框，如图 4 - 23 所示，并按下“位图库”按钮。这时

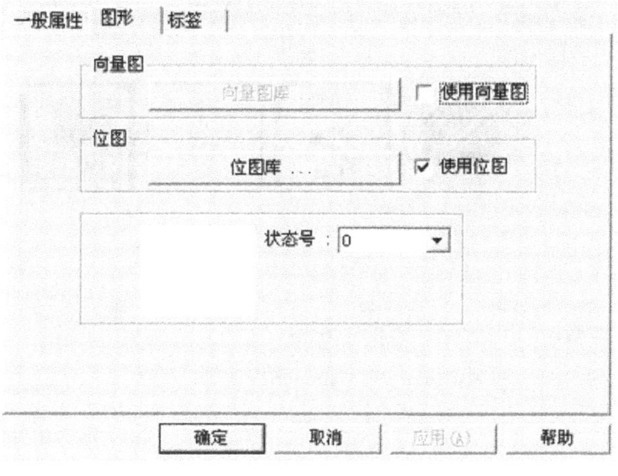

图 4 - 23　“新建位状态显示元件”对话框

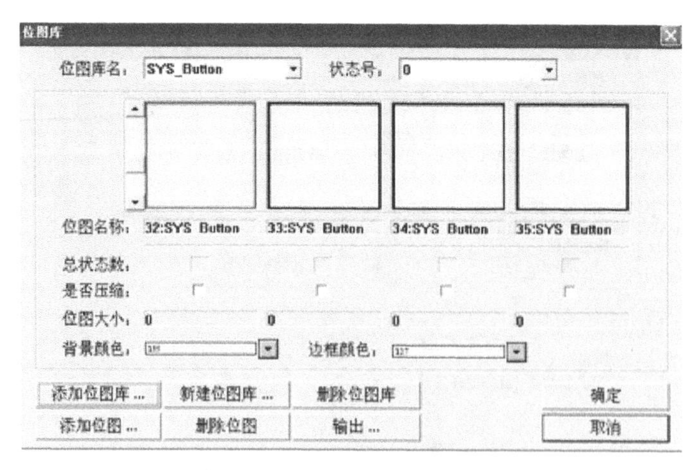

图 4-24 "位图库"对话框(一)

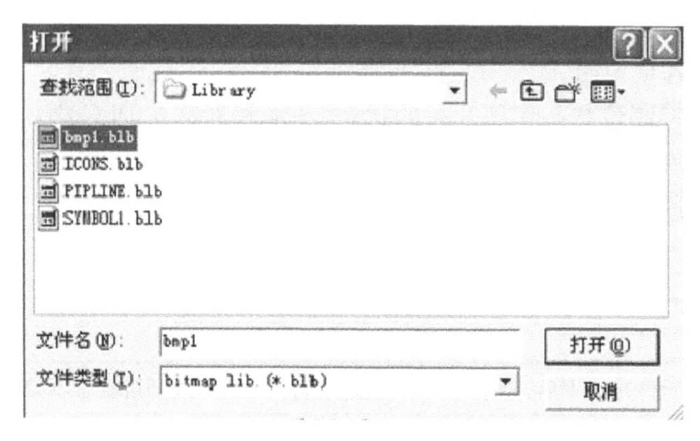

图 4-25 选择位图列表

将弹出"位图库"对话框，如图 4-24 所示。然后按下"添加位图库..."按钮，打开选择位图列表，如图 4-25 所示。

选择合适的位图名称，这里选择 bmp1、bib。按下"打开"按钮，弹出如图 4-26 所示对话框，选择第一个位图，按下"确定"按钮，这时将返回到图形选择对话框，如图 4-27 所示，按下

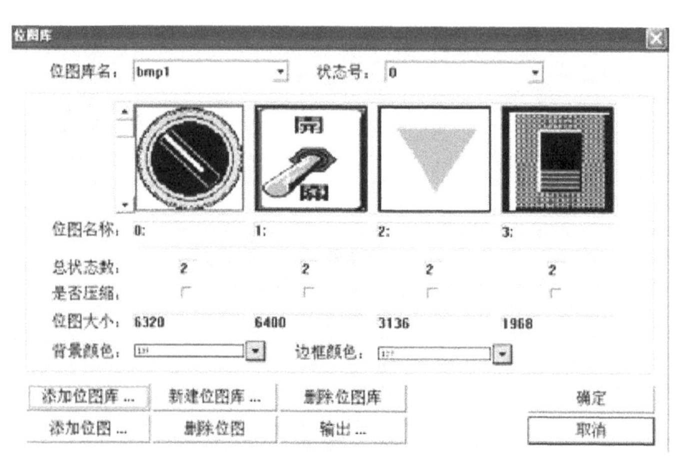

图 4-26 "位图库"对话框(二)

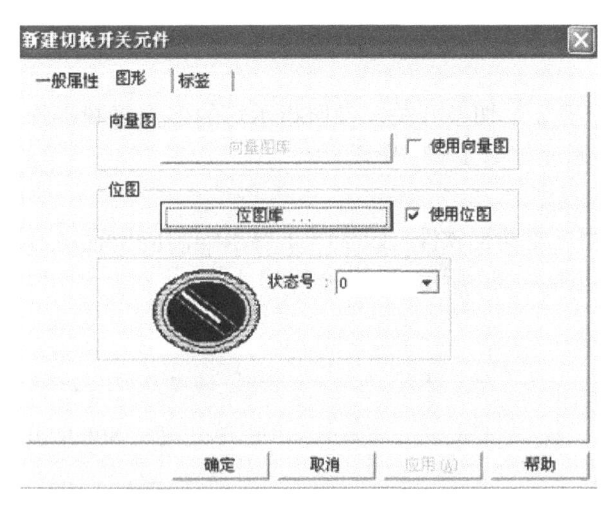

图 4－27　确认 1 个开关的图形

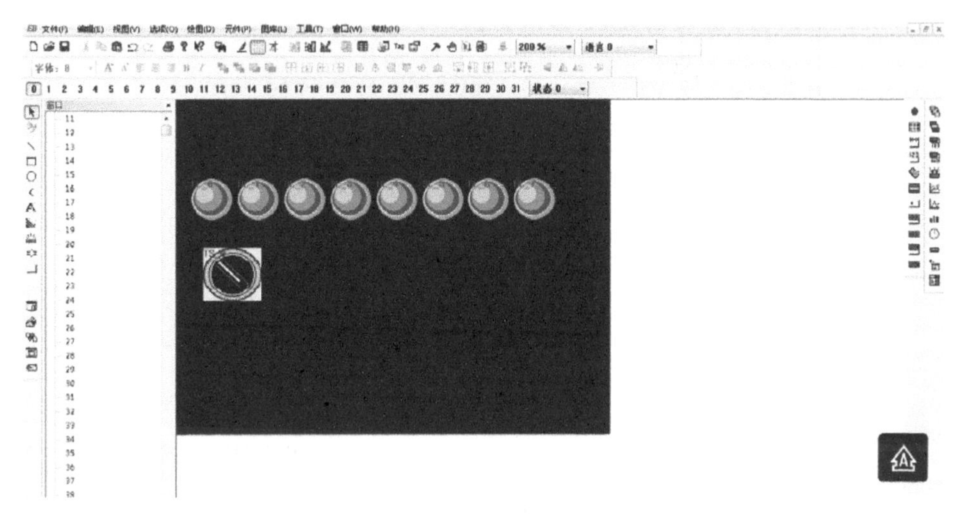

图 4－28　在工程编辑画面上完成 1 个开关元件的编辑

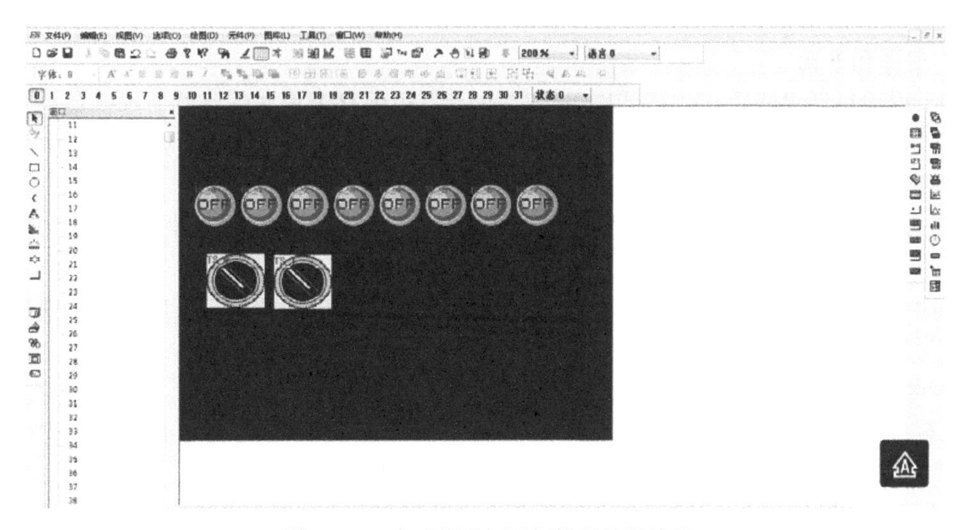

图 4－29　完成指示灯及切换开关的编辑

“确定”按钮后返回编辑画面。在编辑画面屏幕上按下鼠标左键，将元件拖到需要的位置，如图4－28所示。

(4) 用多重复制组建2个切换开关。参照指示灯的多重复制步骤操作，完成切换开关的复制，最后创建的监控画面如图4－29所示。

4) 编制PLC应用程序

在计算机桌面上用三菱编程软件，按例4－1要求编制应用程序，控制8个指示灯两亮两熄循环的梯形图程序如图4－30所示，并传送PLC中。

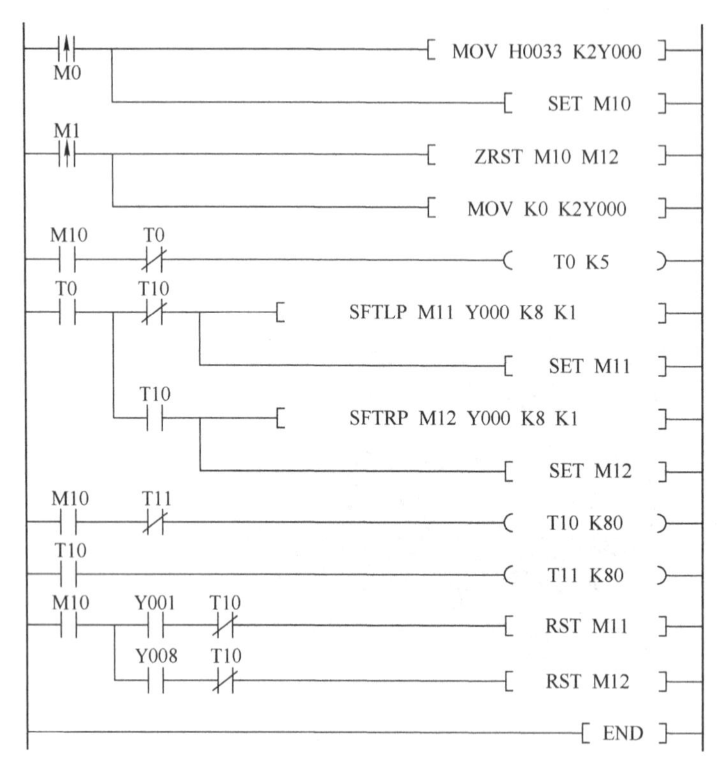

图4－30 控制8个指示灯两亮两熄循环的梯形图

5) 编译和下载

在工程项目创建好后，选择菜单“文件”/“保存”，可保存工程文件。然后选择菜单“工具”/“编译”，这时将弹出编译对话框，如图4－31所示，按下“编译”按钮，编译完毕后，按“关闭”按钮，关闭编译对话框。

在编译对话框中，可以看到工程文件的后缀是“*.epj”，而编译文件名称的后缀为“*.eob”。

关闭编译对话框后，接着选择菜单“工具”/“下载”，将弹出如图4－32所示的下载显示条，待完成后按下“确定”按钮，这样就完成了整个工程的下载。

6) 运行

把触摸屏复位或利用EasyManager的Jump To Application功能切换到应用程序模式，在PLC装载应用程序情况下，就可以通过触摸屏运行该程序。

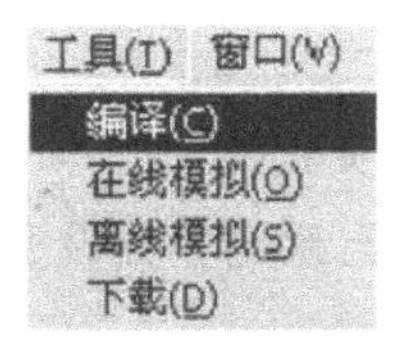

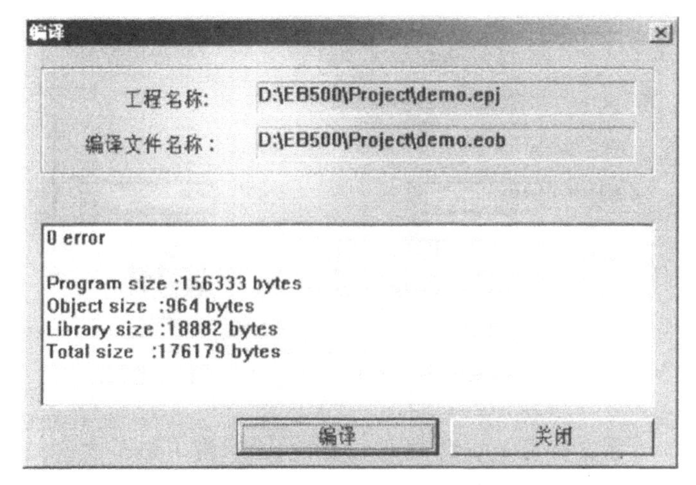

图 4 - 31　"编译"对话框

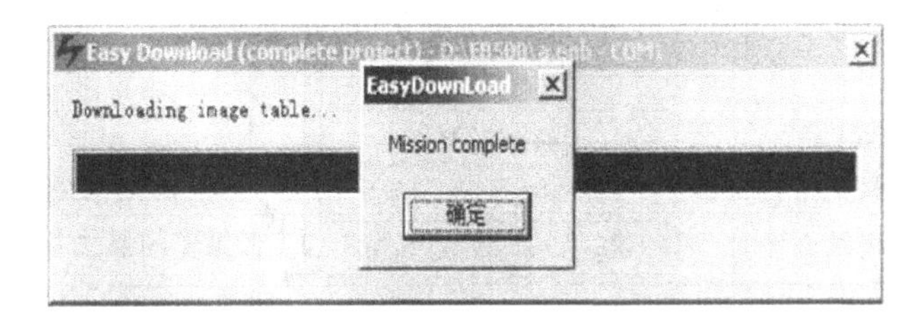

图 4 - 32　下载显示

4.2 实训内容

4.2.1 顺序控制步进指令应用实训

用 PLC 控制机械手来分拣大球、小球并装盒的仿真动画画面动作过程示意图如图 4 - 33 所示。吸盘原始位置在左上方，左限开关 LS1、上限开 LS3 压合，按计算机仿真动画画面中"选球"按钮，选择大球或小球。按 SB1 按钮，下降电磁阀 KM0 吸合并延时 6 s 后，下降电磁阀 KM0 断开，吸合电磁阀 KM1 吸合并延时 1 s。若是小球，吸盘碰到下限开关 LS2 压合；若是大球，则碰不到下限开关 LS2，上升电磁阀 KM2 吸合，然后吸盘碰到上限开关 LS3 压合，上升电磁阀 KM2 断开，右移电磁阀 KM3 吸合；若是小球，吸盘碰到小球右限开关 LS4 压合，右移电磁阀 KM3 断开，下降电磁阀 KM0 吸合；若是大球，吸盘碰到大球右限开关 LS5 压合，右移电磁阀 KM3 断开，下降电磁阀 KM0 吸合。然后吸盘碰到下限开关 LS2 压合，吸合电磁阀 KM1 断开，下降电磁阀 KM0 断开，上升电磁阀 KM2 吸合；吸盘碰到上限开关 LS3 压合，上升电磁阀 KM2 断开，左移电磁阀 KM4 吸合；吸盘碰到左限开关 LS1 压合，左移电磁阀 KM4 断开，如此完成一个循环。

按下启动按钮 SB1 后，吸盘按上述规律连续工作，当小球盒装满 6 只或大球盒装满 4 只

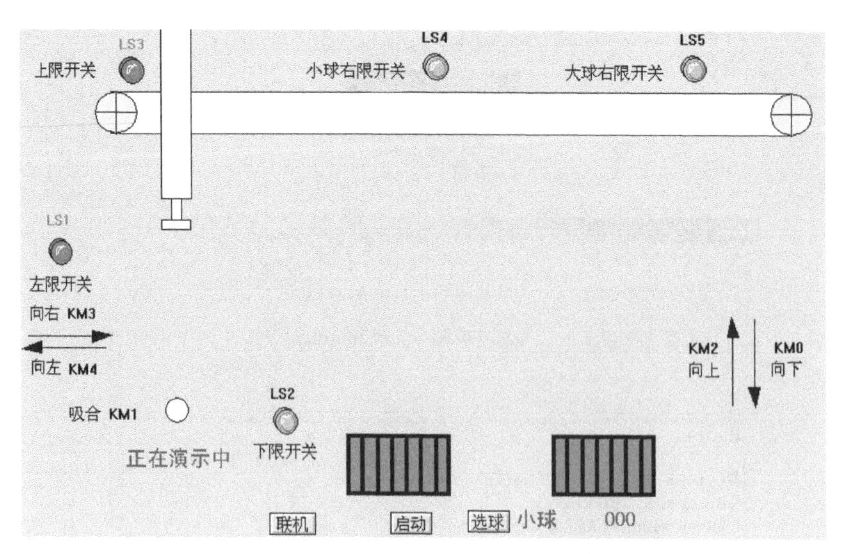

图 4-33　机械手来分拣大球、小球动作过程示意图

时，均要暂停 5 s，将满盒搬走并放上空盒，吸盘继续工作；当按下停止按钮 SB2 后，吸盘在完成当次循环后停止。其输入/输出端口配置见表 4-2。

表 4-2　输入/输出配置端口

输入设备	输入端口编号		考核箱对应端口
	方案 1	方案 2	
启动按钮 SB1	X0	X6	普通按钮
停止按钮 SB2	X6	X7	普通按钮
左限位开关 LS1	X1	X1	计算机和 PLC 自动连接
下限位开关 LS2	X2	X2	计算机和 PLC 自动连接
上限位开关 LS3	X3	X3	计算机和 PLC 自动连接
小球右限开关 LS4	X4	X4	计算机和 PLC 自动连接
大球右限开关 LS5	X5	X5	计算机和 PLC 自动连接
输出设备	输出端口编号		考核箱对应端口
	方案 1	方案 2	
下降电磁阀 KM0	Y0	Y1	计算机和 PLC 自动连接
吸合电磁阀 KM1	Y1	Y2	计算机和 PLC 自动连接
上升电磁阀 KM2	Y2	Y3	计算机和 PLC 自动连接
右移电磁阀 KM3	Y3	Y4	计算机和 PLC 自动连接
左移电磁阀 KM4	Y4	Y5	计算机和 PLC 自动连接

对此可采用步进顺序指令 STL 来编制程序，图 4-34 所示为该控制输入/输出端口配置方案 1 的状态转移图，图 4-35 所示为机械手分拣大球、小球的梯形图。由状态转移图可知，

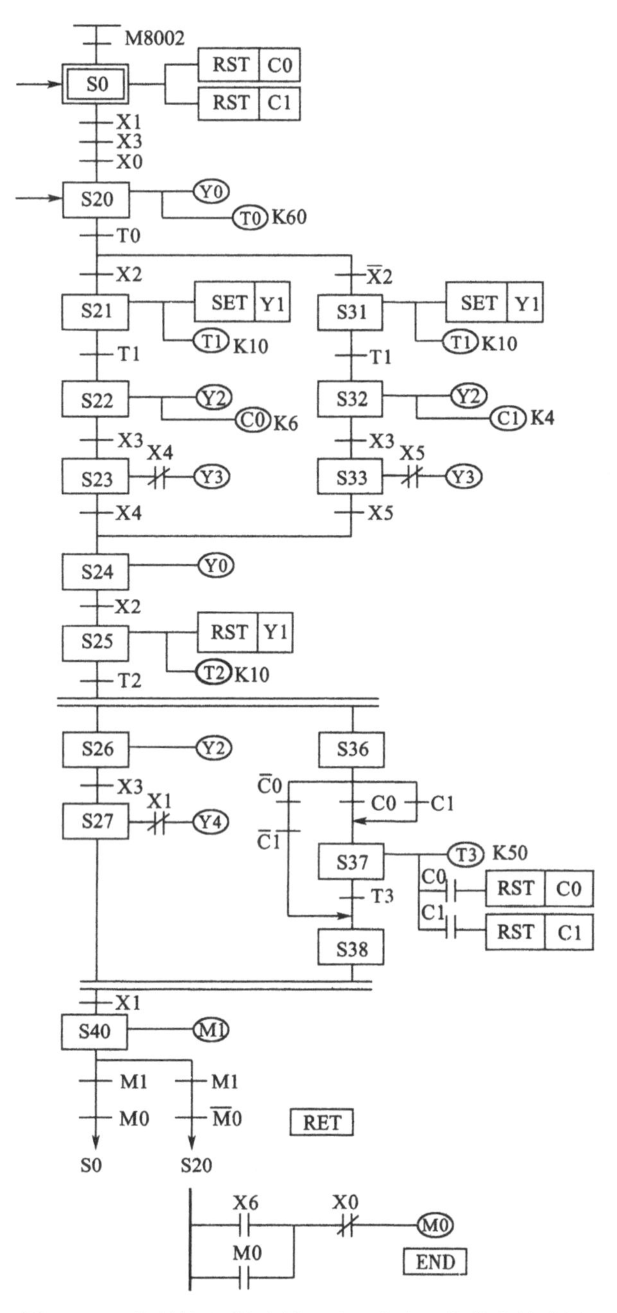

图 4-34　控制输入/输出端口配置方案 1 的状态转移图

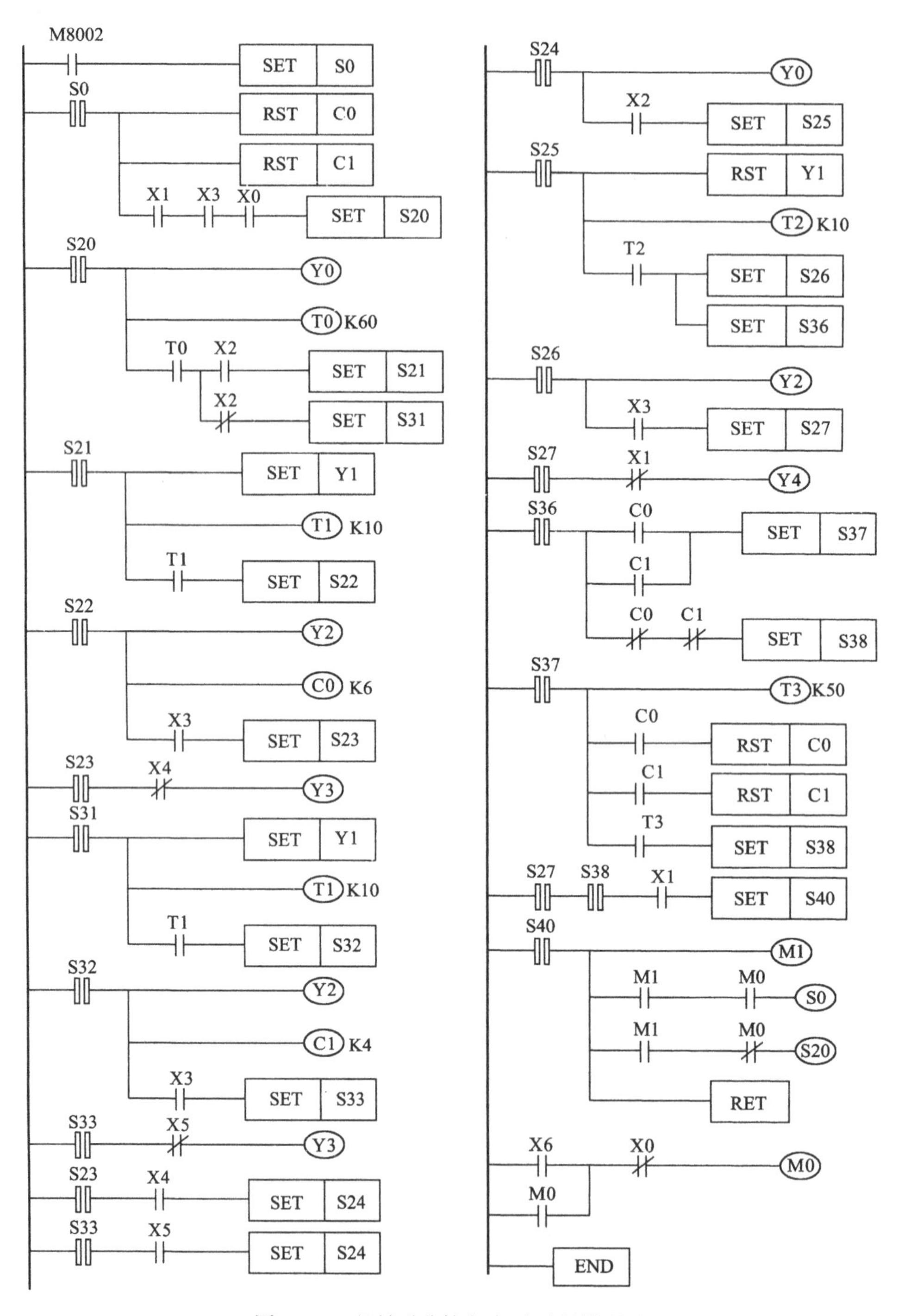

图 4-35　机械手分拣大球、小球的梯形图

程序主要是由选择性分支与并行性分支两部分组成。

对于选择分支/汇合部分，状态 S20 是分支分流的工作状态。在初始条件满足(左限开关合上 X1=1，上限开关合上 X3=1)的前提下，按下启动按钮 X0，流程就从 S0 转移到 S20 状态，这时机械手下降，下降 6 s 后一定会碰到球。如果再碰到球的同时还碰到下限开关(X2=1)，则肯定是小球，就转移到 S21 状态；如果再碰到球的同时没有碰到下限开关(X2=0)，则肯定是大球，就转移到 S31 状态。这说明大球、小球的区别必须在机械手下降 6 s 的时刻来鉴别，错过这一时刻就无法区分大球、小球，这是选择分支的必要条件。

状态 S24 时汇合状态。两个分支中当机械手右移碰到各自的右限开关后，接下来的动作都相同，即机械手下降，下降到位后放球，然后机械手上升，上升到位后左移，左移到位后再工作(或停止)。因此，自 S24 状态开始，动作相同部分作为汇合的条件。

对于并行分支/汇合部分在 S25 状态后面采用了并行分支/汇合。球放到盒子里面后要做两件事：一是机械手上升、左移到原点；二是判断大球、小球盒子里的球是否装满了，如果装满了则要等 5 s 时间更换成空盒子。这两件事可以并行进行，所以才用了并行分支/汇合形式来编写。

在判断计数器是否计满的分支程序上及并行分支/汇合点后，为遵循并行分支的编程规则，增加了 3 种虚拟状态 S36、S38 及 S40。

4.2.2 功能指令应用实训

用 PLC 功能指令对任意 10 个 3 位数显示最大值及平均值，其数码拨盘和显示器如图 4-36 所示。

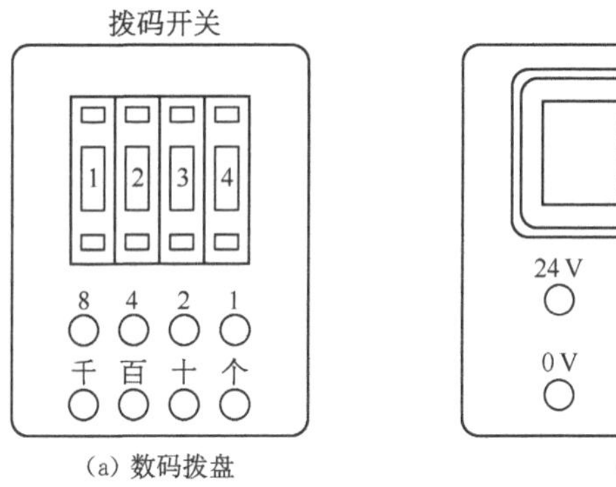

(a) 数码拨盘　　(b) 串行 BCD 码显示器

图 4-36 功能指令应用实例

通过输入按钮 SB1 由数码拨盘任意输入 10 个 3 位数，输入的数由数码管显示出来，输入完毕按显示按钮 SB2，则数码管显示出 10 个数中的最大值。按下显示按钮 SB3，则数码管显示出 10 个数中的平均值；按下复位按钮 SB4 后，可以重新输数。其输入/输出端口配置见表 4-3。

表 4-3 输入/输出端口配置

输入设备	输入端口编号		考核箱对应端口
	方案 1	方案 2	
数据输入按钮	X10	X0	SB1
显示按钮	X11	X1	SB2
显示按钮	X12	X2	SB3

（续表）

输入设备	输入端口编号		考核箱对应端口
	方案 1	方案 2	
复位按钮	X13	X3	SB4
拨盘数码 1	X0	X10	拨盘开关 1
拨盘数码 2	X1	X11	拨盘开关 2
拨盘数码 4	X2	X12	拨盘开关 4
拨盘数码 8	X3	X13	拨盘开关 8
输出设备	输出端口编号		考核箱对应端口
	方案 1	方案 2	
拨盘位数选通信号个	Y10	Y0	拨盘开关个
拨盘位数选通信号十	Y11	Y1	拨盘开关十
拨盘位数选通信号百	Y12	Y2	拨盘开关百
BCD 码显示管数 1	Y0	Y10	BCD 码显示器 1
BCD 码显示管数 2	Y1	Y11	BCD 码显示器 2
BCD 码显示管数 4	Y2	Y12	BCD 码显示器 4
BCD 码显示管数 8	Y3	Y13	BCD 码显示器 8
显示数位数选通个	Y4	Y14	BCD 码显示器个
显示数位数选通十	Y5	Y15	BCD 码显示器十
显示数位数选通百	Y6	Y16	BCD 码显示器百
电源 24 V			BCD 码显示器 24 V
电源 0 V			BCD 码显示器 0 V

图 4－37 所示为任意输入 10 个 3 位数显示最大值和平均值的梯形图。程序中的用来数字开关指令 DSW 将拨盘上的 BCD 码设定值读到自 D1 开始到 D10 的 10 个数据寄存器中。用了带锁存的七段显示指令 SEGL 将数据寄存器 D0Z 中的数送到七段数码管显示。

在程序中用数据寄存器 D30 中存放最大值，D20 中存放输入数的总和，最大值和总和是在数据稳定输入（即 T0＝1）时，同步进行。

在程序中使用了变址寄存器 Z，其主要有两个作用：①记录输入拨盘数据的个数，由程序可见，每输入 1 个数 Z 加 1，当 Z 内的数为 10 时，由比较指令可得标志位 M11＝1，封锁数据的再次输入，同时求出平均值并存放 D40 中；②利用 Z 的变址作用，能很方便地显示平均值或最大值。

当按了复位按钮 X13 时，利用其上升沿将 D20、D30 和 Z 全部清零，将 M11 复位，作好为再次输入数据的准备工作，这部分程序称为初始化程序。

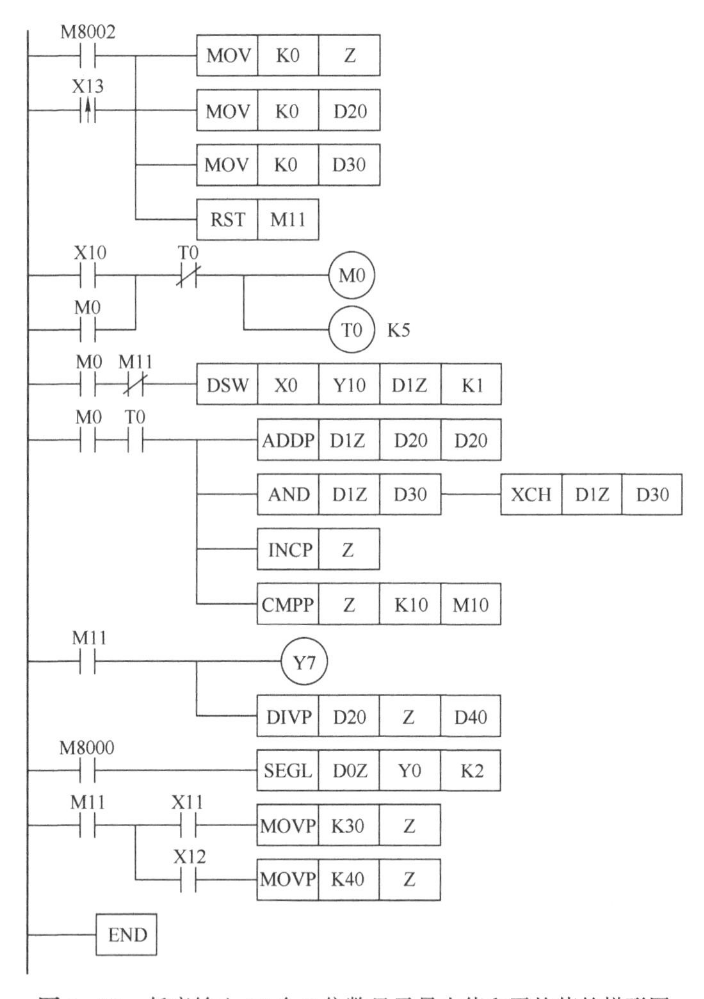

图4-37 任意输入10个3位数显示最大值和平均值的梯形图

4.2.3 模拟量输入/输出模块应用实训

模拟量电压采样的可调电压源旋钮及显示器如图4-38所示。在0～10 V的范围内任意设定电压值(电压值可由数字电压表反映),在按下启动按钮SB1后,PLC每隔10 s对设定的电压值采样一次,同时数码管显示采样值;按下停止按钮SB2后,可重新启动(显示电压值单位为0.1 V)。

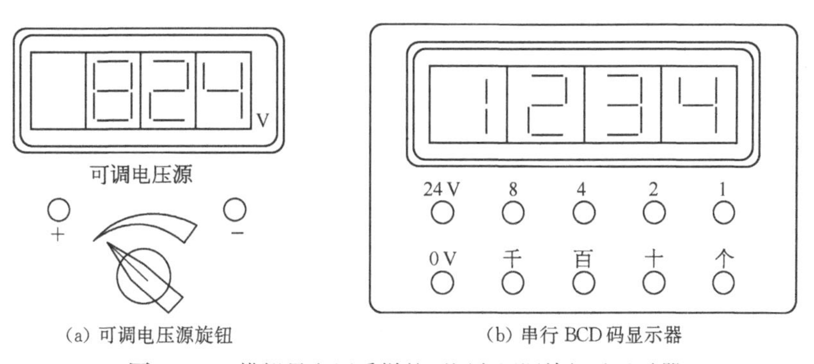

(a) 可调电压源旋钮 (b) 串行BCD码显示器

图4-38 模拟量电压采样的可调电压源旋钮及显示器

其输入/输出端口配置见表 4-4。

表 4-4　输入/输出端口配置

输入设备	输入端口编号		考核箱对应端口
	方案 1	方案 2	
启动按钮 SB1	X0	X2	普通按钮
停止按钮 SB2	X1	X3	普通按钮
FX_{2N}-2AD	CH1 通道	CH2 通道	可调电压源＋、－端口
输出设备	输出端口编号		考核箱对应端口
	方案 1	方案 2	
BCD 码显示管数 1	Y20	Y20	BCD 码显示器 1
BCD 码显示管数 2	Y21	Y21	BCD 码显示器 2
BCD 码显示管数 4	Y22	Y22	BCD 码显示器 4
BCD 码显示管数 8	Y23	Y23	BCD 码显示器 8
显示数位数选通个	Y24	Y24	BCD 码显示器个
显示数位数选通十	Y25	Y25	BCD 码显示器十
显示数位数选通百	Y26	Y26	BCD 码显示器百
电源 24 V	—	—	BCD 码显示器 24 V
电源 0 V	—	—	BCD 码显示器 0 V

按 I/O 端口配置表可知，用的是 FX_{2N}-2AD 模拟量输入模块，其模块地址编号为 0，模拟量输入类型为 DC0～10 V，偏移量及增益均由厂方出厂时调整好。转换成数字量范围为 0～4 000，使用 CH1 通道采集模拟量，经 A/D 转换后由指令 FROM 读取 CH1 的数值，将 BFM#0 号寄存器内的低 8 位数存于 K2M100 中，将 BFM#1 号寄存器内的高 4 位数存于 K2M108 中，并通过传送指令存放数据寄存器 D10 中。

用定时器 T0 来控制每隔 10 s 显示一次电压值，为了使显示的数据为实际测得的电压值(以 0.1 V 为单位)，须将 D10 内的数值经过换算后再送去显示。设检测的模拟量转换成数值为 N，显示的电压为 U，则换算公式为

$$100:400=U:N$$

$$U=\frac{100N}{4\,000}=\frac{N}{40}$$

在程序中，将 D10 内的数除以 40，换算成实际电压值后存放于 D20 中，由指令 SEGL 送七段数码管显示。

按下停止按钮 SB2，重新进行初始化，同时将十六进制数 H00FF 传送到 D20，实际就是将 Y20～Y27 全部置 1，而 BCD 码显示器得到全 1 显示的数为非 BCD 码，显示器即熄灭。

模拟量电压采样梯形图程序(I/O 端口方案 1)如图 4-39 所示。

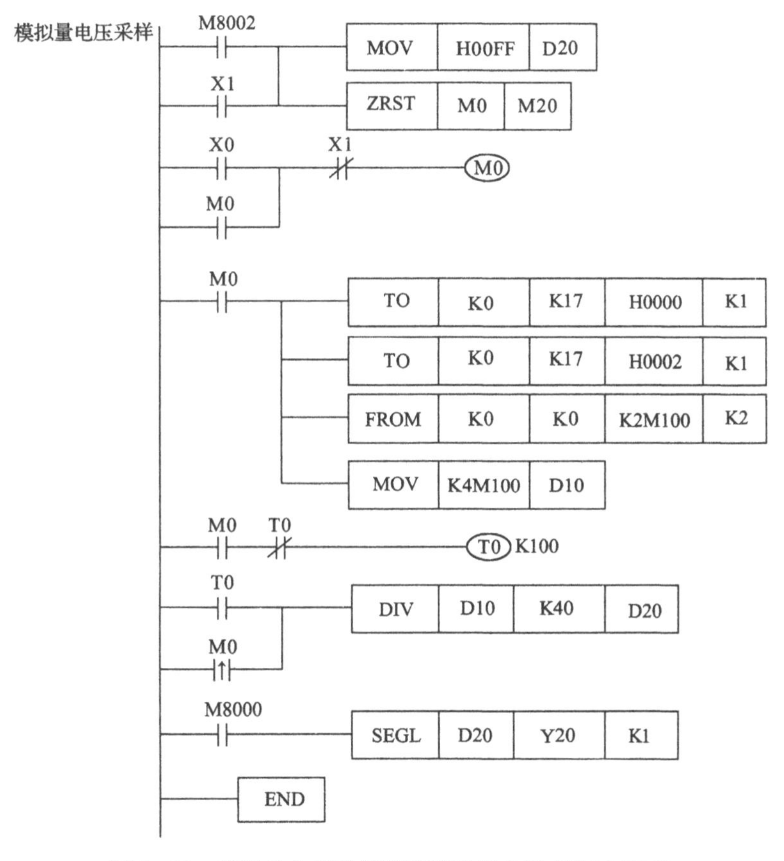

图 4-39　模拟量电压采样梯形图程序(I/O 端口方案 1)

4.2.4　人机界面应用实训

用 PLC 程序和人机界面配合控制，显示输入数据的最小值。其数码拨盘和人机界面的画面样图如图 4-40 所示。

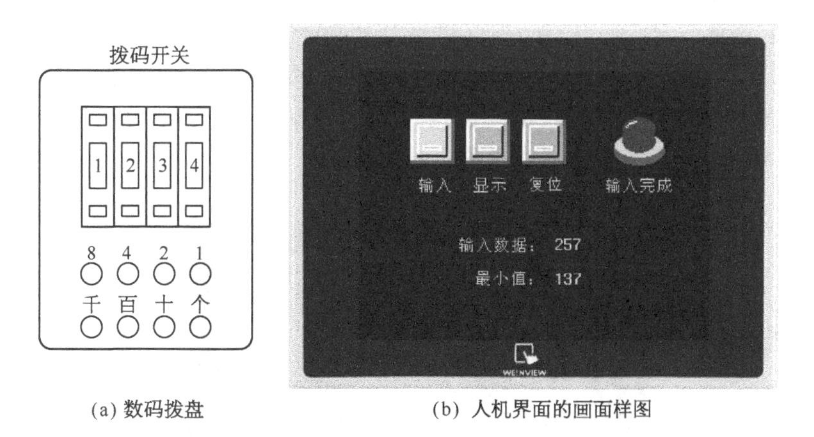

(a) 数码拨盘　(b) 人机界面的画面样图

图 4-40　人机界面应用实例

通过设置在人机界面上的输入按钮输入由数码拨盘任意设定的 5 个 3 位数，每按一次输入按钮输入一个数，输入的数由人机界面显示出来。当输入数字满 5 个时输入完成指示灯亮，此时不能再继续输入。输入数字不满 5 个则显示按钮无效。输入完毕按显示按钮，则人机界面上显示出 5 个数中的最小值，按了复位按钮后，人机界面上数据都清零，可以重新输入数据。其输入/输出端口配置见表 4-5。

表 4-5 输入/输出端口配置

	输入设备	输入端口编号	考核箱对应端口
输入端口配置	数据输入按钮	M1	人机界面中
	显示按钮	M2	人机界面中
	复位按钮	M3	人机界面中
	拨盘数码 1	X0	拨盘开关 1
	拨盘数码 2	X1	拨盘开关 2
	拨盘数码 4	X2	拨盘开关 4
	拨盘数码 8	X3	拨盘开关 8
	输出设备	输出端口编号	考核箱对应端口
输出端口配置	拨盘位数选通信号个	Y10	拨盘开关个
	拨盘位数选通信号十	Y11	拨盘开关十
	拨盘位数选通信号百	Y12	拨盘开关百
	输入完成指示灯	Y7	人机界面中
	输入数据显示	D10	人机界面中
	最小值显示	D20	人机界面中

首先根据例题的要求制作人机界面的画面。在画面上，3 个按钮用“位状态设定”元件制作，设备类型选择用 M，设备地址分别选 1～3，即数据输入按钮设为 M1，显示按钮设为 M2，复位按钮设为 M3。开关类型选择“复归型开关”，图形在“向量图库”的“BUTTOM1”图库中选。指示灯用“位状态指示灯”元件制作，设备地址选择 Y7，图形在“向量图库”的“BUTTOM3”图库中选(须使用“添加向量图库”按钮，在文件夹“EB500/V274chs/Library”中选择 BUTTOM3 打开)。“输入数据”和“最小值”两个显示数据的文本框用“数值显示”元件制作，设备类型选用 D，设备地址分别选择 10 和 20，即“输入数据”设置为 D10，“最小值”设置为 D20，其他参数均使用默认值。人机界面实例画面制作如图 4-41 所示。

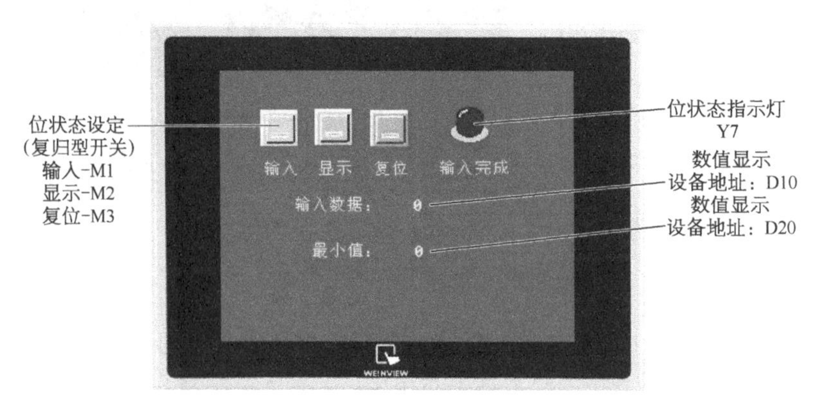

图 4-41 人机界面实例画面制作

根据实例的控制要求，可画出控制流程图如图 4－42 所示。用数码拨盘输入数据，用人机界面显示其中最小值的梯形图程序，如图 4－43 所示。

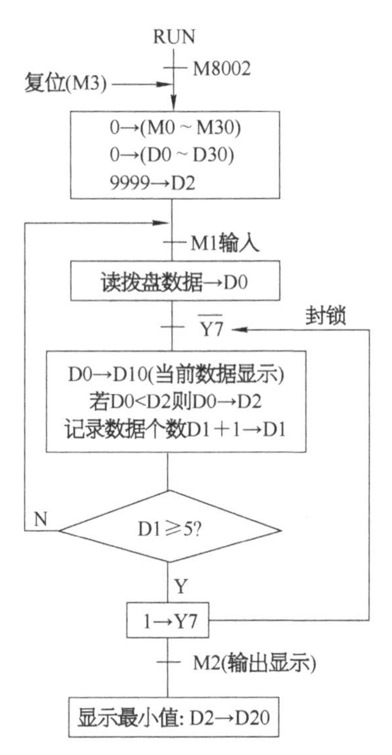

图 4－42　人机界面实例控制流程图

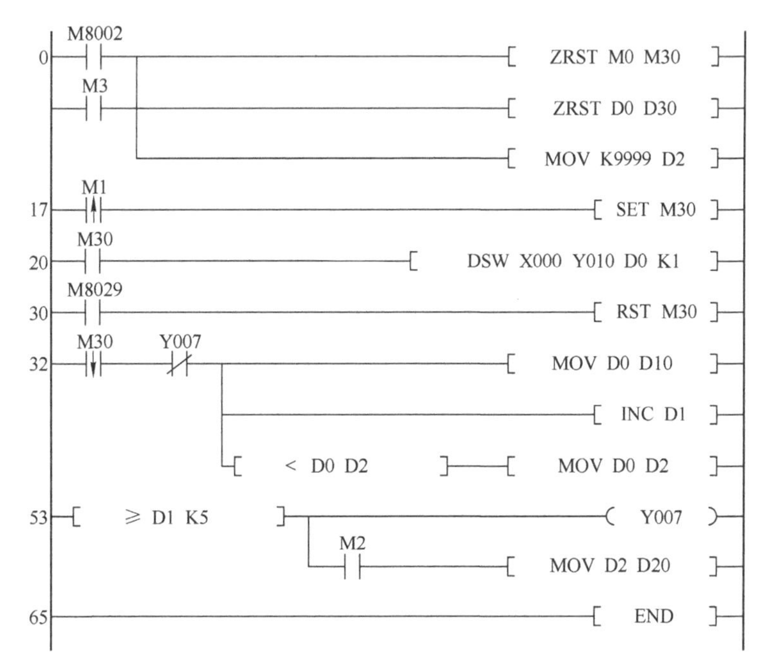

图 4－43　人机界面实例梯形图程序

在程序中，第一个梯级是初始化，其中 D2 是保存最小值的数据寄存器。将 D2 的初始值设为 9 999，是为了保证能将所输入的数据(均为小于 9 999 的数值)送到 D2 中去。第 17～31 步的程序是从拨码开关输入数据，暂存到 D0 中，并判断出最小值。M30 的下降沿脉冲触点是在 DSW 指令完成后才被接通的，利用此触点，将 D0 中的数据转存到 D10 中，可在人机界面屏幕上显示当前输入的数据。D1 用来对输入数据的个数进行计数，D2 中保存的始终为输入数据中的最小值。当输入数据的个数满 5 个时，步序号为 53 的比较触点接通，对 Y7 进行输出，人机界面屏幕上指示灯点亮，而与 M30 下降沿脉冲触点串联的 Y7 常闭触点断开，将输入通道断开，即起到了封锁输入的作用。显示按钮 M2 串联在 53 步的比较触点之后，因此在输入数据个数少于 5 个时显示按钮无效，只有在输入个数达到 5 个时按下显示按钮才能起作用，将存储在 D2 中的最小值传送到 D20 中，在人机界面屏幕上显示最小值。按下复位按钮 M3 时，重新进行初始化，人机界面上数据(D10、D20)都清零，程序中使用过的 D0、D1、D2 及 Y7 都被复位，封锁解除，可以重新输入数据。

模块 5

直流传动系统设计装调维修实训

实训要求

通过本模块的学习，要求学生掌握自动控制的基本原理；掌握单闭环、转速电流双闭环调速系统和可逆直流调速系统的分析及其调试方法；掌握模拟式直流调速装置应用的设计、安装、调试、测量分析及排故；了解全数字直流调速系统的应用。

5.1 基础知识

5.1.1 直流传动系统

5.1.1.1 闭环控制系统

闭环控制系统又称反馈控制系统，其方框图如图 5-1 所示。

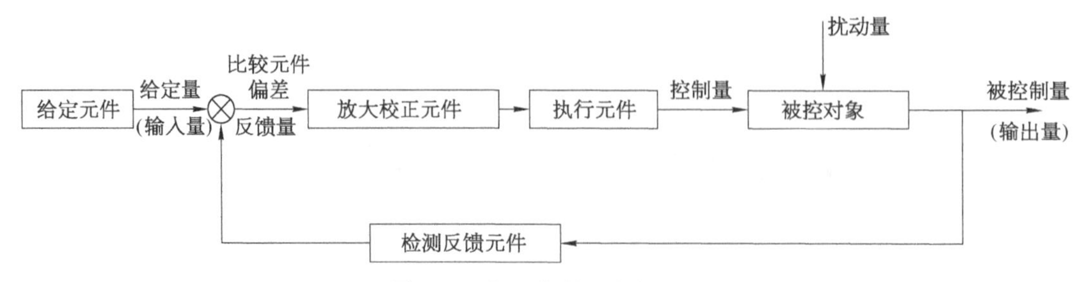

图 5-1 闭环控制系统方框图

闭环控制系统与开环控制系统最大的差别在于，闭环控制系统存在一条从被控制量经过检测反馈元件到系统输入端的通道。该控制系统输出量(被控制量)经过检测反馈元件将反馈量反馈到输入端，与给定量进行比较，从而参与控制的系统称为闭环控制系统。闭环控制系统有以下三个重要功能：

(1) 测量被控制量。

(2) 将被控制量测量所得的反馈量与给定值进行比较得到偏差。

(3) 根据偏差对被控制量进行调节。

5.1.1.2 转速负反馈直流调速系统

转速负反馈直流调速系统原理图如图 5-2 所示。

转速负反馈直流调速系统由转速给定、转速调节器 ASR、触发器 GT、晶闸管变流器 V 和测速发电机 TG 等组成。本系统用直流测速发电机 TG 作电动机转速 n 的检测元件，它与电动机 M 同轴连接(或经齿轮连接)，其输出电压与电动机转速成正比。该电压经分压器 RP2 分压取出与转速 n 成正比的转速反馈电压 U_n。该转速反馈电压 U_n 与转速给定电压 U_n^* 相比较后，得到偏差 ΔU_n 经过转速调节器 ASR 放大后产生触发器移相控制电压 U_{ct}，从而控制晶闸管变流器输出电压 U_{do}，用以控制电动机转速 n。本闭环调速系统只有一个转速反馈环，故称为单闭环调速系统。电位器 RP1 为转速给定电位器，电位器 RP2 为最高转速调整电位器(即调整转速负反馈系数 α 电位器)。

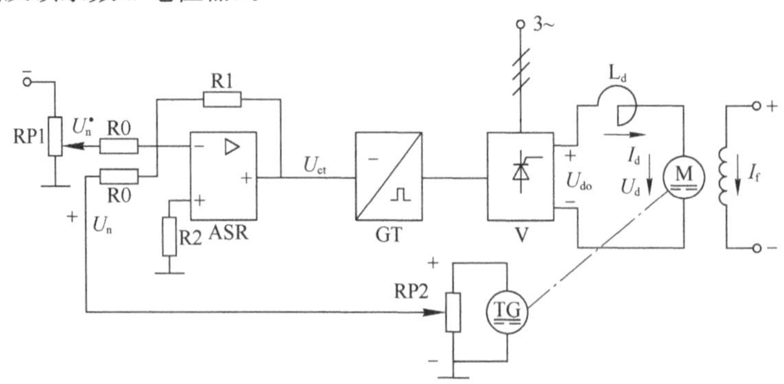

图 5-2 转速负反馈直流调速系统原理图

当转速负反馈直流调速系统中转速调节器采用比例调节器时，系统是依靠偏差为前提工作，是有静差的调速系统。为了实现无静差调速，转速调节器应采用积分调节器或比例积分调节器等。当转速负反馈调速系统中转速调节器采用积分调节器或比例积分调节器时，由于积分调节器或比例积分调节器具有积分控制作用，不仅依靠 ΔU_n 本身，还能依靠偏差 ΔU_n 的积累进行调节。当系统一出现偏差 ΔU_n 就进行调节以消除偏差，直到 $\Delta U_n=0$，从而使调速系统在稳态时无静差，所以转速调节器采用积分调节器或比例积分调节器的调速系统是无静差调速系统。

5.1.1.3　**转速、电流双闭环直流调速系统**

在前面讨论的单闭环直流调速系统中，如转速调节器采用 PI 调节器后既能够保证系统的稳定性，又能做到无静差，并且当调速系统中若加入电流截止负反馈后，也可限制主回路中电流冲击。但是单闭环直流调速系统不具备对电动机在动态过程中电流(转矩)控制能力，因而单闭环直流调速系统的动态性能不够理想。为了解决单闭环直流调速系统上述问题，为此设计了如图 5-3 所示的转速、电流双闭环直流调速系统。

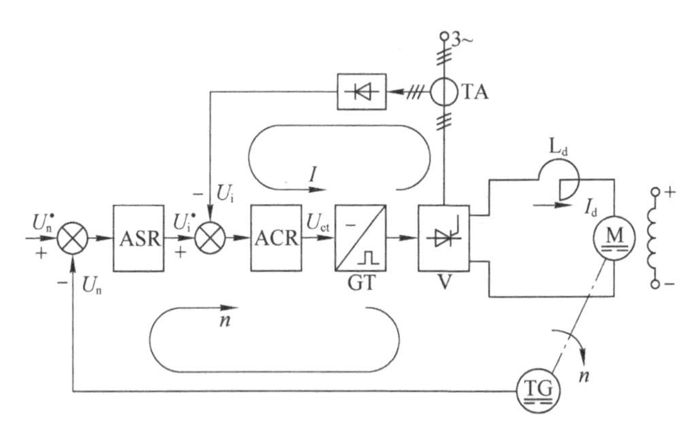

图 5-3　转速、电流双闭环直流调速系统

由图 5-3 可知，系统中设置了转速调节器 ASR 和电流调节器 ACR，两者之间实行串级控制。从闭环控制的结构上看，电流环处在转速环之内，故电流环又称内环，转速环称为外环。为了获得良好的静、动态性能，系统的转速调节器 ASR 和电流调节器 ACR 一般都采用带限幅电路的 PI 调节器。转速给定电压 U_n^* 与转速负反馈电压 U_n 比较后，得到转速偏差信号 $\Delta U_n=U_n^*-U_n$，送转速调节器 ASR 输入端，转速调节器 ASR 的输出 U_i^* 作为电流调节器 ACR 的电流给定信号，与电流负反馈电压 U_i 比较后，得到电流偏差信号 ΔU_i 送电流调节器 ACR 的输入端，电流调节器的输出电压 U_{ct} 作为触发器 GT 的控制电压，用以改变晶闸管变流器的控制角 α，相应改变晶闸管变流器的直流输出电压，以保证电动机在给定的转速下运行。图 5-3 中，转速调节器 ASR 和电流调节器 ACR 都带有限幅电路。转速调节器 ASR 的输出限幅电压是 U_{im}^*，它决定了电流调节器给定电压的最大值，即主回路(电动机电枢电路)中的最大电流，故其限幅值 U_{im}^* 整定的大小取决于电动机电枢电路的允许最大电流值。电流调节器的输出限幅电压是 U_{ctm}^*，它限制了晶闸管变流器的直流输出电压的最大值。

5.1.1.4　**转速、电流双闭环可逆直流调速系统**

前面所述的转速、电流双闭环不可逆直流调速系统，仅仅适合于不要求改变电动机旋转方向和对停车的快速性又无特殊要求的设备。但是，在实际生产中很多设备却要求电动机既能正反转，又要求快速减速和停车。此时，这些设备的电气传动系统要采用可逆直流调速系统。可逆直流调速系统广泛采用电枢反并联可逆系统。电枢反并联可逆系统根据有无环流可分为有环流可逆系统和无环流可逆系统。虽然有环流可逆调速系统具有反向快、过渡平滑等优点，但是需要设置环流电抗器，增加了系统的成本、装置的体积和功率损耗。因此，实际应用中常采用无环流可逆调速系统。实现无环流的基本原理是当可逆系统中一组晶闸管工作时，使另一组晶闸管处于完全阻断状态，确保两组晶闸管不同时工作，从根本上切断了环流的通路。按实现无环流的方式不同，无环流可逆调速系统又可分为逻辑无环流可逆调速系统和错位无环流可逆调速系统。其中，逻辑无环流可逆调速系统应用最广泛。逻辑无环流可逆调速系统实现无环流的基本原理是当一组晶闸管触发脉冲开放工作时，用逻辑电路（无环流逻辑控制器）封锁另一组晶闸管的触发脉冲，使它完全处于阻断状态，确保两组晶闸管不同时工作，从根本上切断了环流的通路。

逻辑无环流可逆直流调速系统原理图如图 5－4 所示。主电路采用正向晶闸管 VF 与反向晶闸管 VR 组成电枢反并联可逆系统。图 5－4 中，L_d 为平波电抗器，其作用是为了抑制电枢电流的脉动和保证电流的连续。控制系统采用前面所介绍的转速、电流双闭环系统。该线路设置了两个电流调节器（ACR1、ACR2）和两组触发器（GTF、GTR）。ACR1 用来控制正向组触发器 GTF，ACR2 控制反向组触发器 GTR。控制系统设置了反相器 AR，ACR1 的给定信号来自于转速调节器输出电压 U_i^*。ACR1 的给定信号 U_i^* 经反相器 AR 反相后输出电压 $\overline{U}_i^*$ 作为 ACR2 的给定信号，从而可采用不反映极性的交流互感器和整流器组成的电流检测器。系统中设置了无环流逻辑控制器 DLC 对正、反向组晶闸管触发脉冲实施封锁和开放控制，从而实现无环流。DLC 有两个输入信号 U_i^* 和 U_{io}，其中，U_i^* 为电流给定信号（转矩给定信号），U_{io} 为零电流检测信号。DLC 有两个输出信号 U_{blf} 和 U_{blr}。由于主电路不设环流电抗器，一旦出现环流将造成严重的短路事故，所以对系统工作时的可靠性要求特别高。为此，在逻辑无环流系统中无环流逻辑控制器 DLC 是系统中的关键部件，必须保证可靠工作。

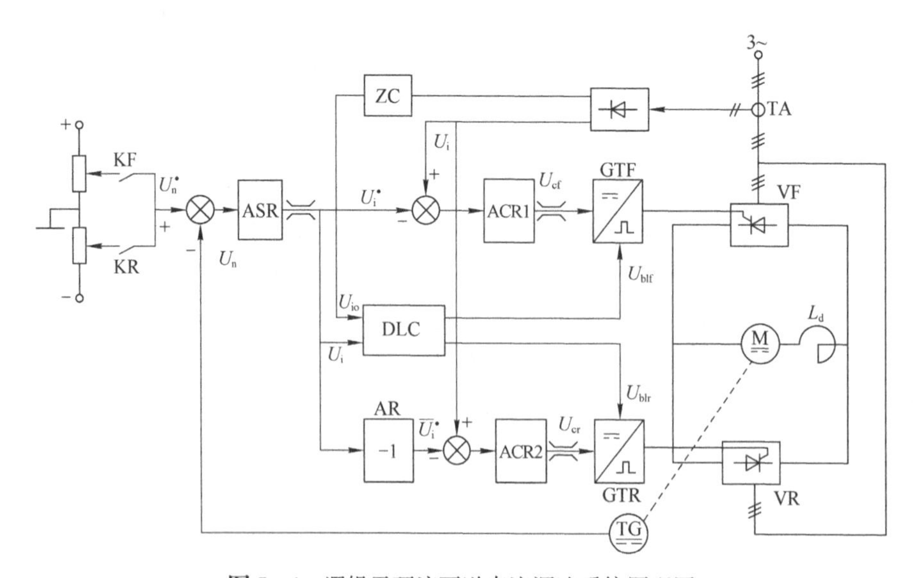

图 5－4 逻辑无环流可逆直流调速系统原理图

5.1.1.5 转速、电流双闭环直流调速系统的调试原则及步骤

转速、电流双闭环直流调速系统调试是一项较复杂的工作，需要做好调试前各种准备工作。在转速、电流双闭环直流调速系统调试前应对系统进行详细分析，熟悉生产设备的工作流程及其对双闭环直流调速系统的控制要求，掌握并熟悉调速系统及其各控制单元工作原理，尤其是双闭环直流调速系统调试中需要整定的各种参数。在系统调试前应制订调试大纲，明确调试步骤和方法，确定调速系统调试中需要整定的各种参数值。在调试大纲内还应包括生产试车工艺条件、安全措施、联锁保护及各种工种配合，以避免发生不应有的事故损失。

1) 转速、电流双闭环直流调速系统调试遵循的原则

(1) 先查线，后通电。

(2) 先单元，后系统。

(3) 先控制回路，后主电路；先励磁回路，后电枢回路。

(4) 先开环，后闭环；先内环，后外环；先静态，后动态。

(5) 通电调试时，先用电阻负载，后用电动机负载。

(6) 电动机投入运行时，先轻载，后重载；先低速，后高速。

在双闭环直流调速系统调试前应准备好必要的仪表，如高内阻(20 kΩ)万用表、双线示波器、慢扫描示波器或光线示波器等。在双闭环直流调速系统调试前重点检查测速发电机及其安装情况(同心度等)，否则由于测速发电机及其安装不良将直接影响双闭环直流调速系统性能。

2) 转速、电流双闭环直流调速系统一般调试步骤

(1) 查线和绝缘检查。按图纸要求对系统进行查线，检查各接线尤其是系统外围接线是否正确、牢靠。在查线同时进行绝缘检查，有无损伤和受潮，如发现有损伤和受潮，应先进行修复后干燥处理，再进行绝缘检查。

(2) 继电控制回路空操作。按控制要求对调速系统继电控制回路进行空操作，检查接触器、继电路等动作是否正确，电器有无故障，接触是否良好。空操作是在主回路不通电情况下，对继电控制回路进行通电调试。

(3) 测定交流电源相序。晶闸管变流器主电路相序和触发电路同步电压的相序应一致，否则将可能造成晶闸管主电路与触发电路同步电压不同步。使晶闸管变流装置不能正常工作。

(4) 控制系统控制单元检查与调试。首先检查各类电源输出电压幅值是否满足要求，然后对控制单元按要求进行检查与调试，重点对各控制单元中整定参数按要求进行整定。

(5) 主电路通电及定相试验。核对主电路及触发电路同步电压相位，调整晶闸管装置的触发脉冲的初始相位 α_0 以及 α_{min}、β_{min} 整定。

(6) 主电路电阻负载调试。重点检查晶闸管装置输出直流电压 U_d 和触发脉冲，随着控制角 α 变化情况，输出直流电压 U_d 波形和电压值是否正常，对于不正常情况进行检查与调整。

(7) 电流环调试。电流环调试分为静态调试和动态调试两部分内容。静态调试包括电流反馈极性检查、电流反馈值整定和过电流保护整定等内容。动态调试主要是电流环动态特性整定，电流调节器 PI 参数整定。

(8) 转速环调试。转速环调试分为静态调试和动态调试两部分内容。静态调试包括转速反馈极性检查、转速反馈值整定和超速保护整定等内容。动态调试主要是转速环动态特性整定，转速调节器 PI 参数整定。

(9) 带负载调试。重点检查系统带负载运行时各种性能指标，进一步对系统尤其转速调节器 PI 参数进行调试，使转速、电流双闭环调速系统性能指标满足生产工艺要求。

5.1.1.6 转速、电流双闭环直流调速系统调试要点及方法

1) 测定三相进线交流电源相序

晶闸管装置主电路的相序和触发电路同步电压的相序应一致，否则将可能使晶闸管装置主电路和触发脉冲不能同步，造成晶闸管装置不能正常工作，所以系统调试前应进行三相进线交流电源相序测定工作，测定三相进线交流电源相序可采用相序测试器或示波器。

使用示波器时应注意以下几点：

(1) 双踪示波器 Y_1、Y_2 两个探头的地端与示波器外壳相连，所以测量时必须将 Y_1、Y_2 两个探头的地端接在电路的同一电位中，否则会造成被测电路短路事故。测量时示波器的外壳因有被测电压而带电，要注意安全。

(2) 被测电压幅值不能超过示波器允许范围。当被测电压过高时，应采用分压电路测量。测量时要注意 Y 探头衰减比例及 Y 轴增幅旋钮衰减开关比例，使被测电压波形有一合适大小。

2) 主电路通电及定相试验

(1) 核对主电路及同步变压器回路相序及相位关系。晶闸管装置直流输出端开路，在主回路加上三相交流电源(当晶闸管装置额定电压较高时，应加上一个低压的交流电源)，然后用示波器测量晶闸管装置主电路的相序及各晶闸管阳极电压的相序是否正确。如三相桥式全控整流电路 a 相、b 相和 c 相之间是否相差 120°，晶闸管 VT1 和晶闸管 VT3 之间的 u_{ab} 电压应比晶闸管 VT3 和晶闸管 VT5 之间的 u_{bc} 电压超前 120°，而 u_{bc} 电压比晶闸管 VT1 和晶闸管 VT5 之间的 u_{ca} 电压超前 120°。若发现相位不对，应进行调整。

同理，用示波器测量同步变压器回路相序是否正确，若发现相序不对，亦应进行调整。再用示波器测量主电路 u_{ab} 电压(或 u_a 电压)和同步变压器二次电压(同步电压)如 u_{sa} 相位关系。同步变压器二次电压 u_{sa} 与主电路 u_{ab} 电压(或 u_a 电压)相位关系应符合调速控制系统所要求的相位关系。若不符合所要求的相位关系，则应分别检查主电路的整流变压器连结组别及其接线是否正确，同步变压器连结组别及其接线是否正确。

(2) 定相。将电流调节器单元拔掉，使触发电路移相控制电压 $U_c=0$。首先分析三相全控整流电路主电路电压如 u_{ab} 电压(或 u_a 电压)和同步变压器二次电压(同步电压)u_{sa} 相位关系，然后用同步变压器二次电压(同步电压)u_{sa} 代替主电路电压如 u_{ab} 电压(或 u_a 电压)来调节 VT1 晶闸管触发脉冲的初始相位角 α_0，进行定相工作。

对于转速、电流双闭环不可逆直流调速系统，调节 β 限制电位器使最小逆变角 $\beta_{min}=30°\sim35°$，调节 α 限制电位器使最小控制角 $\alpha_{min}=10°\sim15°$。

对于转速、电流双闭环可逆直流调速系统，在实际调试中可调节偏移电位器 RP2 使触发脉冲的初始相位角 α_0 略大于 90°如 $\alpha_0=95°$，调节 β 限制电位器使最小逆变角 $\beta_{min}=30°\sim35°$，调节 α 限制电位器使最小控制角 $\alpha_{min}=30°\sim35°$。

3) 主回路电阻负载调试

将晶闸管装置直流输出端接入电阻负载，将电流调节器拨出，在触发电路输入端加上移相控制电压 U_c。先将移相控制电压 U_c 调节为零，触发脉冲的控制角 α 处于初始相位角 α_0，例如 $\alpha_0=90°$。晶闸管装置检查正常后，加上主电路三相交流电源，调节移相控制电压 U_c，使触发脉冲的控制角 α 逐步减小，晶闸管装置的输出直流电压表和电流表开始读数。用示波器测量输出直流电压 u_d 的波形，观察示波器上输出电压 U_d 波形是否正常。

4) 电流环调试

电流环调试分为静态调试和动态调试两部分内容。

(1) 电流环静态调试。静态调试包括电流反馈极性检查、电流反馈值整定和过电流保护整定等。

晶闸管装置直流输出端接上直流电动机,断开电动机励磁绕组(有时需要将直流电动机堵住防止电动机转动)。将转速调节器 ASR 单元拔出,插入调试板,调试板由一个钮子开关、一个给定电位器和直流电源组成。先将给定电位器滑动点处于零位。合上主电路电源,慢慢移动给定电位器滑动点,使电流给定电压由零慢慢增大,观察测量此时的电动机电枢电流。检查电流反馈的极性是否正确。在电流反馈极性正确前提下,可继续增大电流给定电压,电动机电枢电流也逐步增大,调节电流反馈值整定电位器,使满足调速控制系统所要求的电流给定电压(例如 8 V)时,相应的电动机电枢电流为调速控制系统所要求的最大电流值(例如 150%额定值)。电流反馈值整定好后,再进行过电流保护整定工作。

实际调试中也可以在触发电路输入端加上给定电压。先将给定电位器滑动点处于零位。合上主电路电源,慢慢移动给定电位器滑动点,使给定电压由零慢慢增大,观察测量此时的电动机电枢电流。检查电流反馈的极性是否正确。在电流反馈极性正确前提下,可继续增大给定电压,电动机电枢电流也逐步增大,调节电流反馈值整定电位器,使满足调速控制系统所要求的电流给定电压(例如 8 V)时,相应的电动机电枢电流为调速控制系统所要求的最大电流值(例如 150%额定值)。电流反馈值整定好后,再进行过电流保护整定工作。

电流环的静态调试要特别小心,因为此时直流电动机的励磁绕组是断开,电动机是不转动状态(有时需要将直流电动机堵住防止电动机转动),晶闸管装置的输出直流电压很低。如果在电流环的静态调试中不注意,晶闸管装置的输出直流电压较高将产生很大的直流电流,使晶闸管装置损坏如快速熔断器和晶闸管元件损坏,也可能使直流电动机电枢绕组尤其换向器损坏。同时电流环的静态调试要尽量快,大电流通电时间不宜过长,以免电动机及其他元件过热。

(2) 电流环动态调试。电流环静态调试后,还要进一步进行电流环动态调试。动态调试主要是电流环动态特性整定,电流调节器 ACR 的 PI 参数整定。具体可在转速调节器输出端突加一个的阶跃电压,用慢扫描示波器观察主回路电流上升波形,调节电流调节器比例系数及积分时间常数使电流上升波形达到满意为止,逐步增大给定电压,使主电路电流达到额定值。

5) 转速环调试

转速环调试分为静态调试和动态调试两部分内容。

(1) 转速环静态调试。静态调试包括转速反馈极性检查、转速反馈值整定和超速保护整定等。

晶闸管装置直流输出端接上直流电动机,接通电动机励磁绕组。插入转速调节器(ASR)和电流调节器(ACR)。将转速调节器和电流调节器变成 K=1 的反号器,将转速负反馈信号回路断开,在转速调节器的输入端加入可调直流给定电压 U_n^*(用电位器 RP 来调节)。由零逐渐增大给定电压 U_n^*,使电动机在 10%~15%额定转速下运转,观察电动机的旋转方向是否正确,测量转速反馈信号电压 U_n 的极性,然后将电动机停止运转。根据测量转速反馈电压 U_n 的极性,将转速反馈信号的连接线接好。(转速反馈电压 U_n 的极性和转速给定电压 U_n^* 极性相反)，使调速系统全部闭环工作，调节转速给定电位器，使 U_n^* 逐渐增大，电动机转速也将逐渐增加，将转速给定电压调节系统所要求的给定值，例如 $U_n^*=8$ V。调节转速反馈值整定电位器使电动机的转速正好为系统所要求的额定转速，此时转速反馈电压 U_n 亦为系统所要求的给定值，例如 $U_n=8$ V。

在实际调试中也经常采用调速系统全部闭环工作调试方法，在转速调节器的输入端加入可调直流给定电压 U_n^*(用电位器来调节)，然后转速给定电压从 0 开始逐步加大到 $U_n^*=-1$ V，观察电动机转速是否正常，测量转速反馈电压极性是否正确。若电动机转速很快，转速反馈电压极性不正确，则更换一下测速发电机输出反馈电压的两根引出线，使电动机以较低的转速稳定运行。然后调节转速给定电位器，使转速给定电压逐渐增大，电动机转速也将逐渐增加，将转速给定电压调节到系统所要求的给定值，例如 $U_n^*=-8$ V。调节转速反馈值整定电位器 RP 使电动机的转速正好为系统所要求的额定转速，此时转速反馈电压 U_n 亦为系统所要求的给定值，例如 $U_n=8$ V。

(2) 转速环动态调试。动态调试主要是转速环动态特性整定，转速调节器 P、I 参数整定。转速环动态调试方法和电流环动态调试方法大致相同。具体可在转速调节器输入端突加一个的阶跃电压，用慢扫描示波器观察(或摄取)电动机转速及主电流的过渡过程波形，调整转速调节器的 P、I 参数，使电动机转速及电流的过渡过程达到较满意的程度。

5.1.2 模拟式直流调速系统

5.1.2.1 概述

欧陆 514C 系列调速装置(以下简称“514C”)是一种以运算放大器等元器件组成的模拟式逻辑选触无环流直流可逆调速系统，用于他励式直流电动机或永磁式直流电动机的速度控制。514C 采用开放式的框架结构，整个控制器以散热器为基座，两组反并联连接的晶闸管模块直接固定在散热器上，还有一块驱动电源印刷电路板、一块控制电路印刷电路板和一块面板以层叠式结构叠装在散热器上。控制器整体尺寸为 160 mm×240 mm×130 mm(宽×高×厚)。

514C 系列调速装置使用单相交流电源，主电源电压可以为交流 110～480 V，电源频率为 50 Hz/60 Hz，具体根据实际负载需要选择，并可外接整流变压器以提供合适的电源电压。514C 的交流辅助电源电压可以为交流 110 V/120 V 或交流 220 V/240 V，调速装置中设置了一个辅助电源电压选择开关，具体根据交流电源情况进行选择。本实训装置的主电源电压和交流辅助电源电压都采用交流 220 V/240 V、50 Hz。

514C 系列调速装置既采用外接的测速发电机组成转速负反馈直流调速系统，又可以采用电枢电压负反馈和电流补偿控制组成带电流补偿的电压负反馈直流调速系统。514C 系列调速装置中设置了一个反馈方式选择开关，具体根据调速性能要求等情况进行选择。本实训装置采用外接的测速发电机组成转速负反馈直流调速系统。

514C 系列调速装置有四种型号(514C/04、514C/08、514C/16、514C/32)的产品，分别可以提供 4 A、8 A、16 A、32 A 的最大输出电流。当电流过载达到 1.5 倍额定电流时，故障检测电路发出报警信号，并在发生过载 60 s 后切断电源，对电动机进行保护。而当发生短路时，系统可在瞬间实现过电流跳闸，以对调速装置进行有效的保护。

514C 系列调速装置主要技术参数如下：

(1) 额定输入主电源电压。交流 110～480 V(±10%)，电源频率：50 Hz/60 Hz(±5 Hz)。

(2) 辅助电源电压。交流 110 V/120 V(或 220 V/240 V)(±10%)，辅助电源额定电流：

3 A(包括接触器线圈电流)。

(3) 接触器线圈电流。不超过 3 A。

(4) 额定输出电枢电压。交流 110 V/120 V 时为直流 90 V,交流 220 V/240 V 时为直流 180 V,交流 380 V/415 V 时为直流 320 V。

(5) 最大电枢电流。直流 4 A、8 A、16 A、32 A(±10%)。

(6) 电枢电流标定。0.1 A 为最大电枢电流值,步距为 0.1 A。

(7) 标称电动机功率(电枢电压为 320 V 时)。1.125 kW、2.25 kW、4.5 kW、9 kW。

(8) 过载能力。150%额定电流 60 s。

(9) 励磁电流。直流 3 A,励磁电压:0.9×主电源电压。

(10) 环境要求。运行温度为 0～40 ℃(40 ℃以上温度每升高 1 ℃额定电流降低 1.5%);湿度为 85%RH(40 ℃时,无冷凝);海拔为 1 000 m 以上,海拔每升高 100 m 额定电流降低 1%。

5.1.2.2 欧陆 514C 系列调速装置控制系统的组成及工作原理

514C 型直流调速系统原理框图如图 5-5 所示。由图 5-5 可知,514C 型直流调速系统是逻辑选触无环流直流可逆调速系统。主电路采用两组单相桥式全控整流电路(即正向组晶闸管 VF 和反向组晶闸管 VR)组成的电枢反并联可逆电路,控制系统采用转速、电流双闭环系统。514C 型直流调速系统既采用外接的测速发电机组成带转速负反馈的转速、电流双闭环直流调速系统,又可以采用电枢电压负反馈和电流补偿控制(电流正反馈)组成带电流补偿(电流正反馈)的电压、电流双闭环直流调速系统,反馈的形式由功能选择开关 SW1/3 进行选择。这里要引起注意是当采用电压负反馈时,则可使用电流补偿(电流正反馈)调节电位器 RP8 加上电流补偿(电流正反馈)作为转速补偿作用;当采用转速负反馈时不能加电流补偿(电流正反馈),因此电位器 RP8 应调节到零,取消电流补偿。采用外接的测速发电机组成带转速负反馈的转速、电流双闭环直流调速系统时,可根据测速发电机的输出电压大小通过功能选择开关 SW1/1、SW1/2 来设定转速反馈电压的范围,并通过电位器 RP10 调整速度负反馈系数,从而调整电动机的最高转速。电位器 RP11 的作用为零速校正。

图 5-5 中,GJ 为给定积分器,电位器 RP1、RP2 分别调节上升时间和下降时间。转速调节器 ASR 采用带限幅电路的 PI 调节器,RP3、RP4 分别为比例系数、积分时间常数调节电位器。转速调节器 ASR 的输出电压 U_i^* 经限幅后,作为电流给定信号,并与电流负反馈信号 U_i 进行比较,加到电流调节器的输入端,以控制电动机电枢电流。最大电枢电流值由 ASR 的限幅值及电流负反馈系数 β 加以确定。ASR 的限幅值可以通过电位器 RP5 或接线端子 X7 上所接的外部电位器来调整的。在 X7 端子上未外接电位器时,可通过 RP5 可得到对应最大电枢电流为 1.1 倍标定电流的限幅值;而在 X7 端子上通过外接电位器输入 0～+7.5 V 的直流电压时,可得到最大电枢电流为 1.5 倍标定电流值。电流负反馈信号以内置的交流电流互感器从主回路中取出,并以 BCD 码开关 SW2、SW3、SW4 按电动机的额定电流来对电流反馈系数进行设置得出标定电流值。例如控制器所控制的直流电动机的额定电流为 12.5 A,则 SW2～SW4 即分别设置为 1、2、5。注意:电流反馈系数的设定非常重要,一旦设定后,系统就按此标定值实行对电枢电流的控制,并按此标定值对系统进行保护。SW2～SW4 的最大设定不能超过控制器的额定电流,如 514C/16 的最大设定值不能超过 16 A。

该系统仅设置一个电流调节器(ACR),它亦采用带限幅电路的 PI 调节器,RP6、RP7 分别为比例系数、积分时间常数调节电位器。ACR 的给定信号是由转速调节器(ASR)提供的,由于 ASR 的输出电压 U_i^* 的极性是可变的,因此要求电流负反馈信号 U_i 的极性也要随着电枢

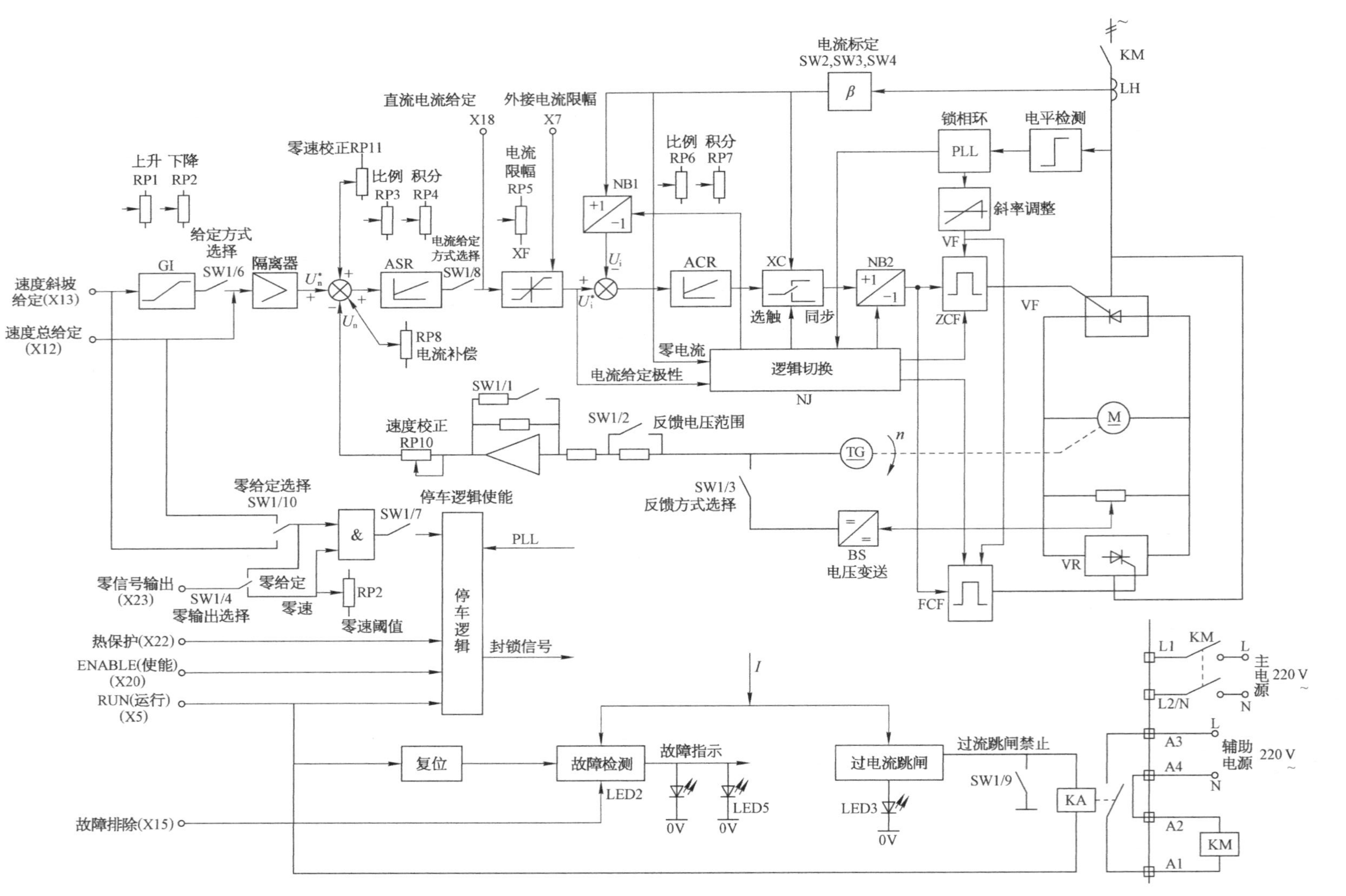

图 5-5 514C 型直流调速系统原理框图

电流的方向可以变化，但系统采用的是交流电流互感器，所取出的电流信号经整流以后得到的电流负反馈信号的极性始终是正极性。为了保证电流环的负反馈性质，必须使电流负反馈信号的极性与 ASR 的输出电压 U_i^* 的极性相反，所以在电流反馈通道上设置了一个变号器 NB1，由逻辑切换装置 NJ 进行控制，在需要时对电流负反馈信号 U_i 的极性进行变号。电流调节器 ACR 的输出经过选触逻辑电路 XC 和变号器 NB2 送往正向组触发电路 ZCF 和反向组触发电路 FCF。选触逻辑电路 XC、变号器 NB2、正向组触发电路和反向组触发电路由逻辑切换装置进行控制。在电动机处于正向电动或反向制动状态时开放正向组晶闸管，封锁反向组晶闸管；而在电动机处于反向电动或正向制动状态时开放反向组晶闸管，封锁正向组晶闸管。逻辑切换装置对正、反二组晶闸管的切换是根据电动机各种运行状态所需的转矩极性，亦即电枢电流的给定极性来进行控制的，所以将转速调节器的输出电压即电流给定信号 U_i^* 作为逻辑切换装置的逻辑切换申请指令。同时，在 U_i^* 的极性改变之后，还须等电枢电流减小为零后才能进行正、反组的切换，因此，零电流信号是逻辑切换装置的逻辑切换许可指令。此外，为了保证切换过程和主电路电压的同步，系统采用锁相环技术，对主电源的电压进行取样、变换、整形后，产生同步信号，送往逻辑切换装置进行同步；同时将此同步信号经自动斜率调整后，送往触发电路进行移相触发控制，产生触发脉冲。

514C 型直流调速系统还设置了停车逻辑、故障检测和过电流跳闸等保护电路，当发生故障后能及时报警并采取保护措施。停车逻辑电路的作用发出封锁信号，将整个控制系统中调节器全部封锁，使系统输出为零，电机停止运行。图 5－5 中，X5 端为运行(RUN)控制端，当 X5 端为高电平(＋24 V)时，内部继电器 KA 得电吸合，接触器 KM 接通，主电路上电；反之，当 X5 端为低电平(0 V)时，发出封锁信号，接触器断开。X20 端为使能(ENABLE)控制端，当 X20 端为高电平(＋24 V)时发出使能信号，当 X20 端为低电平(0 V)时发出封锁信号。X22 端为电动机热保护控制输入端，接入电动机热敏元件，当 X22 端对公共地大于 1 800 Ω，表明电动机过热，发出封锁信号，如未使用电动机热保护时，应将 X22 端对公共地短接，否则系统无法运行。当锁相环 PLL 发生故障时，也将发出封锁信号。因此，要使系统能正常工作，应使锁相环正常工作，热保护 X22 端为低电平，RUN(X5 端)和 ENABLE(X20 端)为高电平。

故障检测电路对电枢电流进行监视，当发生过电流(电枢电流达到限幅值)时，发出故障信号，并点亮“电流限幅”指示灯 LED5；当电枢电流保持或超过限幅值 60 s 后，点亮“故障跳闸”指示灯 LED2。过电流跳闸电路在电枢电流超限且指示灯 LED3 点亮时能自动断开内部继电器 KA 的线圈回路，使 KA 失电跳闸，从而切断电路电源。但若“过流跳闸禁止”开关 SW1/9 为“ON”时，此开关接通 0 V，使过电流跳闸电路不起作用，内部继电器始终得电不会跳闸。此外，当过电流达到 3.5 倍电流标定值以上即发生短路时，“过电流”指示灯 LED3 点亮并且内部继电器瞬时跳闸。

当系统发生故障跳闸或热保护停车后，可通过将 RUN 信号断开，然后重新施加而使故障复位，调速装置将重新起动。当发生短路故障引起“过电流”指示灯 LED3 点亮后，不能通过重新施加 RUN 信号使故障复位，因为这种跳闸可以指示发生了重大故障。在排除短路故障后，可通过将交流辅助电源断开，然后重新接通而使故障复位，但须注意在重新接通交流辅助电源前必须先将 RUN 信号断开。

5.1.2.3　欧陆 514C 系列调速装置有关端子、功能设置开关、电位器等功能说明

514C 系列调速装置的面板和接线端子布置如图 5－6 所示。

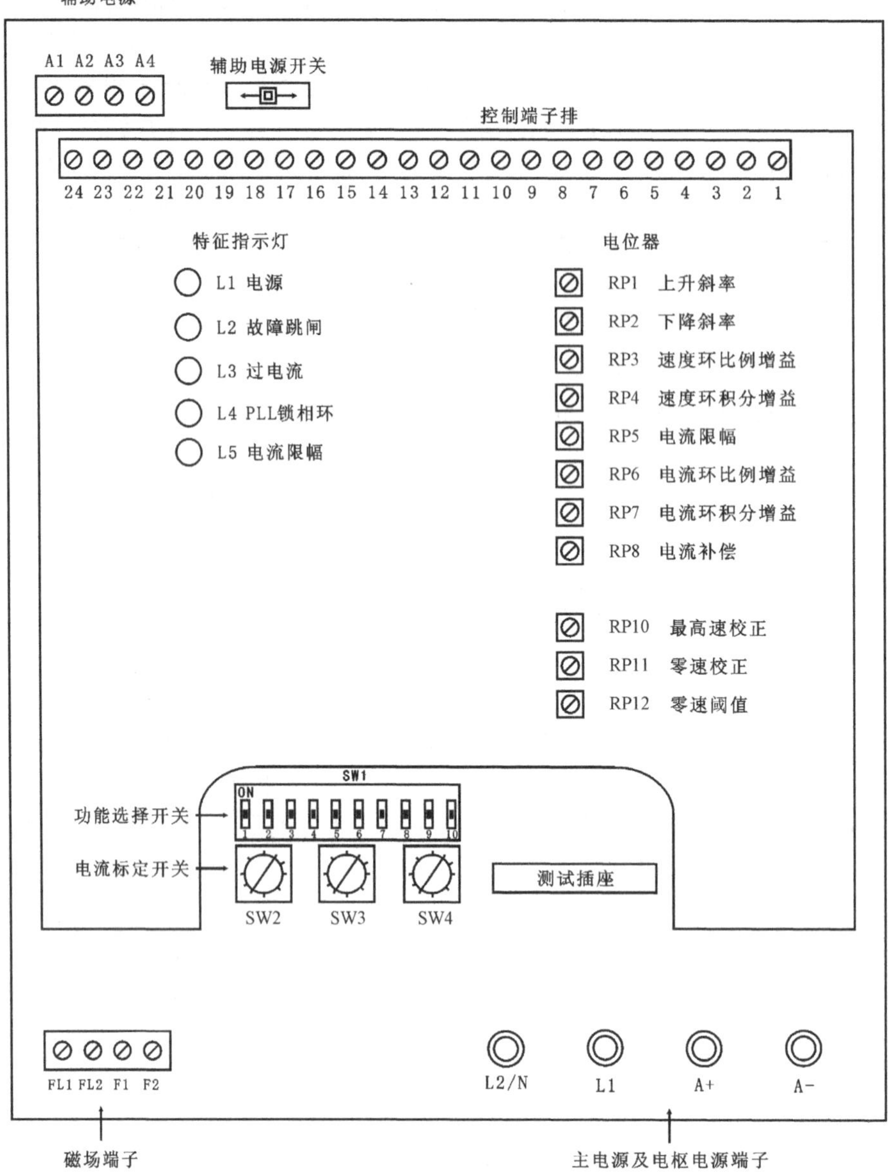

图 5-6 514C 系列调速装置的面板和接线端子布置

1) 514C 系列调速装置电源接线端子的功能

514C 系列调速装置电源接线端子的功能说明见表 5-1。

表 5-1　514C 系列调速装置的电源接线端子功能

端子号	功能说明	端子号	功能说明
L1	接交流主电源输入相线 1	A2	接交流主电路接触器线圈
L2/N	接交流主电源输入相线 2/中线	A3	接交流辅助电源中线
A1	接交流主电路接触器线圈	A4	接交流辅助电源相线

（续表）

端子号	功能说明	端子号	功能说明
FL1	接励磁整流电路交流电源	A－	接电动机电枢负极
FL2	接励磁整流电路交流电源	F＋	接电动机励磁正极
A＋	接电动机电枢正极	F－	接电动机励磁负极

2）514C 系列调速装置控制端子的功能

514C 系列调速装置控制接线端子布置如图 5－6 所示。各控制接线端子功能说明见表 5－2。

表 5－2　514C 系列调速装置的控制接线端子功能

端子号	功能	说　明
X1	测速反馈信号输入端	接测速发电机输入信号，测速发电机最大电压为 350 V
X2	未使用	—
X3	转速测量输出端	模拟量输出，0～±10 V，对应 0～100％转速
X4	未使用	—
X5	运行(RUN)控制端	＋24 V 对应运行，0 V 对应停止运行
X6	电流测量输出	模拟量输出，0～＋7.5 V，对应 0～±150％标定电流 (1) SW1/5＝OFF 电流值双极性输出 (2) SW1/5＝ON 电流值输出
X7	转矩/电流极限输入端	0～＋7.5 V，对应 0～±150％标定电流
X8	0 V 公共端	模拟/数字量公共端
X9	给定积分输出端	0～±10 V，对应 0～±100％斜率值
X10	正极性速度给定输入端	模拟量输入：0～±10 V，对应 0～±100％转速
X11	0 V 公共端	模拟/数字信号公共端
X12	速度总给定输出端	模拟量输出： 0～±10 V，对应 0～±100％转速
X13	速度斜坡给定输入端	模拟量输入 (1) 0～＋10 V，对应 0～100％正转速度 (2) 0～－10 V，对应 0～100％反转速度
X14	＋10 V 参考电压输出端	供转速/电流给定的＋10 V 参考电压
X15	故障排除输入端	故障检测电路复位，输入＋10 V 对应“故障排除”信号
X16	－10 V 参考电压输出端	供转速/电流给定的－10 V 参考电压
X17	负极性速度给定输入端	模拟量输入 (1) 0～＋10 V，对应 0～100％反转速度 (2) 0～－10 V，对应 0～100％正转速度
X18	电流直接给定输入/输出端	模拟量输入/输出 (1) SW1/8＝OFF 对应电流给定输入 (2) SW1/8＝ON 对应电流给定输出 (3) 0～±7.5 V，对应 0～±150％标定电流

（续表）

端子号	功能	说　明
X19	“正常”信号端	＋24 V 对应“正常无故障”
X20	使能(ENABLE)输入端	使能输入，＋10～＋24 V 对应使能，0 V 对应禁用
X21	速度总给定反向输出端	模拟量输出，0～－10 V，对应 0～100%正转速度
X22	电动机热敏电阻/低温传感器(热保护)输入端	热敏电阻或低温传感器 (1) ＜200 Ω(对公共端)为正常 (2) ＞1 800 Ω(对公共端)为过热
X23	零速/零给定输出端	(1) ＋24 V 为停止/零速给定 (2) 0 V 为运行/无零速给定
X24	＋24 V 电源输出端	输出＋24 V 电源(20 mA 仅供控制器使用)

注：X24 端子输出的＋24 V 电源不仅能用于控制器自身，而且被使用于 RUN 电路和 ENABLE 电路。绝对不要用这个＋24 V电源去对任何控制器以外的电路或设备供电，如外部继电器、可编程序控制器或其他任何仪器设备等；否则将导致控制器失灵、故障或损坏，导致所连接的设备损坏，甚至造成人身危险。

3) 514C 系列调速装置的功能设置开关说明

514C 系列调速装置功能设置开关如图 5－6 所示，测速发电机反馈电压范围功能说明见表 5－3、表 5－4。

表 5－3　514C 系列调速装置测速发电机反馈电压范围功能开关设置

SW1/1	SW1/2	反馈电压范围/V	说明
OFF(断开)	ON(接通)	10～25	用电位器 RP10 调整达到最大速度时，所对应的反馈电压数值
ON(接通)	ON(接通)	25～75	
OFF(断开)	OFF(断开)	75～125	
ON(接通)	OFF(断开)	125～325	

注：出厂时开关默认设置为 SW1/1＝OFF，SW1/2＝ON。

表 5－4　514C 系列调速装置测速发电机通用功能设置开关功能

功能开关名称	状态	作用
速度反馈类型选择开关 SW1/3	OFF(断开)	采用测速发电机反馈方式
	ON(接通)	采用电枢电压反馈方式
零输出选择开关 SW1/4	OFF(断开)	零速度输出
	ON(接通)	零给定输出
电流测量输出选择开关 SW1/5	OFF(断开)	双极性输出
	ON(接通)	单极性输出
给定积分隔离选择开关 SW1/6	OFF(断开)	给定积分输出
	ON(接通)	给定积分隔离

(续表)

功能开关名称	状态	作用
停止逻辑使能开关 SW1/7	OFF(断开)	禁止
	ON(接通)	使能
电流给定选择开关 SW1/8	OFF(断开)	X18 端为直接电流给定输入
	ON(接通)	X18 端为电流给定输出
过电流接触器跳闸禁止开关 SW1/9	OFF(断开)	过电流时接触器跳闸
	ON(接通)	过电流时接触器不跳闸
速度给定信号选择开关 SW1/10	OFF(断开)	总给定输入
	ON(接通)	斜坡给定输入

注:出厂时开关默认设置 SW1/3 为 ON、SW1/4 为 OFF、SW1/5 为 OFF、SW1/6 为 OFF、SW1/7 为 OFF、SW1/8 为 OFF、SW1/9 为 OFF 和 SW1/10 为 OFF。

4) 514C 系列调速装置的电位器功能说明

514C 系列调速装置的面板上电位器布置如图 5-6 所示,各电位器功能说明见表 5-5。

表 5-5 514C 系列调速装置面板上电位器功能

电位器名称	功能
上升斜率电位器 RP1	调整上升时间(线性 1~40 s)
下降斜率电位器 RP2	调整下降时间(线性 1~40 s)
速度环比例系数电位器 RP3	调整速度环比例系数
速度环积分系数电位器 RP4	调整速度环积分系数
电流限幅电位器 RP5	调整电流限幅值
电流环比例系数电位器 RP6	调整电流环比例系数
电流环积分系数电位器 RP7	调整电流环积分系数
电流补偿电位器 RP8	在采用电枢电压负反馈时,可调节电流补偿(电流正反馈)值,使转速得到最佳控制,提高精度
RP9	未使用
最高转速调整电位器 RP10	调整电动机最大转速
零速偏移电位器 RP11	零给定时,调节零速
零速检测阈值电位器 RP12	调整零速的检测门坎电平

5) 514C 系列调速装置的面板 LED 上指示灯功能说明

514C 系列调速装置的面板上 LED 指示灯布置如图 5-6 所示,各 LED 指示灯功能说明见表 5-6。

表 5-6　514C 系列调速装置面板上 LED 指示灯功能

指示灯	含义	显示方式	说　明
LED1(HL1)	电源	正常时灯亮	交流辅助电源供电
LED2(HL2)	故障跳闸	故障时灯亮	当电枢电流保持或超过限幅值 60 s,转速环中的速度失控 60 s 后,“故障跳闸”灯亮
LED3(HL3)	过电流	故障时灯亮	电枢电流超过 3.5 倍电流标定值,“过电流”灯亮
LED4(HL4)	锁相	正常时灯亮	锁相环故障时闪烁
LED5(HL5)	电流限幅	故障时灯亮	当电枢电流超过电流限幅值,“电流限幅”灯亮

5.1.3　全数字直流调速系统

5.1.3.1　概述

SIMOREG DC Master 6RA70 系列全数字直流调速装置为三相交流电源直接供电的全数字控制装置,用于可调速直流电动机电枢和励磁供电。单台装置输出额定电枢电流为 15～2 200 A,并可通过并联 SIMOREG 整流装置进行扩展,输出额定电枢电流可达 12 000 A。励磁电路最大可以提供 85 A 的电流(此电流取决于电枢额定电流)。根据不同的应用场合,可选择单象限或四象限调速装置。

全数字直流调速装置的电枢和励磁回路的调节和传动控制功能由两台高效能的微处理器(C163 和 C167)承担,在不变更硬件情况下,在软件中通过参数构成的程序模块可以实现各种调节和传动控制功能。装置具有很强的通信能力,支持 Profibus(过程现场总线)。装置本身带有参数设置单元,不需其他任何附加设备便可完成参数的设置。根据不同的应用场合,给定值和反馈值可选择为数字量或模拟量。

6RA70 系列调速装置的特点是体积小、结构紧凑。该装置的门内装有一个电子箱,箱内装入调节板,还可装用于技术扩展和串行接口的附加板。所有装置在门内都配备一个简易操作面板(PMU)。PMU 的 5 个七段数码管和 3 个发光二极管用于状态显示,3 个按键用于参数设置。此外,PMU 还有 X300 插头,此插头带有 RS-232 或 RS-485 标准的 USS(通用串行接口协议)接口。借助 PMU 可以完成运行要求的所有参数的设置和调整,以及实测值的显示。除了简易操作面板外,还可采用舒适型操作控制面板(OPIS)。OPIS 提供一个 4×16 字符的 LCD(液晶显示器)以简单文字显示参数名称,可以选择德语、英语、法语、西班牙语和意大利语作为显示语种。为了方便下载参数到其他装置,OPIS 可以存储参数组。

通过基本单元上的串行接口和适当的软件,标准的计算机也可以对调速装置进行参数设置。这个计算机接口可用在启动、停机维护和运行诊断过程中。

6RA70 系列全数字直流调速装置(3AC400 V,15～125 A,4Q)的技术规格见表 5-7。

表 5-7　6RA70 系列全数字直流调速装置(3AC400 V,15～125 A,4Q)的技术规格

订货号	6RA70□□-6DV62				
	13	18	25	28	31
电枢额定电压/V	3AC 400(−20%～+15%)				
电枢额定输入电流/A	13	25	50	75	104

(续表)

电子电路电源额定供电电压/V	2AC 380(−25%)～460(+15%)，I_a=1 A 或 1AC 190(−25%)～230(+15%)，I_a=2 A (−35%,1 min)				
励磁额定电压/V	2AC 400(−20%～+10%)				
额定频率/Hz	45～65				
额定直流电压/V	420				
额定直流电流/A	15	30	60	90	125
过载能力	最大为额定电流的 180%				
额定输出/kW	6.3	12.6	25	38	52.5
额定直流电流下的功耗(约)/W	117	163	240	312	400
励磁额定直流电压/V	最大 325				
励磁额定直流电流/A	3	5	10		
运行环境温度/℃	0～45 自冷				
存储和运输温度/℃	−25～+70				
安装海拔/m	额定直流电流下≤1 000				
控制精度	Än 为 0.006%的电动机额定转速，是对于脉冲编码器和数字给定而言 Än 为 0.1%的电动机额定转速，是对于模拟测速发电机和模拟给定而言				
环境等级 DIN IEC721-3-3	3K3				
防护等级 DIN 40050：IEC 144	IP00				
外形尺寸($H×W×D$)/mm	385×265×239		385×265×283		
质量(约)/kg	11	11	14	14	16

5.1.3.2　6RA70 系列全数字直流调速装置的组成

6RA70 系列全数字直流调速装置的接线框图如图 5-7 所示。该图为其产品原图。

1) 晶闸管整流器功率部分

6RA70 系列直流调速装置的功率部分由电枢主电路和励磁主电路组成。电枢主电路单象限工作装置的电枢回路晶闸管整流器为一组三相桥式全控整流电路，四象限工作装置的电枢回路晶闸管整流器为两组三相桥式全控整流电路组成的无环流反并联可逆电路。励磁回路晶闸管整流器采用单相半控桥式整流电路。额定电流 15～850 A(在 400 V 电源电压时 1 200 A)的整流器，电枢和励磁回路的功率单元采用独立晶闸管模块结构，其散热器是绝缘的。对高于上述额定电流的整流器，电枢回路的功率单元为平板式晶闸管和散热器组成的晶闸管组件，其外部是带电的。额定电流≤125 A 的装置为自然风冷，额定电流≥210 A 的装置为强迫风冷(风机)。

2) 控制系统

6RA70 系列全数字直流调速装置采用两台高效能的微处理器及其附加电路组成数字控

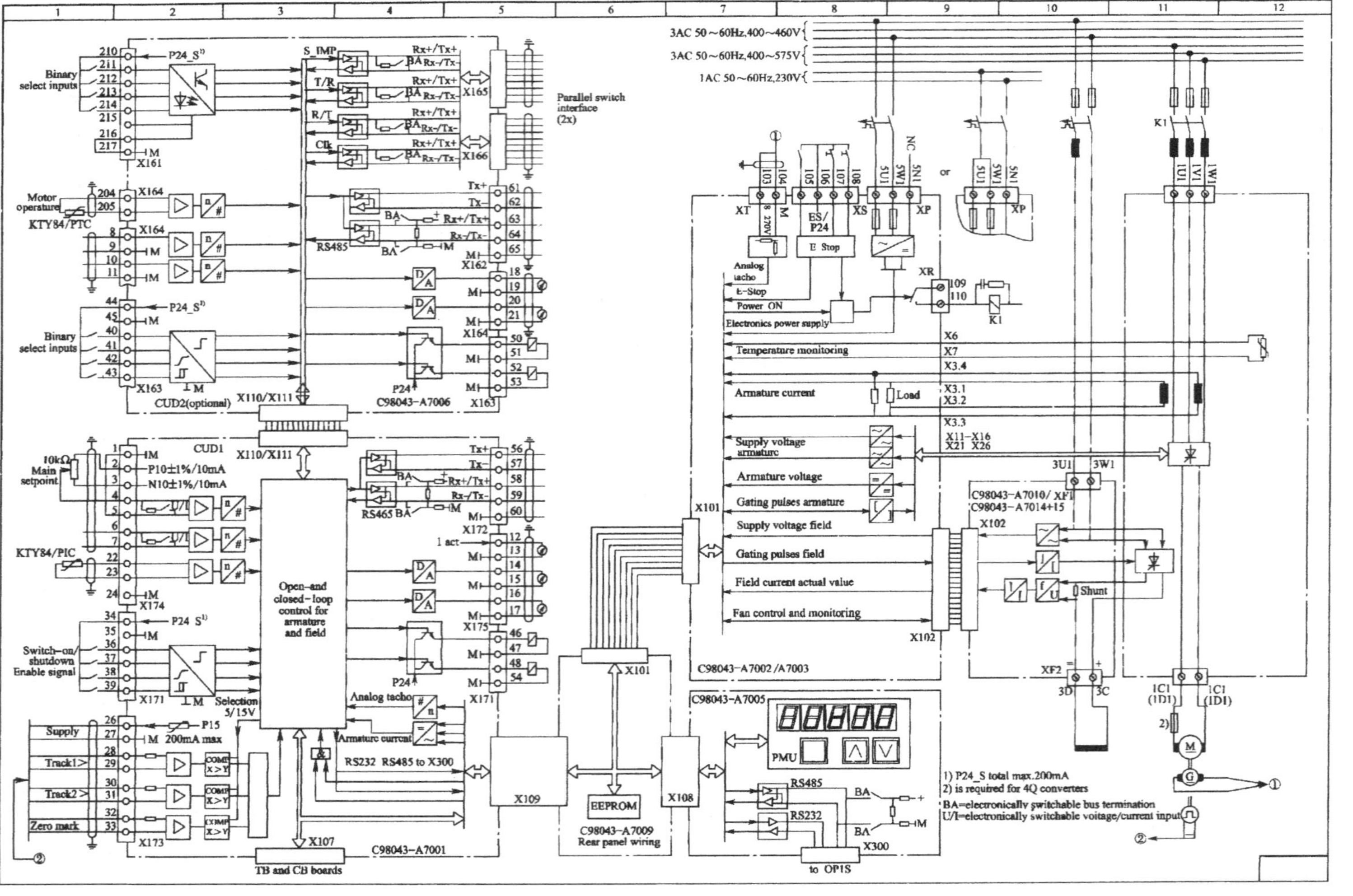

图5-7　6RA70系列全数字直流调速装置的接线框图

制系统，用以完成系统的自动调节控制、逻辑操作、故障诊断、运行状态和故障显示等各种功能，并且这些功能可在软件中通过参数构成的程序块实现，因而应用灵活，可以组成各种不同功能控制系统。从直流调速系统控制原理来说，基本的结构是以电流环为内环、转速环为外环的转速电流双闭环调速系统。对于四象限工作的装置来说，其控制方式为逻辑无环流可逆调速系统。

6RA70 系列直流调速装置还具有高速弱磁控制功能，励磁回路控制系统由反电势调节器、励磁电流调速器和触发器等单元组成。6RA70 系列直流调速装置控制系统中电枢回路主要有以下调节功能：

(1) 转速给定值。转速给定值和附加给定值的给定源可通过参数设置自由选择。

① 模拟量给定。具体可以是 0～±10 V 电压给定，或者是 0～±20 mA(一般是 4～20 mA)电流给定。

② 通过内装的电动电位计给定。

③ 通过具有固定给定值、点动、爬行功能的开关量连接器给定。

④ 通过装置的串行接口给定。

⑤ 通过附加板给定。

一般情况下 100%给定值(主给定值和附加给定值之和)对应电动机最大转速。给定值可由参数设置或连接器限制其最大值和最小值。

(2) 转速实际值。转速实际值可通过参数设置自由选择下面几种方式：

① 模拟测速发电机方式。测速发电机对应最大转速的输出电压允许在 8～270 V。

② 脉冲编码器方式。脉冲编码器的类型、每转的脉冲数和最大转速由参数设置。测速脉冲的最高频率为 300 kHz。

③ 反电势控制方式。反电势控制不需要测速装置，仅须测量 SIMOREG 的输出电压，测出的电枢电压经电动机内阻压降补偿处理($I \times R$ 补偿)。补偿量的大小在电流调节器优化过程中自动确定。这种工作方式适用于调速精度要求不太高，且电动机工作于基速以下的应用场合。

④ 自由选择转速实际值信号。在这种工作方式下，可任选一个连接器编号作为转速实际值信号。

(3) 斜坡函数发生器。斜坡函数发生器基本功能相当于给定积分器，将阶跃变化的给定值输入变为随时间连续变化的给定值，加速时间、减速时间等均可通过参数分别设置。

(4) 转速调节器。在带有电流内环的转速调节系统时，转速调节器比较转速给定值与转速实际值(反馈值)，依据它们之间的差值输出相应的电流给定值送电流调节器。转速调节器是带有可选择 D 部分的 PI 调节器。调节器的参数可分别设置。

(5) 转矩限幅器与电流限幅器。通过有关参数设置，转速调节器的输出可为转矩(或电流)给定值。当处于转矩控制时，速度调节器输出为转矩给定，转速调节器的输出用磁通 ϕ 计算后，作为电流给定值进入电流限幅器。转矩控制模式主要用于弱磁情况下，以使最大转矩限幅与转速无关。可以通过参数分别设置正、负转矩极限。经转矩限幅器之后的电流限幅器用来保护晶闸管整流装置和电动机。可以通过参数分别设置电流限幅器的正、负电流极限值(设置最大电动机电流)。

(6) 电流调节器和预控制器。电流实际值通过三相交流侧的电流互感器检测，经负载电阻、整流，再经模拟/数字变换后输送至电流调节器。电流限幅器的输出为电流给定值，电流调节器比较电流给定值和电流反馈值，依据它们之间的差值输出相应的电压至触发器，同时作用于触发器的还有预控制器。电流调节器是具有相互独立设置的P放大器和积分时间的PI调节器。电流调节器根据应用需要可以设置为P调节器或I调节器。PI调节器的P、I等参数可分别设置。

电流调节回路的预控制器用于调节系统的动态响应,用来确保在电流连续、断续工作状态或转矩改变符号时,所要求的控制角能够快速变化,预控制和电流给定值与电动机的反电势有关。

(7) 触发器。触发器能形成与电源电压同步的功率部分晶闸管的触发脉冲,同步信号取自功率部分。触发脉冲的控制角由电流调节器和预控制器的输出值决定,可以通过参数设置控制角极限。在45～65 Hz频率范围内,触发器自动适应电源频率。

5.1.3.3　6RA70系列全数字直流调速装置端子功能与接线

6RA70系列全数字直流调速装置原理接线图如图5-7所示。根据端子功能可分为电枢回路、励磁回路、冷却风机回路、控制电源回路及控制和调节回路五部分。

1) 电枢回路端子功能与接线

(1) 电枢回路交流电源输入端。1U1、1V1、1W1三相交流电源电压根据装置规格型号不同而有所不同。

(2) 电枢回路直流输出端。1C1、1D1接直流电动机电枢回路,电枢回路额定直流输出电压根据装置规格不同而有所不同。

2) 励磁回路端子功能与接线

(1) 励磁回路交流电源输入端。3U1、3W1励磁回路额定交流电源电压为2AC400 V。

(2) 励磁回路直流输出端。3C、3D接直流电动机励磁回路,励磁回路最大直流输出电压为325 V。

3) 冷却风机回路端子功能与接线(对于强迫风冷整流器)

(1) 进线电压400 V,采用4U1、4V1、4W1、3AC400 V。

(2) 进线电压230 V,采用4U1、4N1、1AC230 V。

4) 控制电源回路端子功能与接线

(1) 进线电压400 V,采用5U1和5W1,2AC380 V。

(2) 进线电压230 V,采用5U1和5W1端子连接5N1,1AC230 V。

5) 控制和调节回路端子功能与接线

(1) 给定值输入、模拟量输入、基准电压端子。

① 基准电压端子。1端为参考点M、2端为P10(+10 V)、3端N10(-10 V)。

② 主给定值输入端。4端为主给定值“+”端,5端为主给定值“-”端。

③ 可设置的模拟量输入端。6端～7端、8端～9端、10端～11端分别为可设置模拟量输入1、2、3的输入端。其中6端为模拟量1输入“+”端,7端为模拟量1输入“—”端。9端、11端为AGND。

(2) 模拟测速发电机输入端。103端～104端分别为模拟测速发电机输入端,输入电压为8～270 V,其中104端为模拟测速发电机AGND。

(3) 脉冲编码器输入端。26端为直流电源(+13.7～+15.2 V),27端为脉冲编码器GND,28端～29端、30端～31端、32端～32端分别为通道1、通道2、零标志输入端,其中28端、30端、32端为“+”端,29端、31端、33端为“-”端。

(4) 模拟量输出端。

① 电流实际值模拟量输出端。12端～13端,其中13端为AGND。0～±10 V对应0～

±200%额定电流，最大负载 2 mA。

② 可设置的模拟量输出端。14 端～15 端、16 端～17 端、18 端～19 端，20 端～21 端分别为模拟量 CH1～CH4 通道输出端。其中 15 端、17 端、19 端、21 端为 AGND。0～±10 V，最大负载 2 mA。

(5) 开关量输入端。

① 34 端(44 端、210 端)为直流 DC24 V 电源，35 端(45 端、215 端、216 端、217 端)为 GND。

② 37 端为电源的接通/断开控制端，高电平信号时接通，低电平信号时断开。

③ 38 端为运行使能控制端，高电平信号时调节器使能，低电平信号时调节器禁止。

④ 36 端～43 端分别为可设置开关量输入端 1 端～6 端的输入端。

⑤ 211 端～214 端为开关量输入端。

(6) 开关量输出端。

① 可设置开关量输出端。46 端与 47 端、48 端与 54 端、50 端与 51 端、52 端与 53 端分别为可设置开关量输出端 1 端～4 端的输出端，其中 47 端、54 端、51 端、53 端为 GND。

② 开关量输出端。109 端与 110 端为控制主回路进线接触器用继电器的常开触点。

(7) 安全停车(E-Stop)控制端。106 端、105 端、107 端、108 端是安全停车控制端，其中 106 端是安全停车用 DC24 V 电源输出端。

(8) 温度传感器输入端。22 端与 23 端，204 端与 205 端为电动机温度传感器输入端，其中 23 端、205 端为"－"端。

5.1.3.4 操作控制面板

6RA70 系列直流调速装置运行前，要根据工艺要求对参数进行设置。该装置参数的设置可通过装置的参数设置单元进行。装置的参数设置单元可分为两种：一种为简易操作面板(PMU)，在 6RA70 系列装置都已配备；另一种为舒适型操作面板(OPIS)。OPIS 比 PMU 功能强，作为选件供选择使用。

现以简易操作面板为例加以说明。简易操作面板由 5 个七段数码显示管、3 个发光二极管(LED)和下面 3 个按键组成，如图 5－8 所示。

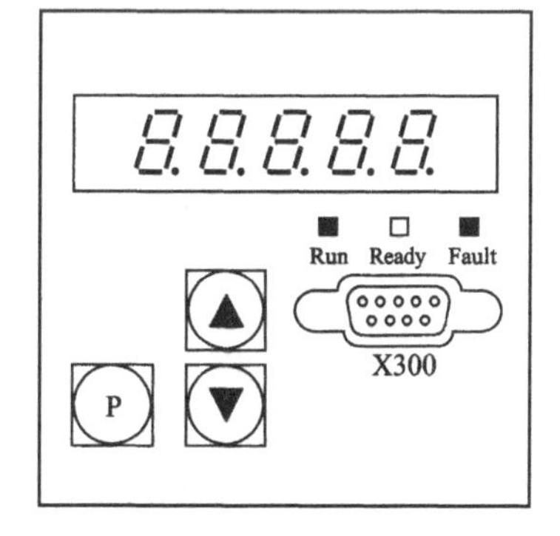

图 5－8 简易操作面板

1) 按键的功能

(1) P 键(切换键)。用于参数编号和参数值显示之间的转换。在变址参数时，完成参数号(参数方式)、参数值(数值方式)和变址号(变址方式)之间的转换。还用于应答现有故障信息，P 键和上升键将故障和报警信息切换背景，P 键和下降键将故障和报警信息从背景切换 PMU 的前景显示板上。

(2) 上升键(▲)。在参数方式时，按此键可选择一个更高的参数号，当已显示最高的参数号时，再次按下此键，将返回参数区域的另一端(即最大编号与最小编号相邻)。在数值方式时，按此键可增加所设置参数的数值。在变址方式时，按此键可增加变址值(只对变址参数)。如果同时按下上升键与下降键，可加速一个调整过程。

(3) 下降键(▼)。在参数方式时，选按此键可选择一个较低的参数号，当已显示最低的参数号时，再次按下此键，将返回参数区域的另一端(即最小编号与最大编号相邻)。在数值方式时，按此键可减小所设置参数的数值。在变址方式时，按此键可减小变址值(只对变址参数)。

2）发光二极管的功能

（1）准备(Ready,黄色)。准备运行。在"等待允许运行"状态亮。

（2）运行(Run,绿色)。在"允许运行"状态亮。

（3）故障(Fault,红色)。在"出现故障信号"状态亮,在"报警信号"状态闪亮。

3）7段数码显示管的功能

5个七段数码管用清晰的形式显示被显示量。

5.1.3.5 6RA70系列全数字直流调速装置参数设置与运行

启动该系统的基本操作步骤如下：

1）选取访问授权参数

例如,用参数P051设置,装置的参数只能在参数P051设置的授权修改范围内参数,如P051=40,参数可以改变。又如,用参数P052来选择要显示参数,如P052=3,可显示所有参数。

2）调整整流器的额定电流

（1）整流器额定电枢直流电流可通过设置参数P076.001(百分数)来调整。

（2）整流器额定励磁直流电流可通过设置参数P076.002(百分数)来调整。

3）调整实际整流器的供电电压

（1）电枢回路供电电压用参数P078.001(单位为V)来设置。

（2）励磁回路供电电压用参数P078.002(单位为V)来设置。

4）输入直流电动机的数据

根据电动机铭牌数据输入下列有关参数,如P100为电枢额定电流(A)、P101为电枢额定电压(V)、P102为励磁额定电流(A)、P114为电动机热时间常数(min)等。

5）选择实际速度检测数据

（1）使用模拟测速发电机。参数P083=1时,速度实际值由"主实际值"通道提供。模拟测速发电机输出接在103端与104端上。用参数P741设置最高转速时,测速发电机输出电压为−270～+270 V。

（2）使用脉冲编码器。参数P083=2时,速度实际值由脉冲编码器提供。用参数P140选择脉冲编码器类型,用参数P141设置脉冲编码器的脉冲数(脉冲数/r),用参数P142设置脉冲编码器的信号电压,用参数P143设置脉冲编码器的最大运行速度(r/min)。

（3）无测速发电机运行(EMF控制,电动势控制)。参数P083=3时,速度实际值由"EMF实际值"通道提供。用参数P115设置最高转速时的EMF。

6）选择有关励磁数据

（1）励磁减弱。用参数P081选择。如P081=0时,无弱磁功能。

（2）励磁控制。用参数P082选择。如P082=1时,励磁回路与主回路接触器一起接通,即主回路接触器接通/断开时,励磁脉冲使能/禁止。如P082=2时,在达到运行状态07或更高时,在P258参数化的延时到达后,由P257设置的停机励磁自动接入。

7）基本工艺功能的选择

（1）电流限幅。用参数P171、P172分别设置转矩方向Ⅰ、转矩方向Ⅱ的电机电流限幅值(为P100的百分数)。

（2）转矩限幅。用参数P180、P181分别设置转矩方向Ⅰ、转矩方向Ⅱ的转矩限幅值(为电动机额定转矩的百分数)。

8）斜坡函数发生器

用参数P303、P304、P305、P306等分别设置加速时间、减速时间、下过渡圆弧和上过渡圆弧等(单位为 s)。

9) 系统最优化运行

用参数 P051 选择优化运行。如 P051＝25 时,为电枢、励磁预馈控制和电流调节器的优化(持续时间约 40 s),相关参数自动地被设置;如 P051＝26 时,为转速调节器的优化运行(持续时间大约 6 s),相关参数自动地被设置。

10) 最高转速的校准和可能的精密调整

在优化运行已经执行后,进行最高转速的校准工作。优化运行不能对每种应用提供最优结果,在某些情况下需要手动再优化。

11) 系统试运行

5.2 实训内容

5.2.1 实训设备

(1) 514C 直流可逆调速系统装置。

(2) 直流电动机-发电机组:Z400/20 - 220,$P_{N}=400$ W,$U_{N}=220$ V,$I_{N}=3.5$ A,$n_{N}=$ 2 000 r/min,测速发电机:55 V、2 000 r/min。

(3) 专用连接电线若干根。

(4) 万用表。

5.2.2 工作任务

根据下面逻辑无环流可逆直流调速系统控制要求以及调试运行测量所用的给定电压表和测速发电机两端电压表,画出逻辑无环流可逆直流调速系统接线图,并在实训装置上完成系统接线。根据系统控制要求进行通电调试,调整直流调速系统相关参数,使直流调速系统达到控制要求和稳定运行,然后进行直流调速系统特性曲线测量与绘制。根据故障现象,对逻辑无环流可逆直流调速系统进行故障分析及排除。

1) 逻辑无环流可逆直流调速系统控制要求

(1) 逻辑无环流可逆直流调速系统采用外接的直流测速发电机组成转速负反馈直流调速系统。

(2) 系统主电路设有自动空气断路器和熔断器保护。

(3) 可逆直流调速系统设有电动机的电枢电流表、电枢电压表、励磁电流表和转速表以监视系统运行状况。

(4) 系统分别设有正向和反向转速给定电位器,要求正向和反向转速给定电压 U_{n}^{*} 为 0～±8 V 时,电动机的转速为 0～±1 200 r/min。系统还设有外接电流限幅调节电位器。

(5) 系统采用电动机-发电机组和可变电阻箱作为负载。

2) 画出直流可逆调速系统接线图

根据上述控制要求和调试运行测量所用的给定电压表和测速发电机两端电压表画出直流可逆调速系统接线图,标明各设备元件名称与编号,并在实训装置上完成系统接线。

3) 通电调试

根据上述控制要求,进行通电调试,调整直流调速系统相关参数,使直流调速系统达到上述控制要求和稳定运行。

4) 测量与绘制直流调速系统特性曲线

(1) 调节特性曲线测量与绘制。改变转速给定电压 U_{n}^{*},测量电动机转速 n 和测速发电机

两端电压 U_{Tn}，并将实测的给定电压 U_n^*、转速 n 和测速发电机两端电压 U_{Tn} 值填入表中并绘制调节特性曲线 $n=f(U_n^*)$

(2) 静特性曲线测量与绘制。具体测量与绘制经过该点($I_d=-0.8$ A、$n=-900$ r/min)的静特性曲线 $n=f(I_d)$。将实测的电动机电枢电流 I_d、电枢电压 U_d、转速 n 和测速发电机两端电压 U_{Tn} 值填入表中并绘制静特性曲线 $n=f(I_d)$

5) 排除故障

根据故障现象，分析故障原因并排除故障。

5.2.3 实训步骤

1) 画出逻辑无环流可逆直流调速系统接线图

根据控制要求画出逻辑无环流可逆直流调速系统接线图，如图 5-9 所示。

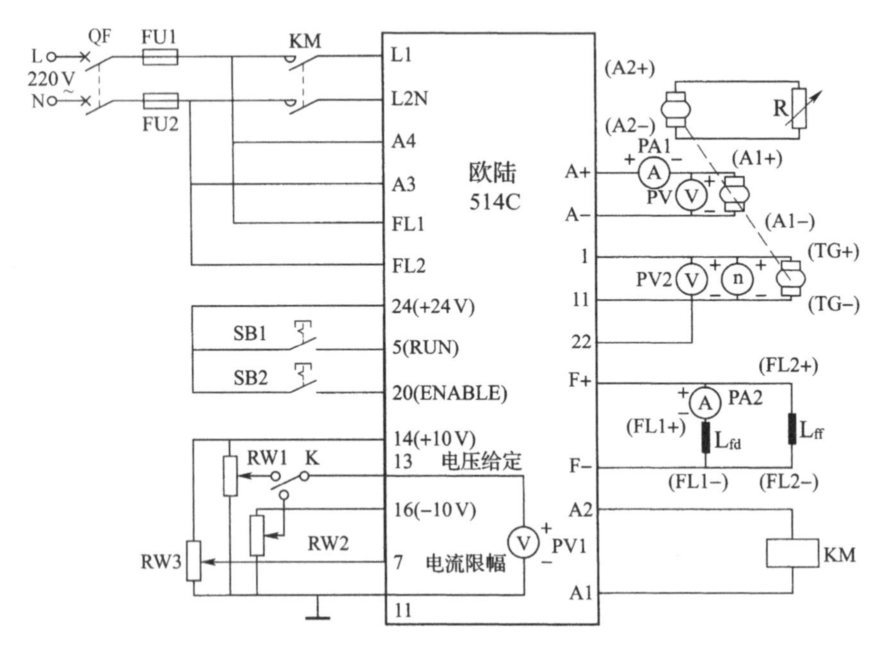

图 5-9 逻辑无环流可逆直流调速系统接线图

图 5-9 中，电动机-发电机组和可变电阻箱作为负载，电枢电流表、电枢电压表、励磁电流表和转速表用以监视调速系统运行状况。

2) 接线

根据如图 5-9 所示的逻辑无环流可逆直流调速系统接线图，在 514C 直流可逆调速系统装置上完成接线。

3) 通电调试与运行

通电调试前，应将可变电阻箱 R 调为最大值，使 R 全部串入电路，将运行(RUN)控制端 X5 按钮(合闸运行按钮 SB1)和使能(ENABLE)控制端 X20 按钮(使能按钮 SB2)断开，调节电流补偿电位器 RP8 使电流补偿作用为零。合上自动空气断路器 QF，接通 220 V 交流电源。分别调节正向转速给定电位器 RW1、反向转速给定电位器 RW2 和正、反向转速给定切换开关 K，使转速给定电压 U_n^* (X13 端对 X11 端)为 0 V，再将正、反向转速给定切换开关 K 切换到正向。再调节外接电流限幅电位器 RW3 使 X7 端对 X11 端为 +7.5 V。按下运行(RUN)控制端 X5 按钮(合闸运行按钮 SB1)，使 X5 端处于高电平 +24 V，接触器 KM 接通，主电路得电，然后按下使能(ENABLE)控制端 X20 按钮(使能按钮 SB2),使 X20 端处于高电平+24 V,系统使能,系统封锁解除。当正向转速给定电位器 RW1 的转速给定电压 U_n^* 为 0 V 时,如电动机转速不为零,则调节零速偏移电位器 RP11 使电动机转速为零。然后调节正向转速给定电位器 RW1,使转速给定电压 U_n^* 逐渐增加到所要求的最大给定电压值(如+8 V),电动机则随之升速,根据控制要求,调节最高转速调整电位器 RP10 使电动机最高转速为所要求的值(如 1 200 r/min)。根据直流调速系统运行情况分别调节速度环比例系数电位器 RP3 和速度环积分系数电位器 RP4,以调节转速调节器的 PI 参数,调节电流环比例系数电位器 RP6 和电流环积分系数电位器 RP7,以调节电流调节器的 PI 参数,使直流调速系统稳定运行。然后将正、反向转速给定切换开关 K 转向反向,调节反向转速给定电位器 RW2 使转速给定电压 U_n^* 从零到负值(如 0～−8 V)变化,电动机将从正转到反转(如+1 200～−1 200 r/min)运行。

在通电调试过程中必须时刻观察电枢电流表 PA1、电枢电压表 PV、励磁电流表 PA2 和转速表 n 以监视系统运行状况,如有不正常现象应立即采取相应措施并加以解决,否则将可能造成事故,危及人身和设备安全。

4) 系统特性测试与绘制

(1) 调节特性曲线测试与绘制。改变转速给定电压 U_n^*(由正给定电压到负给定电压变化),测量电动机转速 n 和测速发电机两端电压 U_{Tn},并将实测的转速给定电压 U_n^*、转速 n 和测速发电机两端电压 U_{Tn} 值填入表 5-8,并绘制调节特性曲线 $n=f(U_n^*)$。

表 5-8 测量结果记录(一)

n/(r/min)							
U_n^*/V							
U_{Tn}/V							

(2) 静特性曲线测试与绘制。发电机先空载,调节转速给定电压 U_n^* 使电动机转速 n 为所要求的转速(如 $n=-900$ r/min)时,接入发电机负载可变电阻 R,逐渐改变负载可变电阻 R(即改变电动机负载),将实测的电动机电枢电流 I_d、电枢电压 U_d、转速 n 和测速发电机两端电压 U_{Tn} 值填入表 5-9,并绘制静特性曲线 $n=f(I_d)$。

表 5-9 测量结果记录(二)

I_d/A						
U_d/V						
n/(r/min)						
U_{Tn}/V						

5) 用双踪慢扫描示波器观察并记录系统的动态特性

(1) 突加转速给定电压启动时,电动机电枢电流 i_d 动态波形和转速 n 动态波形,即 $I_d=f(t)$、$n=f(t)$的动态波形。

(2) 正向启动-正向停车,反向启动-反向停车,正向启动-反向运行,反向启动-正向运行时的 $I_d=f(t)$、$n=f(t)$的动态波形。

(3) 当电动机稳定运行时,突加负载时电动机电枢电流 i_d 动态波形和转速 n 动态波形,即 $I_d = f(t)$、$n = f(t)$ 的动态波形。

(4) 当电动机稳定运行时,突减负载时电动机电枢电流 i_d 动态波形和转速 n 动态波形,即 $I_d = f(t)$、$n = f(t)$ 的动态波形。

上述 $I_d = f(t)$、$n = f(t)$ 的动态波形可在转速调节器、电流调节器不同的 P、I 参数情况下观察。

6) 系统故障分析与处理

在 514C 直流调速系统实训装置中,人为设置一个故障点,根据故障现象,分析故障原因,找出具体故障点并进行处理,使直流调速系统正常运行。

7) 技能操作实训注意事项

(1) 接线完成后,必须认真检查接线,只有接线正确并经过指导老师许可后,才能进行通电调试。

(2) 在通电调试过程中,应观察电枢电流表、电枢电压表、励磁电流表和转速表以监视系统运行状况。如有不正常现象,应立即采取相应措施并加以解决,否则将可能造成事故。

(3) 技能操作实训中必须用电安全,杜绝产生人身和设备安全事故。

模块 6

交流传动系统设计装调维修实训

实训要求

通过本模块的学习，要求学生掌握交流调速系统的工作原理及分析，熟悉交流电动机调速的方法；掌握通用变频器的类型、标准规格及其外围设备的选择，掌握全数字式通用变频器应用的设计、安装、参数设定、调试及测量分析。

6.1 基础知识

6.1.1 交流传动系统

交流传动系统主要由变频器作为执行机构，去控制交流异步电动机的变频调速。下面对通用变频器的组成、性能、规格及主电路外围设备配置等做一简单介绍。

6.1.1.1 通用变频器的组成及主要单元功能

通用变频器的基本组成如图 6-1 所示。由图可知，它是交-直-交电压型变频器，其主电路由整流电路、中间直流滤波电路、逆变电路和制动电路等组成。

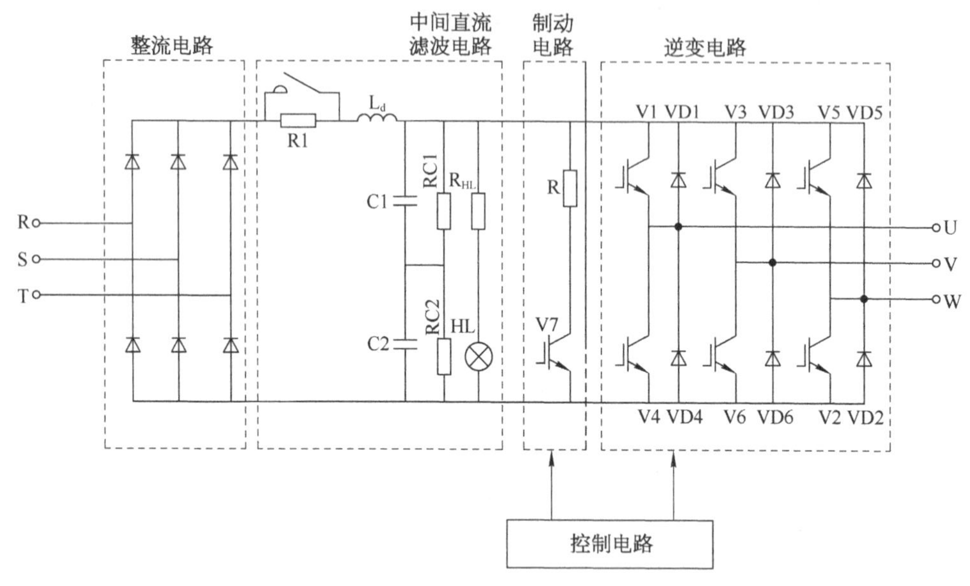

图 6-1 通用变频器的基本组成

(1) 整流电路。整流电路的作用是把交流电压变为直流电压。其电路形式随变频器的容量大小不同而异。大部分变频器一般都采用三相 380 V 交流电源，其整流电路采用二极管三相桥式不可控整流电路。小容量变频器采用单相 220 V 交流电源，其整流电路采用二极管单相桥式不可控整流电路。

(2) 中间直流滤波电路。中间直流滤波电路采用大电容 C1、C2 滤波，RC1、RC2 为均压电阻，其作用使两组电容器组 C1 和 C2 承受电压相等。当电容器在刚接通电路时，可能会产生一个很大的冲击电流，为了限制冲击电流，在整流电路和滤波电路之间接入一个限流电阻 R1。为了减小电网交流侧高次谐波，使输入电流连续，并提高变频器的功率因数，常采用在中间直流滤波电路中串接直流电抗器 L_d。中间直流滤波电路还设有直流电压指示环节，如图中的 R_{HL} 和 HL。

(3) 逆变电路。逆变电路采用 SPWM 逆变电路，其功能把直流电转换成频率、电压可调的三相交流电。目前中小容量的通用变频器中，SPWM 逆变电路中的功率开关器件一般都采用 IGBT，它由六只 IGBT 组成三相挢式结构，每个桥臂上反并联了反馈二极管。IGBT 器件需要有自己特有驱动电路、保护电路和缓冲电路。

(4) 制动电路。图 6-1 中的制动电路为能耗制动电路，它由 V7 和能耗制动电阻 *R* 组成。能耗制动电路采用斩波方式，用功率开关器件 V7 控制能耗制动电阻接通与断开，当中间直流电路电压上升到电压上限时，功率开关器件 V7 导通，接通能耗制动电阻，将再生回馈电能转换为热能消耗掉，当中间直流电路电压下降到电压下限时，功率开关器件 V7 断开，切断能耗制动电阻。能耗制动电路简单、经济，但能源利用率低。在再生回馈能量大的情况下可采用能量回馈制动电路，将中间直流电路再生回馈能量回馈电网。这种能量回馈制动电路能源利用率高，但电路复杂、价格贵。

通用变频器控制电路的主要任务是要完成控制脉宽调制的触发，控制频率、电压协调关系，输入输出信号处理，通信处理及检测等功能。目前通用变频器都是采用数字式控制，微处理器(CPU)是控制电路的核心器件，它通过输入接口和通信接口取得外部控制信号，通过检测电路取得电压、电流等运行状态参数，根据设置的运行要求产生输出逆变器等所需要的各种驱动信号。这些信号是受外部指令决定的，有频率给定、频率上升下降速率、外部通断控制及变频器侧内部各种各样的保护和反馈信号的综合控制等。微处理器的控制程序存储在存储器中，用户可通过参数设置改变所需要的控制程序，达到变频器的控制运行要求。

6.1.1.2 通用变频器的性能规格

在使用通用变频器时，必须要了解与熟悉通用变频器的性能规格。生产通用变频器厂家会提供各种类型变频器的产品样本及使用说明书，介绍变频器的系列型号、特长及变频器性能规格和功能。

通用变频器的性能规格主要有输入侧(电源侧)和输出侧等的额定数据。下面对变频器的额定数据加以说明。

1) 输入侧(电源侧)的额定数据

变频器对输入侧(电源侧)的要求主要有额定电压、额定频率、电压与频率允许波动范围等三个方面。

(1) 额定电压。通用变频器大部分都采用三相 380 V 交流电源，亦有部分小容量通用变频器采用单相 220 V 交流电源。

(2) 额定频率。50 Hz 或 60 Hz。

(3) 电压与频率允许波动范围。指输入交流电源电压幅值和频率的允许波动范围。一般电压允许波动范围为额定电压的±10%，而频率波动范围一般允许为额定频率的±5%。

2) 输出侧的额定数据

变频器输出侧的额定数据主要有最大适配电动机的容量(kW)、额定容量(kV·A)、额定输出电流(A)、过载能力、输出电压及输出频率等。

(1) 最大适配电动机的容量。最大适配电动机的容量是指变频器允许配用的最大电动机的容量。应该注意，这种表达方式是有条件的，这个容量一般是以 4 极标准异步电动机为对象，是针对一种特定电动机而标出，可视为一种参考值。因此在驱动 6 极以上电动机及特殊电动机时就不能单单依据此项指标选择变频器。

(2) 额定容量。额定容量一般是指变频器在额定输出电压和额定输出电流下的三相视在功率输出。由于变频器的额定容量与额定输出电压有关，因此，变频器的额定容量不能确切表达变频器的负载能力，只能作为变频器的负载能力的一种辅助参考值。

(3) 额定输出电流。额定输出电流为输出线电流，这是反映变频器容量的最关键的参数，是变频器中功率开关器件所能承受的电流耐量，是反映变频器负载能力的最关键的参数，是用户选择变频器的主要依据。

由以上分析可知，选择变频器时，只有额定输出电流是反映变频器负载能力的最关键的参数，是用户选择变频器的主要依据。选择变频器时主要采用额定输出电流这个参数，要考虑变频器的额定输出电流是否满足电动机的运行要求，负载总电流不能超过变频器的额定输出电流。

(4) 过载能力。变频器的过载能力是以过电流与变频器额定电流之比的百分数(%)表示。各种通用变频器的过载能力不完全相同,有的通用变频器的过载能力为150%额定电流、60 s,有的通用变频器的过载能力为120%额定电流、60 s。变频器的过载能力与异步电动机的过载能力相比较,通用变频器的过载能力小,允许过载时间短,在通用变频器应用时必须注意。

(5) 输出电压。由于变频器变频时同时变压,随着输出频率变化,输出电压也随之变化。变频器的性能规格表给出输出电压是变频器的最大输出电压,变频器的最大输出电压不能大于输入交流电源电压。

(6) 输出频率。输出频率是指变频器输出频率的调节范围。

6.1.1.3 通用变频器主电路外围设备的配置

变频器主电路外围设备配置示意图如图6-2所示。

1) 低压断路器 QF

它除了使变频器接通电源外,还具有下列作用:

(1) 保护作用。低压断路器具有过电流保护和欠电压保护等功能,能对变频器电路进行短路保护及其他保护,可自动切断电源供电,防止事故扩大。

(2) 安全隔离作用。当变频器需要维修时,可安全切断电源。

2) 进线接触器 KM1

变频器主电路不一定要配置进线接触器,没有进线接触器可以使用。进线接触器用于接通或断开变频器的电源,并可以和变频器的故障报警输出端子配合,当变频器因故障而跳闸时使变频器迅速地脱离电源。

3) 进线侧交流电抗器 ACL1

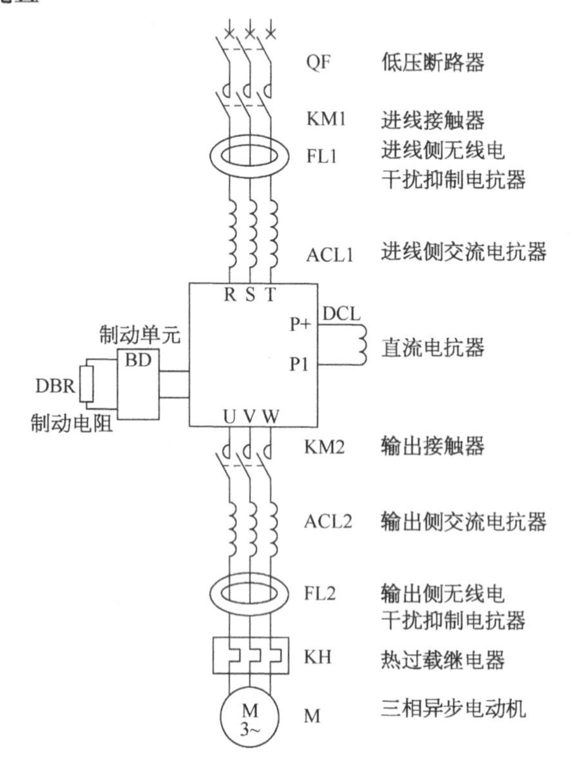

图6-2 变频器主电路外围设备配置示意图

进线侧交流电抗器 ACL1 用于改善变频器输入电流波形,有效抑制输入侧谐波干扰,削弱输入电路中的浪涌电压、电流对变频器的冲击,削弱电源电压不平衡的影响,有效降低变频器整流器件的电流最大瞬时值,提高整流器和电解滤波电容的使用寿命,有效抑制变频器对局部电网的干扰,提高功率因数。

4) 直流电抗器 DCL

直流电抗器与交流电抗器的作用基本相似,直流电抗器接在滤波电容前,它限制电容的整流后冲击电流的幅值,有效降低变频器整流器件的电流最大瞬时值,提高整流器和电解滤波电容的使用寿命,降低母线交流脉动,提高功率因数。

5) 制动单元 BD 和制动电阻 DBR

当变频器降低频率使电动机减速停车时,电动机处于再生发电制动状态。电动机发电制动的反馈能量使变频器中间直流电路电压升高,当该电压升到直流电路电压上限值时,制动单元 BD 导通,将反馈能量消耗在制动电阻 DBR 上。由于制动单元和制动电阻的作用是把电动机发电制动的反馈能量转换为热能消耗，故称为能耗制动。

6）输出侧交流电抗器 ACL2

变频器的输出是经 PWM 调制的电压波，它是前后沿很陡的一系列脉冲方波，存在较大的谐波，并且 du/dt 也很大，尤其在变频器输出到电动机的传输线路长度很长情况下，传输线路中分布电容因素不可忽略，这些谐波和 du/dt 将会对电动机和变频器造成损坏。为了减轻变频器输出 du/dt 对外界的干扰，降低输出波形畸变，减少对电动机和变频器的危害，尤其当变频器输出到电机的电缆长度大于产品规定值时，有必要增设输出侧交流电抗器。

7）输出接触器 KM2

在一台变频器驱动一台电动机的情况下，一般不设置输出接触器。但在变频器变频运行和工频运行进行切换场合及一些特殊场合（如电梯应用），为了安全需要配置输出接触器。当变频器和电动机间设置输出接触器后，原则上禁止在运行中切换。输出接触器必须在变频器停止输出后进行切换。

8）热过载继电器 KH

在一台变频器驱动一台电动机的情况下，因为变频器内部有电子热保护功能，因此不需要设置热过载继电器。在一台变频器驱动多台电动机的场合，各台电动机需要配置热过载继电器，防止电动机过热。

6.1.1.4　变频器的安装与接线

1）变频器的安装

变频器是精密的电力电子设备，为确保其稳定运行，对其使用环境和安装的场所有一定的要求，以使其发挥出应有的功能。

（1）安装环境与场所。

① 环境温度。变频器工作环境温度一般规定为－10～＋40 ℃。当工作环境温度高于＋40 ℃时，变频器运行容量要相应降低。

② 相对湿度。20％～90％ RH。

③ 标高。海拔 1 000 m 以下。当使用环境为海拔 1 000 m 以上时，变频器的额定容量应随之降低。

④ 振动。5.9 m/s^2（0.6g）以下。

⑤ 安装场所应避免受潮，无易燃、易爆气体及腐蚀性气体，粉尘少；同时变频器的安装场所要便于对变频器进行维修和检查。

（2）变频器的通风与散热及其安装空间。变频器在运行中会产生热量，其散热片及制动电阻的附近温度很高，可高达 90 ℃。因此变频器安装时，要考虑变频器的通风及散热。为了便于通风散热，变频器应垂直安装，变频器周围应留有足够空间，以确保良好的通风散热，具体要求如图 6－3 所示。

变频器安装在电气控制柜内时应注意良好的通风与散热，一般应考虑强制通风，在空气吸入口要设有空气过滤器，门扉部设屏蔽垫，电缆引入口有精梳板以防吸入尘埃。当一个电气控制柜内安装两台或两台以上变频器时，应尽可能采用并列安装，以便于变频器的通风与散热，以确保变频器周围温度在允许值内。如安装位置不正确，会使变频器周围温度上升、降低通风与散热效果。

2）变频器的接线

变频器的接线分为主电路和控制电路两大部分，具体可按照通用变频器端子接线图进行。进行变频器的接线时应注意以下几点：

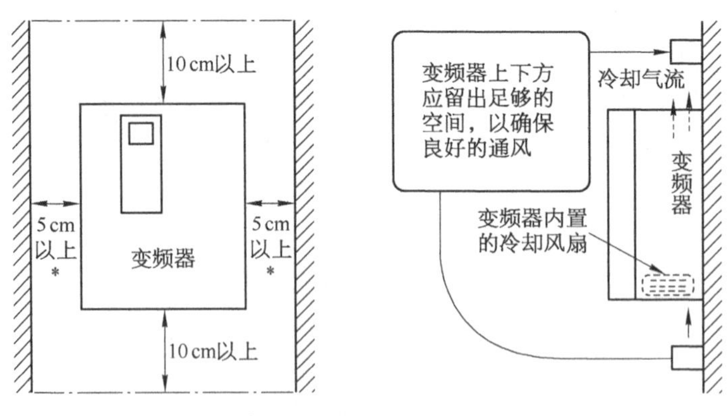

图6-3 变频器安装空间

(1) 变频器的主电路交流电源输入端L1、L2、L3(或R、S、T)和输出端(U、V、W)绝对不能接错，如将主电路交流输入电源接到变频器的输出端U、V、W上，将会损坏变频器。同理，主电路交流电源线也不能接到变频器外接控制电路端子上，否则也将会损坏变频器。

(2) 变频器与电动机之间的连接线长度不能超过变频器允许的最大接线距离，否则应加装交流输出电抗器。

(3) 控制电路连接线应采用屏蔽线。控制电路地线、公共端和零线的接法，必须符合要求。

6.1.2 通用变频器及其使用

目前企业中应用较广的变频器有西门子的MM440和安川的G7。以下分别做一介绍。

6.1.2.1 西门子MM440通用变频器概述

西门子MM440变频器为"适用于一切传动装置的矢量型"变频器，它由微处理器控制，并采用具有现代先进技术水平的IGBT作为功率输出器件。该系列变频器具有内置的制动斩波器，在制动时即使斜坡函数曲线的下降时间很短，也仍然能够达到非常好的定位精度。全面而完善的保护功能为变频器和电动机提供了良好的保护。MM440变频器有多种型号，额定功率范围为0.12～250 kW。MM440变频器既可用于单机驱动系统，也可集成到自动化系统中。

MM440变频器结构紧凑、体积小、便于安装。它具有6个多功能数字量输入端、2个模拟输入端(可以作为图6-4中⑦和⑧多功能数字量输入端使用)、3个多功能继电器输出端、2个模拟量输出端(0～20 mA)。它采用BiCo技术、模块化设计，配置非常灵活。它还具有详细的变频器状态信息和全面的信息功能，有多种可选件供用户选用，如用于与计算机通信的通信模块和用于进行现场总线通信的Profibus通信模块。

MM440变频器控制方式有矢量控制方式和V/f控制方式。其中，矢量控制方式又有无传感器矢量控制(SLVC)和带编码器的矢量控制(VC)，V/f控制方式又有线性V/f控制、多点V/f控制和磁通电流控制(FCC)等。它具有快速电流限制(FCL)功能、内置的直流注入制动和复合制动功能，外形尺寸为A～F的MM440变频器还具有内置的制动单元，加速、减速斜坡特性具有可编程的平滑功能，MM440变频器还具有比例、积分和微分(PID)控制功能的闭环控制，并具有过电流保护、过电压/欠电压保护、变频器过热保护及电动机过热保护等功能。

6.1.2.2 MM440变频器框图和有关端子功能

MM440变频器框图如图6-4所示。

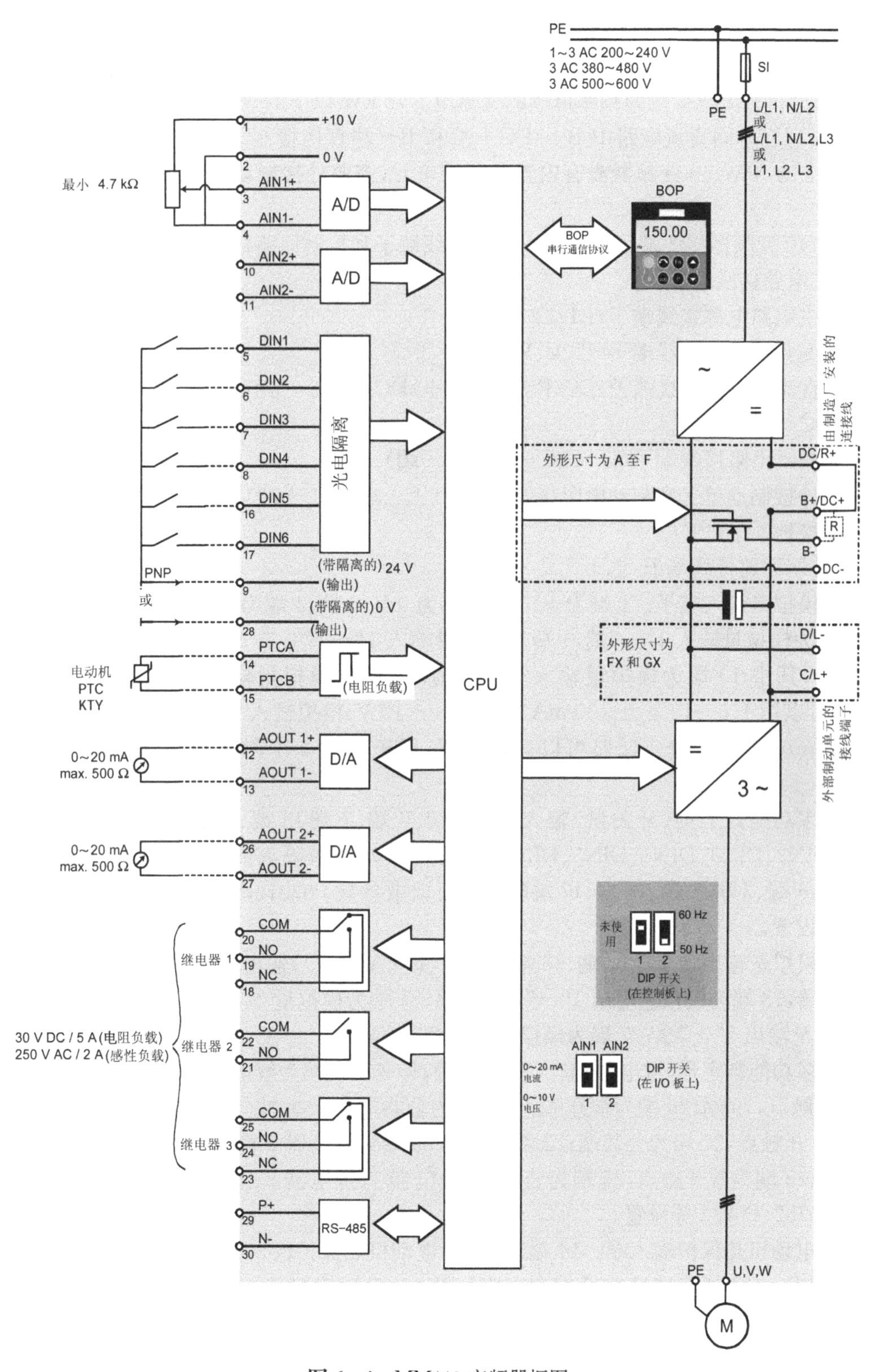

图 6-4 MM440 变频器框图

MM440 变频器是交-直-交电压型变频器，整流器采用二极管桥式整流电路，把交流电源变换为直流电源。中间直流环节(滤波回路)采用大电容滤波。为了达到更好的滤波效果和提高功率因数，可以在中间直流电路中 DC/R+端和 B+/DC+端串入直流电抗器。逆变器由 IGBT 组成，将直流电变换为频率可调的交流电。75 kW 以下的 MM440 变频器内置了制动单元，所以可以在中间直流电路中 B+/DC+端和 B−端直接接制动电阻 R 来实现能耗制动，90 kW以上的 MM440 变频器没有内置的制动单元，需要外接制动单元和制动电阻 R 来实现能耗制动。

MM440 变频器接线端子可分为主电路接线端子和控制回路接线端子。

1) 主电路接线端子

(1) 主电路电源接线端子(L1、L2、L3)。

(2) 变频器输出接线端子(U、V、W)。

(3) 直流电抗器接线端子(DC/R+端和 B+/DC+端)。当不用直流电抗器时，DC/R+端和 B+/DC+端应连接。

(4) 制动电阻接线端子(B+/DC+端和 B−端)。

(5) 外接制动单元和制动电阻接线端子(D/L−端、C/L+端)。

(6) 接地端子(PE)。

2) 控制回路接线端子

(1) 模拟量输入端子。1 端为+10 V，2 端为 0 V，3 端、4 端为模拟量 1(AIN1)输入端子，其中 3 端为模拟量输入 1“+”端，4 端为模拟量输入 1“−”端；10 端、11 端为模拟量 2(AIN2)输入端子，其中 10 端为模拟量输入 2“+”端，11 端为模拟量输入 2“−”端。模拟输入 1(AIN1)可以用于 0～10 V，0～20 mA 和−10～+10 V；模拟输入 2(AIN2)可以用于 0～10 V 和 0～20 mA。模拟量输入回路可以另行配置，用于提供 2 个附加的数字量输入(DIN7 和 DIN8)。

(2) 多功能数字量(开关量)输入端。5 端、6 端、7 端、8 端、16 端、17 端分别为数字量(DIN1、DIN2、DIN3、DIN4、DIN5、DIN6)输入端；9 端为带隔离的+24 V，28 端为带隔离的 0 V。5 端、6 端、7 端、8 端、16 端、17 端的功能可以由参数 P0701、P0702、P0703、P0704、P0705、P0706 等设置。

(3) 模拟量输出端子。12 端、13 端为模拟量 1(AOUT1)输出端子，其中 12 端为模拟量输出 1“+”端，13 端为模拟量输出 1“−”端；26 端、27 端为模拟量 2(AOUT2)输出端子，其中 26 端为模拟量输出 2“+”端，27 端为模拟量输出 2“−”端。

(4) 多功能数字量(继电器)输出端。18 端、19 端、20 端为继电器 1 输出端，其中 18 端、20 端为常闭触点，19 端、20 端为常开触点，20 端为公共端；21 端、22 端为继电器 2 输出端，21 端、22 端为常开触点，22 端为公共端；23 端、24 端、25 端为继电器 3 输出端，23 端、25 端为常闭触点，24 端、25 端为常开触点，25 端为公共端；继电器 1、继电器 2、继电器 3 的功能可以由参数 P0731、P0732、P0733 等设置。

(5) 电动机热保护输入端。14 端、15 端为电动机热保护输入端。

(6) RS-485 通信端口。29 端、30 端为 RS-485 通信端口。

MM440 变频器的实际接线端子布置如图 6-5 所示。

6.1.2.3 MM440 变频器操作面板(BOP)及其使用

1) 变频器操作面板

MM440 变频器操作面板外形如图 6-6 所示，其各按键的作用见表 6-1。

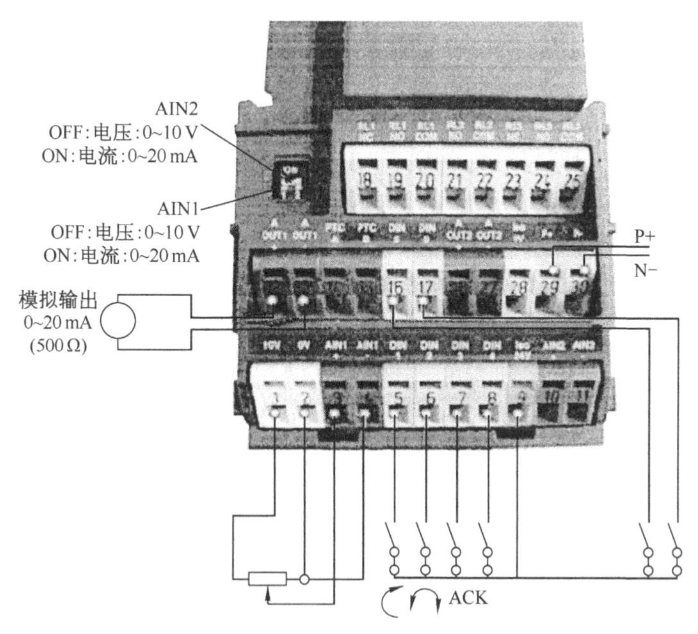

图 6-5　MM440 变频器的实际接线端子布置

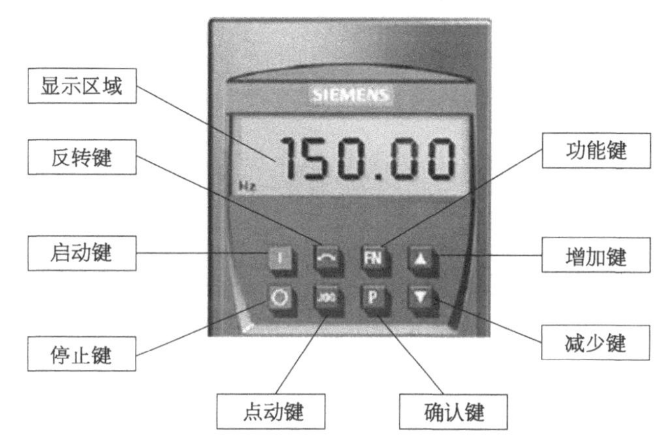

图 6-6　MM440 变频器操作面板外形

表 6-1　MM440 变频器基本操作面板上按键的作用

显示/按钮	名称	功　能
r0000	状态显示	LCD 显示变频器当前的设定值
I	启动 变频器	按此键启动变频器。缺省值运行时此键是被封锁的。为了使此键的操作有效,应设置 P0700=1
0	停止 变频器	(1) OFF1:按此键变频器将按选定的斜坡下降速率减速停车。缺省值运行时此键被封锁,为了允许此键操作,应设置 P0700=1 (2) OFF2:按此键一次(需时间较长)或两次,电动机将在惯性作用下自由停车。此功能总是“使能”的

（续表）

显示/按钮	名称	功　能
	改变电动机的转动方向	按此键可以改变电动机的转动方向。电动机的反向用负号表示或用闪烁的小数点表示。缺省值运行时此键是被封锁的，为了使此键的操作有效，应设置 P0700＝1
jog	电动机点动	在变频器无输出的情况下按此键将使电动机启动并按预设置的点动频率运行。释放此键时，变频器停车。如果变频器/电动机正在运行，按此键将不起作用
Fn	功能	此键用于浏览辅助信息。变频器运行过程中，在显示任何一个参数时按下此键并保持不动 2 s，将显示以下参数值，在变频器运行中从任何一个参数开始： (1) 直流回路电压(用 d 表示，V)； (2) 输出电流(A)； (3) 输出频率(Hz)； (4) 输出电压用(o 表示，V)； (5) 由 P0005 选定的数值。 连续多次按下此键将轮流显示以上参数。 跳转功能在显示任何一个参数(r××××或 P××××)时短时间按下此键，将立即跳转到 r0000，如果需要的话，可以接着修改其他的参数跳转到 r0000 后，按此键将返回原来的显示点。 在出现故障或报警的情况下，按此键可以将操作板上显示的故障或报警信息复位
P	访问参数	按此键即可访问参数
▲	增加数值	按此键即可增加面板上显示的参数数值
▼	减少数值	按此键即可减少面板上显示的参数数值

2）变频器操作面板使用方法

现介绍将参数 P0010 设定值由缺省值的 0 改为 30 和修改下标参数 P0304 的操作步骤，以此说明变频器操作面板设置与更改变频器参数方法。

(1) 将参数 P0010 设定值由缺省值的 0 改为 30 的操作步骤如下：

① 变频器通电后，操作面板显示为 0.00。

② 按“P”键访问参数，操作面板显示 r0000。

③ 按“▲”键直到操作面板显示 P0010。

④ 按“P”键进入参数数值访问级，操作面板显示参数缺省值 0。

⑤ 按“▲”键达到参数所需要的设定值，操作面板显示需要的设定值 30。

⑥ 按“P”键确认并存储参数的数值，操作面板显示 P0010，参数 P0010 已由原来的 0 改为 30。

⑦ 按“▼”键直到操作面板显示 r0000，或按“Fn”键返回 r0000。

(2) 修改 P0304 下标参数的操作步骤如下：

① 按“P”键访问参数，操作面板显示 r0000。

② 按“▲”键直到操作面板显示 P0304。

③ 按“P”键进入参数数值访问级，操作面板显示 In000。

④ 按“P”键显示当前的设定值 400。

⑤ 按“▼”键达到参数所需要的设定值，操作面板显示设定值 380。

⑥ 按“P”键确认并存储参数的数值，操作面板显示 P0304。

⑦ 按“▼”键直到显示出 r0000。

按照上述方法，可对变频器的其他参数进行设置，当所有参数设置完毕后，可按“Fn”键返回 r0000。

6.1.2.4　MM440 变频器常用参数功能说明

1) 驱动装置的显示参数 r0000

本参数显示用户选定的由 P0005 定义的输出数据。按下“Fn”键并持续 2 s，用户就可看到直流回路电压、输出电流、输出频率的数值和选定的 r0000(设定值在 P0005 中定义)。

2) 用户访问级参数 P0003

本参数用于定义用户访问参数组的等级。缺省值为 1。

P0003=0　用户定义的参数表。

P0003=1　标准级，可以访问最经常使用的一些参数。

P0003=2　扩展级，允许扩展访问参数的范围，如变频器的 I/O 功能。

P0003=3　专家级，只供专家使用(注意：如要 P0005=22，显示转速，必须设置 P0003=3)。

3) 显示选择参数 P0005

本参数用于选择参数 r0000(驱动装置的显示)要显示的参数。缺省值为 21。

P0005=21　实际频率。

P0005=22　实际转速。

P0005=25　输出电压。

P0005=26　直流回路电压。

P0005=27　输出电流。

4) 调试参数过滤器 P0010

本参数用于对与调试相关的参数进行过滤，只筛选出那些与特定功能组有关的参数。缺省值为 0。

P0010=0　变频器准备运行，在变频器投入运行前应设置 P0010=0。

P0010=1　快速调试。在快速调试时，应设置 P0010=1。电动机额定参数 P0304～P0311 只能在 P0010=1 时改变。

P0010=30　工厂的设定值。与 P0970=1 一起用于变频器参数复位(复位为缺省值)。

5) 使用地区参数 P0100

本参数用于确定功率设定值，如铭牌的额定功率 P0307 的单位是 kW 还是 hp。除了基准频率 P2000 以外，还有铭牌的额定频率缺省值 P0310、最大电动机频率 P1082 的单位也都在这里自动设置。缺省值为 0。本参数只能在 P0010=1 快速调试时进行修改。

P0100=0　欧洲 kW，频率缺省值为 50 Hz。

P0100=1　北美 hp，频率缺省值为 60 Hz。

P0100=2　北美 kW，频率缺省值为 60 Hz。

注意:改变 P0100 时,将使电动机的全部额定参数以及由电动机额定参数决定的其他参数都复位。

6) 变频器的应用参数 P0205

本参数用于选择变频器的应用对象。缺省值为 0。

P0205=0　用于恒转矩负载(CT)。

P0205=1　用于变转矩负载(VT)。

7) 电动机的额定电压参数 P0304

本参数用于设置电动机铭牌数据中额定电压(V),缺省值为 400 V。本参数只能在 P0010=1(快速调试时)进行修改。

8) 电动机额定电流参数 P0305

本参数用于设置电动机铭牌数据中额定电流(A),缺省值为 3.25 A。本参数只能在 P0010=1(快速调试时)进行修改。

9) 电动机额定功率参数 P0307

本参数用于设置电动机铭牌数据中额定功率(kW 或 hp),缺省值为 0.75 kW。当 P0100=0 时,额定功率为 kW、频率缺省值 50 Hz。本参数只能在 P0010=1(快速调试时)进行修改。

10) 电动机的额定功率因数参数 P0308

本参数用于设置电动机铭牌数据中额定功率因数,缺省值为 0.000。当参数的设定值为 0 时,将由变频器内部来计算功率因数。本参数只能在 P0010=1(快速调试)时进行修改。

11) 电动机的额定频率参数 P0310

本参数用于设置电动机铭牌数据中额定频率(Hz),缺省值为 50.00。本参数只能在 P0010=1(快速调试)时进行修改。

12) 电动机的额定转速参数 P0311

本参数用于设置电动机铭牌数据中额定转速(r/min),缺省值为 1395。本参数只能在 P0010=1(快速调试)时进行修改。

13) 选择命令源参数 P0700

本参数用于选择数字的命令信号源。缺省值为 2。当 P0700=1 改变为 P0700=2 时,所有的数字输入都设置为工厂的缺省值。其中,P0700=1 为数字操作面板设置,即采用数字操作面板控制操作方式;P0700=2 为端子排输入,即采用控制端子运行控制操作方式。

14) 数字输入 1～6 的功能参数 P0701～P0706

P0701～P0706 用于选择数字输入 1～6 的功能。数字输入 1～4 分别对应于多功能输入端 5 端～8 端,数字输入 5、6 分别对应于多功能输入端 16 端、17 端。P0701 缺省值为 1,P0702 缺省值为 12,P0703 缺省值为 9,P0704 缺省值为 15,P0705 缺省值为 15,P0706 缺省值为 15。P0701～P0706 都可分别设置,当 P0701～P0706 的设定值改变时,多功能输入端 5 端～8 端、16 端～17 端的功能也随之改变,具体功能设置说明如下:

P0701～P0706=0　禁止数字输入。

P0701～P0706=1　ON/OFF1 接通正转/停车命令 1,按 P1120、P1121 设置斜坡上升时间、下降时间加减速运行。

P0701～P0706=2　ON/OFF1 接通反转/停车命令 1。

P0701～P0706=3　OFF2 即停车命令 2,按惯性自由停车。

P0701～P0706=4　OFF3 即停车命令 3,按 P1135 设置斜坡下降时间快速降速。

P0701～P0706=9　故障确认。

P0701～P0706＝10 正向点动。
P0701～P0706＝11 反向点动。
P0701～P0706＝12 反转(转向切换)。
P0701～P0706＝13 MOP(电动电位计)升速(增加频率)。
P0701～P0706＝14 MOP降速(减少频率)。
P0701～P0706＝15 固定频率设置(直接选择)。
P0701～P0706＝16 固定频率设置(直接选择＋启动命令)。
P0701～P0706＝17 固定频率设置(二进制编码选择＋启动命令)。
P0701～P0706＝25 直流注入制动。
P0701～P0706＝29 由外部信号触发跳闸。
P0701～P0706＝33 禁止附加频率设定值。
P0701～P0706＝99 使能BICO参数化。

15) 数字输出1～3的功能参数P0731～P0733

P0731～P0733用于定义数字输出1(继电器1)～3(继电器3)的功能。P0731缺省值为52.3,P0732缺省值为52.7,P0733缺省值为0.0。当P0731～P0733的设定值改变时,数字输出1(继电器1)～数字输出3(继电器3)的功能也随之改变。

P0731～P0733＝52.0 变频器准备。
P0731～P0733＝52.1 变频器运行准备就绪。
P0731～P0733＝52.2 变频器正在运行。
P0731～P0733＝52.3 变频器故障。
P0731～P0733＝52.4 OFF2停车命令有效。
P0731～P0733＝52.5 OFF3停车命令有效。
P0731～P0733＝52.6 禁止合闸。
P0731～P0733＝52.7 变频器报警。
P0731～P0733＝52.8 设定值/实际值偏差过大。
P0731～P0733＝52.9 PZD控制(过程数据控制)。
P0731～P0733＝52.A 已达到最大频率。
P0731～P0733＝52.B 电动机电流极限报警。
P0731～P0733＝52.C 电动机抱闸(MHB)投入。
P0731～P0733＝52.D 电动机过载。
P0731～P0733＝52.E 电动机正向运行。
P0731～P0733＝52.F 变频器过载。
P0731～P0733＝53.0 直流注入制动投入。
P0731～P0733＝53.6 实际频率大于/等于设定值。

16) 模拟输出1、2的功能参数P0771

P0771用于定义模拟输出1、2的功能。其中,P0771[0]对应模拟输出1,P0771[1]对应模拟输出2。P0771缺省值为21。当P0771的设定值改变时,模拟输出1、2的功能也随之改变。其中,当P0771＝21时对应实际频率;当P0771＝24时对应实际输出频率;当P0771＝25时对应实际输出电压;当P0771＝26时对应实际直流回路电压;当P0771＝27时对应实际输出电流。

17) 频率设定值的选择参数P1000

本参数用于选择频率设定值的信号源。当P1000＝1时,频率设定值由数字操作面板电动电位器设定值提供；当 P1000＝2 时，频率设定值由模拟量设定值 1 提供；当 P1000＝3 时，频率设定值由固定频率设定值提供；当 P1000＝23 时，频率设定值由固定频率＋模拟量设定值提供，其中固定频率为主设定值，模拟量设定值 1 为附加设定值。当 P1000＝32 时，频率设定值由模拟量设定值 1＋固定频率提供，其中模拟量设定值为主设定值，固定频率为附加设定值。本参数缺省值为 2。

18）固定频率 1～15 参数 P1001～P1015

P1001～P1015 用于设置固定频率 1～15（即 FF1～FF15）的设定值（Hz）。它有下面 3 种选择固定频率的方法。

（1）直接选择（P0701～P0706＝15）。将 P0701～P0706 参数设置为 15，此时可通过控制 5 端～8 端、16 端、17 端选择固定频率的设定值。在这种操作方式下，一个数字输入选择一个固定频率；如果有几个固定频率输入同时被激活，选定的频率是它们的总和（如 FF1＋FF2＋FF3＋FF4＋FF5＋FF6）。

（2）直接选择＋启动（ON）命令（P0701～P0706＝16）。这种操作方式与直接选择操作方式不同之处在于，它选择固定频率时，既有选定的固定频率，又带有启动命令，把它们组合在一起。在这种操作方式下，一个数字输入选择一个固定频率；如果有几个固定频率输入同时被激活，选定的频率是它们的总和（如 FF1＋FF2＋FF3＋FF4＋FF5＋FF6）。

（3）二进制编码选择＋启动命令（P0701～P0704＝17）。使用这种操作方式最多可选择 15 个固定频率，各个固定频率的选择见表 6－2。

表 6－2　二进制编码选择固定频率

频率代码	8 端（P0704＝17）	7 端（P0703＝17）	6 端（P0702＝17）	5 端（P0701＝17）
FF1（P1001）	0	0	0	1
FF2（P1002）	0	0	1	0
FF3（P1003）	0	0	1	1
FF4（P1004）	0	1	0	0
FF5（P1005）	0	1	0	1
FF6（P1006）	0	1	1	0
FF7（P1007）	0	1	1	1
FF8（P1008）	1	0	0	0
FF9（P1009）	1	0	0	1
FF10（P1010）	1	0	1	0
FF11（P1011）	1	0	1	1
FF12（P1012）	1	1	0	0
FF13（P1013）	1	1	0	1
FF14（P1014）	1	1	1	0
FF15（P1015）	1	1	1	1
OFF（停止）	0	0	0	0

19）正向、反向点动频率参数 P1058、P1059

P1058、P1059 用于选择正向、反向点动频率。其中，P1058 用于选择正向点动频率，P1059 用于选择反向点动频率。P1058、P1059 的缺省值均为 5.00。点动时采用的斜坡上升时间和下降时间分别在参数 P1060、P1061 中设置。

20）点动斜坡上升时间、下降时间参数 P1060、P1061

P1060、P1061 用于选择点动斜坡上升时间和下降时间。其中，P1060 用于选择点动斜坡上升时间，P1061 用于选择点动斜坡下降时间。P1058、P1059 的缺省值均为 10.00。

21）最低频率参数 P1080

本参数用于设置最低的电动机运行频率(Hz)。缺省值为 0.00。

22）最高频率参数 P1082

本参数用于设置最高的电动机运行频率。缺省值为 50.00。

23）斜坡上升时间参数 P1120

本参数用于设置斜坡函数曲线不带平滑圆弧时，电动机从静止状态加速到最高频率 P1082 所用的时间，如图 6－7 所示。缺省值为 10.00。如果 P1120 设置的斜坡上升时间太短，就有可能导致变频器跳闸(过电流)。

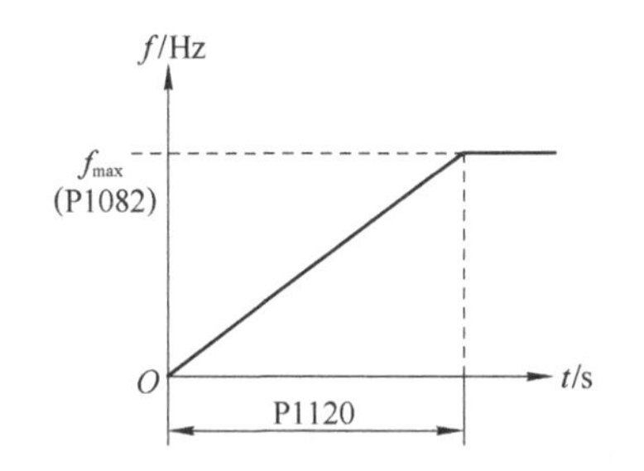

图 6－7　斜坡上升时间(P1120)的函数曲线

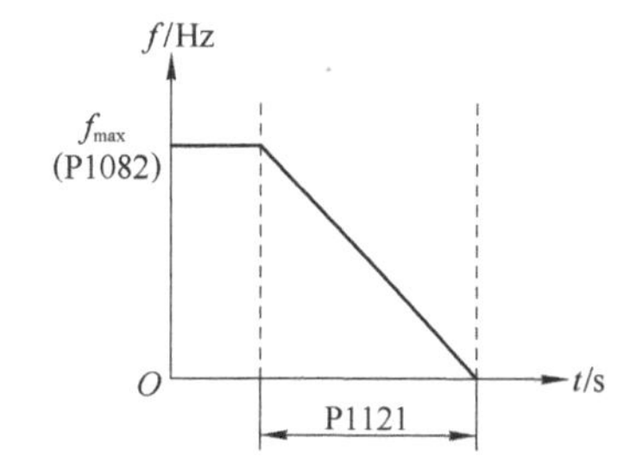

图 6－8　斜坡下降时间(P1121)的函数曲线

24）斜坡下降时间参数 P1121

本参数用于设置斜坡函数曲线不带平滑圆弧时，电动机从最高频率 P1082 减速到静止停车所用的时间，如图 6－8 所示。缺省值为 10.00。如果 P1121 设置的斜坡下降时间太短，就有可能导致变频器跳闸(过电压)。

25）直流制动电流参数 P1232

本参数用于设置直流制动电流的大小，以电动机额定电流(P0305)的百分数值表示。缺省值为 100。

26）直流制动的持续时间参数 P1233

本参数用于设置直流注入制动投入的持续时间。缺省值为 0。当变频器接到 OFF 停车命令时，输出频率开始沿斜坡函数曲线下降，当输出频率下降到 P1234 设置的数值时，传动装置注入直流制动电流，持续时间由参数 P1233 设置。这里要注意，频繁地长期使用直流注入制动将可能引起电动机过热。

27）直流制动的起始频率参数 P1234

本参数用于设置发出 OFF 命令后，投入直流制动功能的起始频率。缺省值为 0。当变频器接到 OFF 停车命令时，输出频率开始沿斜坡函数曲线下降，当输出频率下降到直流制动的起始频率参数 P1234 设置的数值时，传动装置注入直流制动电流，持续时间由参数

P1233 设置。

28）变频器的控制方式参数 P1300

本参数用于设置变频器的控制方式，缺省值为 0。其中，当 P1300=0 时，变频器的控制方式为线性特性的 V/f 控制；当 P1300=1 时，变频器的控制方式为带 FCC（磁通电流控制）功能的 V/f 控制；当 P1300=2 时，变频器的控制方式为带平方曲线特性的 V/f 控制，适用于离心式风机/水泵的驱动控制；当 P1300=20 时，变频器的控制方式为无传感器的矢量控制（SLVC）；当 P1300=21 时，变频器的控制方式为带传感器的矢量控制（VC）。

29）选择电动机数据是否自动检测（识别）参数 P1910

本参数用于完成电动机数据的自动检测。缺省值为 0。其中，当 P1910=0 时，禁止自动检测功能；当 P1910=1 时，所有参数都自动检测，并改写参数数值；当 P1910=2 时，所有参数都自动检测，但不改写参数数值；当 P1910=3 时，饱和曲线自动检测，并改写参数数值。这里要注意，电动机数据的自动检测通常是在电动机的冷态下进行。当变频器的控制方式为矢量控制时，必须进行电动机数据的自动检测。

30）结束快速调试参数 P3900

本参数用于完成优化电动机的运行所需要的计算，在完成计算以后，P3900 和 P0010 自动复位为 0。缺省值为 0。其中，当 P3900=0 时，不用快速调试；当 P3900=1 时，快速调试结束，并按工厂设置参数复位；当 P3900=3 时，快速调试结束，只进行电动机数据的计算。

6.1.2.5 安川 G7 系列通用变频器概述

安川 G7 系列通用变频器有 200 V 级和 400 V 级两种电压等级，适用电动机容量为 0.4～300 kW。变频器由微处理器控制，并采用具有现代先进技术水平的 IGBT 作为功率输出器件。

G7 系列变频器结构紧凑、体积小、便于安装。它具有 12 个开关量输入端，其中 S1、S2 为变频器正、反转运行/停止控制端，S3～S12 为多功能开关量输入端；具有 1 个故障输出端和 5 个多功能开关量输出端。它还具有 3 个模拟量输入端、2 个模拟量输出端（0～10 V 或－10～＋10 V）。另外，G7 系列变频器还具有详细的变频器状态信息和全面的信息功能，有多种可选件供用户选用，如速度频率指令选择卡、监视选择卡、PG 速度控制卡和通信选择卡等。

G7 系列变频器控制方式有无 PG 的 V/f 控制、带 PG 的 V/f 控制、无 PG 矢量控制 1、带 PG 矢量控制和无 PG 矢量控制 2 等。它的加减速斜坡特性具有可编程的平滑功能，它具有比例、积分和微分（PID）控制的闭环控制功能。它还具有过电流保护、过电压/欠电压保护、变频器过热保护和电动机过热保护等功能。

6.1.2.6 安川 G7 系列变频器接线图和有关端子功能

安川 G7 系列变频器端子接线图如图 6－9 所示。安川 G7 系列变频器接线端子可分为主电路接线端子和控制回路接线端子。

1）主电路接线端子

（1）主电路电源接线端子（R/L1、S/L2、T/L3）。

（2）变频器输出接线端子（U/T1、V/T2、W/T3）。

（3）直流电流输入接线端子（⊕ 1、⊖）。

（4）制动单元接线端子（⊕ 3，⊖）。

（5）接地端子（PE）。

2）控制回路接线端子

（1）模拟量输入端子。＋V 端为＋15 V；AC 端为 0 V；A1 端为模拟量输入（主速频率指

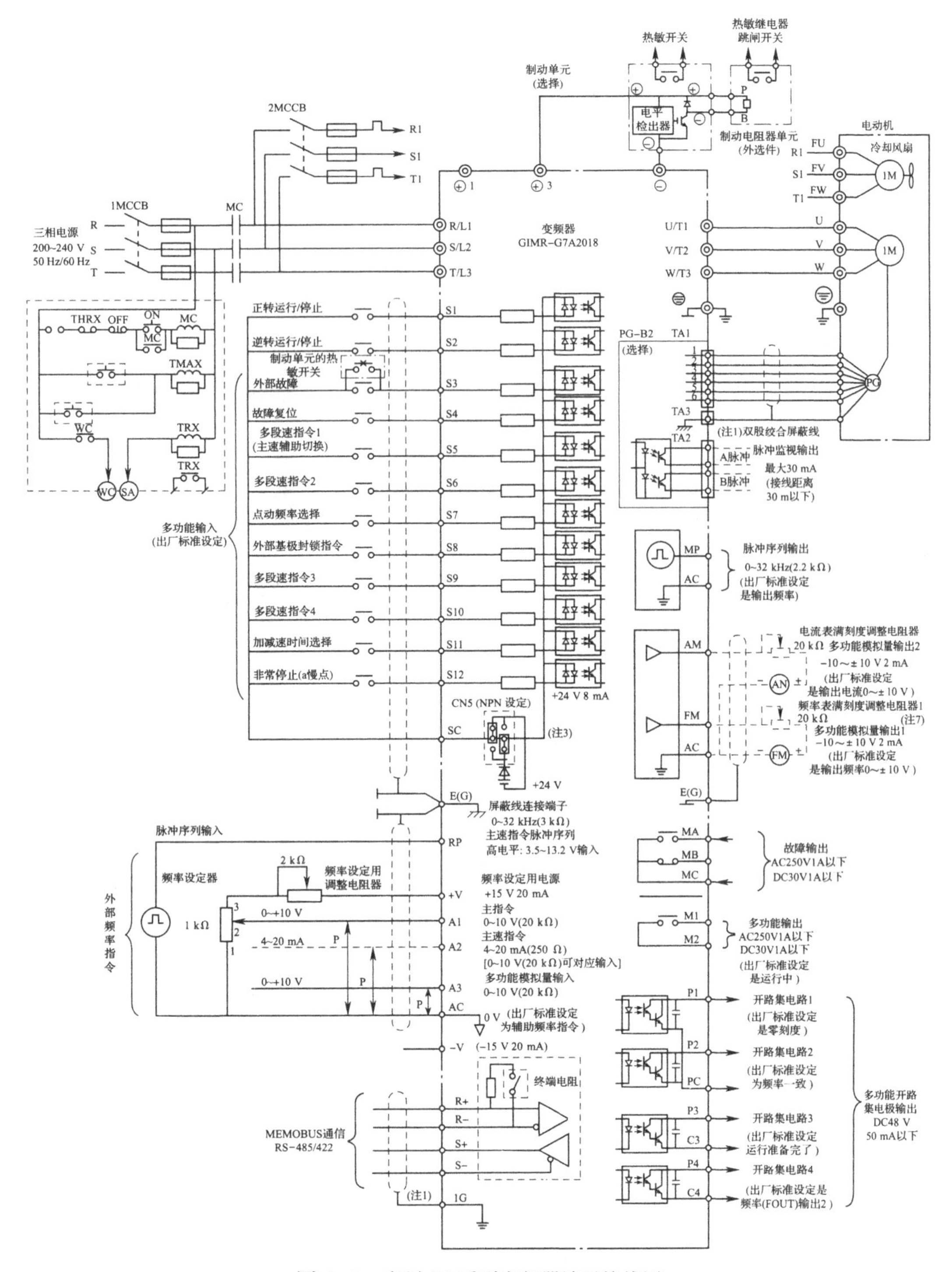

图6-9 安川G7系列变频器端子接线图

令、电压输入)端子,0～10 V;A2端为模拟量输入(主速频率指令、电流输入)端子,4～20 mA;A3端为模拟量输入(辅助频率指令),0～10 V。

(2) 开关量输入端。开关量输入端分为基本控制开关量输入端和多功能开关量输入端。SC为开关量输入的公共端。

① 基本控制开关量输入端。S1 为正转运行/停止控制输入端;S2 为反转运行/停止控制输入端。

② 多功能开关量输入端。S3～S12 分别为多功能开关量输入端。S3～S12 的功能可以由参数 H1－03～H1－10 等设置。图 6－9 中 S3～S12 的功能是对应于 S3～S12 的出厂设定值,随着 S3～S12 的设定值改变,S3～S12 的功能也随之改变。

(3) 多功能模拟量输出端子。FM 为多功能模拟量 1 的输出端子,AM 为多功能模拟量 2 的输出端子,AC 为模拟量输出的公共端。

(4) 开关量输出端。开关量输出端分为故障输出端和多功能开关量输出端。

① 故障输出端。MA、MB、MC 为故障输出端,其中 MC 为公共端。

② 多功能开关量输出端。M1、M2 为继电器输出。多功能开路集电极输出端,共有四组多功能开路集电极输出端。开路集电极输出端 1 为 P1、PC;开路集电极输出端 2 为 P2、PC;开路集电极输出端 3 为 P3、C3;开路集电极输出端 4 为 P4、C4。多功能开路集电极输出端的功能可以由参数 H2－01～H2－05 等设置。

(5) 脉冲序列输入端、输出端。

① 脉冲序列输入端 RP、AC。

② 脉冲序列输出端 MP、AC。

(6) 通信端口 R+、R－,S+、S－。

6.1.2.7 安川 G7 系列变频器的数字式操作器和模式

1) 安川 G7 系列变频器的数字式操作器

安川 G7 系列变频器的数字式操作器如图 6－10 所示。各操作键的名称及其功能见表 6－3。

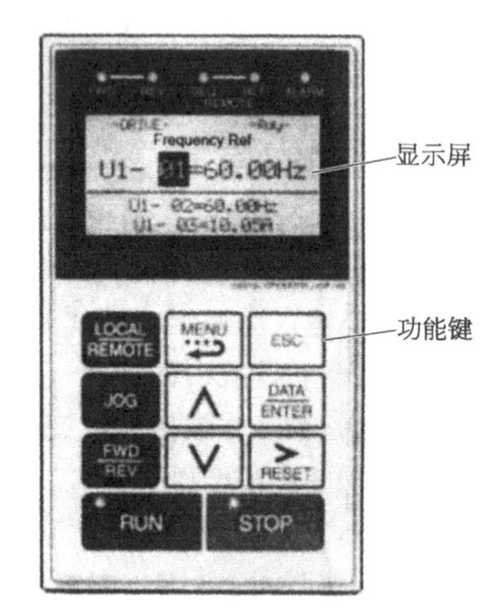

图 6－10 安川 G7 系列变频器的数字式操作器

表 6－3 安川 G7 系列变频器数字式操作器上操作键的名称及其功能

操作键的名称	功 能 说 明
LOCAL/REMOTE (选择运行操作)	按 LOCACL/REMOTE 键切换数字式操作器的运行和控制电路的运行。通过设定参数(02－01),可设定此键的有效/无效
MENU(菜单)	选择各模式
ESC(退回)	按下 ESC 键,返回到前 1 个状态
JOG(点动)	操作器运行时的点动运行键
FWD/REV (正转/反转)	操作器运行时,切换旋转方向
SHIFT/RESET (移位/复位)	选择设定参数数值的位数键。故障发生时,作为故障复位键使用
增加	对选择模式、参数编号、设定值等增加,进行到下 1 个项目和数据使用
减少	对选择模式、参数编号、设定值等减少,返回到前 1 个项目和数据时使用
DATA/ENTER (数据/输入)	决定各模式、参数的编号、设定值时按此键。从某个画面进入下一个画面时也能使用

（续表）

操作键的名称	功 能 说 明
RUN(运行)	用操作器运行时，按此键启动变频器
STOP(停止)	用操作器运行时，按此键停止变频器。用控制回路端子控制运行时，根据参数(02－02)的设定，可设定此键有效/无效

2）安川 G7 系列变频器的模式及其切换

安川 G7 系列变频器有 5 种模式，分别为驱动模式、QUICK 程序模式、ADVANCED 程序模式、校验模式和自学习模式。各种模式有不同使用场合，各种参数作为模式已被编组，故可简单地进行参数的参照(监视)、设定。这里有模式选择画面、参照(监视)画面、数据设定 3 种画面。按下 MENU 键，可进行模式选择画面的切换。按下 DATA/ENTER 键可进入驱动模式内的参照(监视)画面、数据设定画面。

(1) 驱动模式。它是变频器运行的模式。在驱动模式中，可以监视显示频率指令、输出频率、输出电流和输出电压等，也能显示故障内容、故障记录等。变频器的电源接通时，自动进入驱动模式内的参照(监视)画面。使用数字式操作器，变频器运行时，应按下 MENU 键，选择驱动模式画面(LCD 画面上显示 DRIVE)。然后，按下 DATA/ENTER 键进入驱动模式内的参照(监视)画面。只有在驱动模式内的参照(监视)画面显示状态下，运行指令才被接受，变频器才能运行。处于模式选择画面时不能开始运行。

(2) QUICK 程序模式。在 QUICK 程序模式中，可参照、设定变频器运行最低限所必要的参数，如选择控制模式(A1－02)、选择频率指令(b1－01)、选择运行指令(b1－02)、设定加速时间 1(C1－01)、设定减速时间 1(C1－02)、设定输入电压(E1－01)、设定电动机额定电流(E2－01)和选择电动机保护功能(L1－01)等。按下 MENU 键，选择 QUICK 程序模式画面(LCD 画面上显示 QUICK)。然后，按下 DATA/ENTER 键进入 QUICK 程序模式内的数据设定画面。在数据设定画面内，使用增加键、减小键、移位/复位键变更参数。参数设定后，再按 DATA/ENTER 键就可以实现参数写入，自动返回到参照(监视)画面。

(3) ADVANCED 程序模式。在 ADVANCED 程序模式中，可进行变频器全部参数的参照、设定。按下 MENU 键，选择 ADVANCED 程序模式画面(LCD 画面上显示 ADV)。然后，按下 DATA/ENTER 键进入 ADVANCED 程序模式内的数据设定画面。在数据设定画面内，使用增加键、减小键、移位/复位键变更参数。参数设定后，再按 DATA/ENTER 键就可以实现参数写入，自动返回到参照(监视)画面。

(4) 校验模式。在校验模式中，只显示程序模式和自学习模式中从出厂设定值已变更的参数。如无变更，则在数据显示位置显示 none。校验模式和程序模式采用相同的操作方法，也可变更参数。在数据设定画面内，使用增加键、减小键、移位/复位键变更参数。参数设定后，再按 DATA/ENTER 键就可以实现参数写入，自动返回到参照(监视)画面。

(5) 自学习模式。自学习模式用于矢量控制模式运行时，自动测定、设定电动机所必要的参数。在矢量控制模式中，在运行前必须实施自学习模式。自学习模式有以下三种：

① 旋转型自学习模式。可在无 PG 矢量控制模式、带 PG 矢量控制模式中使用，设定 T1－01＝0 之后，输入电动机铭牌数据，然后按下数字式操作器上的 RUN 键，变频器让电动机停止约 1 min 后，再使电动机旋转 1 min，自动测定电动机所必要的全部数据。

② 停止型自学习模式。可在无 PG 矢量控制模式、带 PG 矢量控制模式中使用。设定 T1－01＝1 之后，输入电动机铭牌数据，然后按下数字式操作器上的 RUN 键，变频器让电动机在通电状态下停止约 1 min，自动测定电动机所必要的部分数据，而其余的必要参数将在驱动模式中最初运行时自动测定。

③ 只对线间电阻的停止型自学习模式。可在全部控制模式中使用。V/f 控制和带 PGV/f 控制模式只能选择这种自学习模式。选择 V/f 控制时，变频器和电动机之间的接线距离超过 50 m 时，实施只对线间电阻的停止型自学习模式。设定 T1－01＝2 之后，按下数字式操作器上的 RUN 键，变频器让电动机在停止约 20 s 的状态下通电，自动测定电动机线间电阻和电线线间电阻。

这里要注意，在电动机不能脱离负载情况下，实施自学习模式时应采用停止型自学习模式。

6.1.2.8 安川 G7 系列变频器常用参数功能说明

1) 选择 LCD 操作器语言参数 A1－00

本参数用于选择 LCD 操作器语言。其中，A1－00＝0 为英语，A1－00＝1 为日语，A1－00＝2 为德语。出厂设定值为 1。

2) 参数的存取等级参数 A1－01

本参数用于选择参数的存取等级。其中，A1－01＝0 为监视专用，可以禁止设定参数；A1－01＝1 为用户选择参数；A1－01＝2 为 ADVANCED，在 ADVANCED 程序模式和 QUICK 程序模式中可以变更参数。出厂设定值为 2。

3) 选择控制模式参数 A1－02

本参数用于选择变频器的控制模式。其中，A1－02＝0 为无 PGV/f 控制；A1－02＝1 为带 PGV/f 控制；A1－02＝2 为无 PG 矢量控制 1；A1－02＝3 为带 PG 矢量控制；A1－02＝4 为无 PG 矢量控制 2。出厂设定值为 2。

4) 初始化参数 A1－03

本参数用于选择初始化。其中，A1－03＝0 为不进行初始化；A1－03＝2220 为 2 线制程序的初始化（出厂时设定的初始化）；A1－03＝3330 为 3 线制程序的初始化。

5) 选择频率指令参数 b1－01

本参数用于设定频率指令的输入方法。其中，b1－01＝0 为数字式操作器输入；b1－01＝1 为控制回路端子输入（模拟量输入）；b1－01＝2 为 MEMOBUS 通信输入。出厂设定值为 1。

6) 选择运行指令参数 b1－02

本参数用于设定运行指令的输入方法。其中，b1－02＝0 为数字式操作器；b1－02＝1 为控制回路端子（顺控器输入）；b1－02＝2 为 MEMOBUS 通信。出厂设定值为 1。

7) 选择停止方法参数 b1－03

本参数用于选择停止指令时的停止方法。其中，b1－03＝0 为减速停止；b1－03＝1 为自由滑行停止；b1－03＝2 为全领域直流制动（DB）停止；出厂设定值为 0。

8) 直流制动的开始频率（零速度电平）参数 b2－01

本参数用于设定减速停止时，直流制动的开始频率（Hz）（带 PG 矢量控制中 b2－01 控制零速度）。出厂设定值为 0.5 Hz。

9) 直流制动电流参数 b2－02

本参数用于设定直流制动电流大小，以变频器的额定电流为 100％，用百分数（％）单位设定直流制动电流（带 PG 矢量控制的直流励磁电流根据 E2－03 的参数设定）。出厂设定值为50%。

10）停止时直流制动时间参数 b2－04

本参数用于设定停止时直流制动时间。出厂设定值为0.50 s。这里要注意，设定为0.00时，停止时直流制动无效。

11）加速时间1参数 C1－01

本参数用于以秒为单位设定从最高输出频率的0～100%的加速时间。出厂设定值为10.0 s。

12）减速时间1参数 C1－02

本参数用于以秒为单位设定从最高输出频率的100%～0的减速时间。出厂设定值为10.0 s。

13）加速时间2参数 C1－03

本参数用于设定多功能输入“加减速时间选择1”为ON时的加速时间。出厂设定值为10.0 s。

14）减速时间2参数 C1－04

本参数用于设定多功能输入“加减速时间选择1”为ON时的减速时间。出厂设定值为10.0 s。

15）加速开始时的S形特性时间参数 C2－01

本参数用于设定加速开始时的S形特性时间。出厂设定值为0.20 s。

16）加速结束时的S形特性时间参数 C2－02

本参数用于设定加速结束时的S形特性时间。出厂设定值为0.20 s。

17）减速开始时的S形特性时间参数 C2－03

本参数用于设定减速开始时的S形特性时间。出厂设定值为0.20 s。

18）减速结束时的S形特性时间参数 C2－04

本参数用于设定减速结束时的S形特性时间。出厂设定值为0.00 s。

19）选择载波频率参数 C6－02

本参数用于选择载波频率。载波频率设定范围因控制方式不同而不同，如无PGV/f控制、带PGV/f控制、无PG矢量控制1、带PG矢量控制和无PG矢量控制2。带PG矢量控制时，C6－02＝1，载波频率为2.0 kHz；C6－02＝2，载波频率为5.0 kHz；C6－02＝3，载波频率为8.0 kHz；C6－02＝4，载波频率为10.0 kHz；C6－02＝5，载波频率为12.5 kHz；C6－02＝6，载波频率为15.0 kHz；C6－02＝F，任意设定。无PG矢量控制2时，C6－02＝1，载波频率为2.0 kHz；C6－02＝2，载波频率为4.0 kHz；C6－02＝3，载波频率为6.0 kHz；C6－02＝4，载波频率为8.0 kHz。载波频率的出厂设定值因变频器容量不同而不同。这里要注意，载波频率设定高低与变频器和电动机间的接线距离有关，当变频器和电动机间的接线距离太长时，应降低载波频率。当载波频率设定高时，变频器的过负载电流值将减小。

20）频率指令参数 d1－01～d1－17

d1－01～d1－17用于设定频率指令1～频率指令16和点动频率指令。d1－01～d1－16分别对应频率指令1～频率指令16，d0－17为点动频率指令。d1－01～d1－16参数的出厂设定值为0.00 Hz，d1－17参数的出厂设定值为6.00 Hz。在G7系列变频器中，运用16个的频率指令和1个点动频率指令，最多可进行17段速度切换。例如，配合多功能输入端，使用多段速指令1～3(S5～S7)，可以实现8段速运行，见表6-4。

表 6-4 使用多段速指令 1～3(S5～S7)的 8 段速频率指令

段速	S5(多段速指令 1)	S6(多段速指令 2)	S7(多段速指令 3)	能选择的频率
1	OFF	OFF	OFF	频率指令 1 为 d1－01 主速频率
2	ON	OFF	OFF	频率指令 2 为 d1－02 辅助频率 1
3	OFF	ON	OFF	频率指令 3 为 d1－03 辅助频率 2
4	ON	ON	OFF	频率指令 4 为 d1－04
5	OFF	OFF	ON	频率指令 5 为 d1－05
6	ON	OFF	ON	频率指令 6 为 d1－06
7	OFF	ON	ON	频率指令 7 为 d1－07
8	ON	ON	ON	频率指令 8 为 d1－08

21）设置输入电压参数 E1－01

本参数用于设定变频器的输入电压。对于 200 V 级变频器，出厂设定值为 200 V；对于 400 V 级变频器，出厂设定值为 400 V。这个设定值作为保护功能等的基准值。

22）选择 V/f 曲线类型参数 E1－03

本参数用于选择 V/f 曲线类型。当 E1－03＝0～E 时，可以从 15 种固定 V/f 曲线中选择相对应的 V/f 曲线。当 E1－03＝F 时，为任意 V/f 曲线，可以设置 E1－04～E1－10 的参数。

23）最高输出频率参数 E1－04

本参数用于设定最高输出频率。出厂设定值为 60.0 Hz。

24）最大电压参数 E1－05

本参数用于设定最大电压。对于 200 V 级变频器，出厂设定值为 200 V；对于 400 V 级变频器，出厂设定值为 400 V。

25）基频参数 E1－06

本参数用于设置基频。出厂设定值为 60.0 Hz。

26）中间输出频率参数 E1－07

本参数用于设定中间输出频率。变更控制模式时，出厂设定值随之改变。

27）中间输出频率电压参数 E1－08

本参数用于设定中间输出频率电压。变更控制模式时，出厂设定值随之改变。

28）最低输出频率参数 E1－09

本参数用于设定最低输出频率。变更控制模式时，出厂设定值随之改变。

29）最低输出频率电压参数 E1－10

本参数用于设定最低输出频率电压。变更控制模式时，出厂设定值随之改变。

30）电动机额定电流参数 E2－01

本参数用于设定电动机额定电流。这个设定值作为电动机保护、力矩限制和力矩控制的基准值。

31）电动机额定容量参数 E2－11

本参数用于设定电动机额定容量。

32）PG 参数 F1－01

本参数用于设定使用 PG(脉冲编码器)的脉冲数，用电动机转 1 圈相当的脉冲数值。出厂设定值为 600 个。

33) 设定 PG 旋转方向参数 F1－05

本参数用于设定 PG 旋转方向。F1－05＝0 时，电动机正转时 A 相超前(电动机反转时 B 相超前)；F1－05＝1，电动机正转时 B 相超前(电动机反转时 A 相超前)。出厂设定值为 0。

34) 选择多功能输入端子 S3～S12 的功能参数 H1－01～H1－10

H1－01～H1－10 参数为选择相应的多功能输入端子 S3～S12 的功能。H1－01 的出厂设定值为 24，H1－02 的出厂设定值为 14，H1－03 的出厂设定值为 3(0)，H1－04 的出厂设定值为 4(3)，H1－05 的出厂设定值为 6(4)，H1－06 的出厂设定值为 8(6)，H1－07 的出厂设定值为 5，H1－08 的出厂设定值为 32，H1－09 的出厂设定值为 7，H1－10 的出厂设定值为 15。多功能输入端子 S3～S12 的功能随着 H1－01～H1－10 的设定值改变而改变。上面出厂设定值中括号里的为三线制顺序初始化后的初始值。H1－01～H1－10 的设定值很多，也就是多功能输入端子的功能很多。多功能输入端子的部分功能和 H1－01～H1－10 参数设定值见表 6－5。

表 6－5　多功能输入端子的功能和 H1－01～H1－10 参数设定值

设定值	功　能
0	三线制顺序(正转/反转指令)
1	本地/远程选择(ON 时操作器，OFF 时参数设定)
3	多段速指令 1 如果已设定参数 H3－09＝2，则与“主速/辅助速切换”兼用
4	多段速指令 2
5	多段速指令 3
6	点动(JOG)频率选择(比多段速优先)
7	加减速时间选择 1
8	基极封锁指令 NO(a 接点 ON 时基极封锁)
9	基极封锁指令 NC(b 接点 OFF 时基极封锁)
A	保持加减速停止(ON 时停止加减速，保持输出频率)
B	变频器过热预报 OH2(ON 时显示“OH2”)
C	多功能模拟量输入选择(ON 时多功能模拟量输入有效)
10	UP 指令(必须和 DOWN 指令一起设定)
11	DOWN 指令(必须与 UP 指令一起设定)
12	FJOG 指令(ON：dl－17 正转运行)
13	RJOG 指令(ON：dl－17 反转运行)
14	故障复位(在 ON 的上升复位)
1 A	加减速时间选择 2
20～2F	外部故障(可任意设定)输入模式为 a 接点/b 接点检出模式为常时/运行中
32	多段速指令 4

35）选择多功能接点输出端的功能参数 H2－01～H2－05

H2－01～H2－05 参数为选择相应的多功能输出端子 M1－M2、P1、P2、P3、P4 的功能。H2－01 的出厂设定值为 0，H2－02 的出厂设定值为 1，H2－03 的出厂设定值为 2，H2－04 的出厂设定值为 6，H2－05 的出厂设定值为 10。多功能输出端子 M1－M2、P1、P2、P3、P4 的功能随着 H2－01～H2－05 参数设定值改变而改变。其中，H2－01～H2－05＝0 为运行中，H2－01～H2－05＝1 为零速，H2－01～H2－05＝2 为频率(速度)一致，H2－01～H2－05＝6 为变频器运行准备结束。

36）选择频率指令(电压)端子 A1 信号电平参数 H3－01

本参数用于选择频率指令(电压)端子 A1 信号电平。当 H3－01＝0 时，A1 信号电平为 0～＋10 V；当 H3－01＝1 时，A1 信号电平为 0～±10 V。出厂设定值为 0。

37）选择多功能模拟量输入端功能参数 H3－05、H3－09

H3－05 和 H3－09 参数用于选择多功能模拟量输入端 A3 和 A2 的功能。H3－05 的出厂设定值为 2，H3－09 的出厂设定值为 0。

38）选择电动机保护功能参数 L1－01

本参数用于设定由电子热敏器件检出的电动机过负载保护功能的有效/无效。当 L1－01＝0 时，电动机过负载保护功能无效；当 L1－01＝1 时，通用电动机保护有效；当 L1－01＝2 时，变频器专用电动机保护有效；当 L1－01＝3 时，矢量专用电动机保护有效。出厂设定值为 1。当一台变频器驱动多台电动机时，应设定 L1－01＝0。

39）选择减速中失速防止功能参数 L3－04

本参数用于选择减速中失速防止功能。出厂设定值为 1。其中，L3－04＝0，减速中失速防止功能无效，按设定减速，减速时间过短时主回路有过电压发生的危险。L3－04＝1，减速中失速防止功能有效，主回路电压达到过电压等级，停止减速，待电压恢复后再减速。L3－04＝3，有效(带制动电阻)使用制动选择件时(制动电阻器、制动电阻器单元、制动单元)，必须设定为 0 或 3。

40）自学习模式参数 T1－01～T1－08

(1) 选择自学习模式参数 T1－01。本参数用于选择自学习模式。T1－01＝0 为旋转型自学习；T1－01＝1 为停止型自学习；T1－01＝2 为只检测线间电阻的停止型自学习。出厂设定值为 0。

(2) 电动机输出功率参数 T1－02。本参数用于设定电动机输出功率(kW)。

(3) 电动机额定电压参数 T1－03。本参数用于设定电动机额定电压(V)。

(4) 电动机额定电流参数 T1－04。本参数用于设定电动机额定电流(A)。出厂设定值随变频器的容量而不同。

(5) 电动机的基频参数 T1－05。本参数用于设定电动机的基频(Hz)。出厂设定值为 60.0 Hz。

(6) 电动机的极数参数 T1－06。本参数用于设定电动机的极数。出厂设定值为 4。

(7) 电动机额定转速参数 T1－07。本参数用于设定电动机额定转速(r/min)。出厂设定值为 1 750 r/min。

(8) 自学习时的 PG 脉冲数参数 T1－08。本参数用于设定自学习时的 PG 脉冲数。出厂设定值为 600 个。

6.2　实训实例

6.2.1　西门子 MM440 交流变频调速系统设计装调

6.2.1.1　实训设备

(1) 西门子 MM440 交流变频调速装置一台。

(2) 三相交流异步电动机：YSJ7124。参数如下：P_N=370 W，U_N=380 V，I_N=1.12 A，n_N=1 400 r/min，f_N=50 Hz，cos ϕ_N=0.72，η_N=0.70。

(3) 连接导线若干根。

(4) 万用表。

6.2.1.2　工作任务

根据工艺运行控制要求，画出交流变频调速系统接线图，并在实训装置上完成系统接线。根据工艺运行控制要求，写出变频器参数清单，并完成变频器参数设置及调试运行，达到运行控制要求，然后读取与写出相应的转速、频率、电压、电流值及“变频器输出电压”和“变频器输出电流”仪表的读数。根据要求对交流变频调速系统进行分析，对交流变频调速系统进行故障分析及排除。

6.2.1.3　实训步骤与内容

按图 6-11 所示变频器实训接线图进行接线。在确定接线无误的情况下，经教师检查后合上电源开关通电。

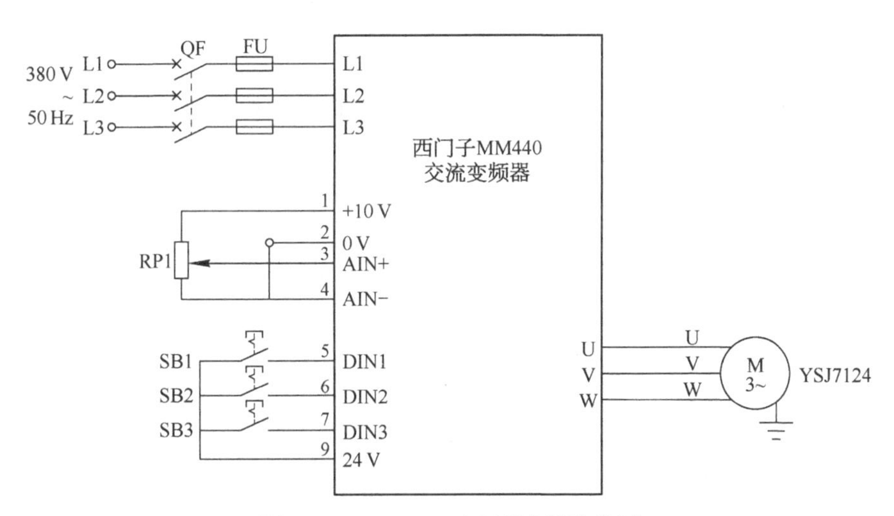

图 6-11　MM440 变频器实训接线图

1) 变频器参数复位及快速调试

(1) 将变频器复位为工厂的缺省值。

设置 P0010=30。

设置 P0970=1，恢复出厂设置。复位过程需要 1～3 min 才能完成。

(2) 快速调试。快速调试是西门子 MM440 变频器在调试阶段最重要的工作之一，它对于变频器长期安全稳定运行是非常关键的。其调试步骤如下：

P0003=3 专家级，否则有些参数无法访问。

P0010＝1,开始快速调试。

P0100＝0,功率单位为 kW,f 的缺省值为 50 Hz。

P0205 为变频器的应用对象:0—恒转矩/1—变转矩,此参数一定要按照负载类型选择。

注意:用于离心式风机、水泵类变转矩负载时,P0205 一定要设置为 1。

P0300 为电动机类型,可设置为:1—异步机,2—同步机。

P0304～P0311 为电动机额定参数,一定要按照电动机铭牌认真输入。其中,P0304 为电动机额定电压(V)、P0305 为电动机额定电流(A)、P0307 为电动机额定功率(kW)、P0308 为电动机额定功率因数、P0309 为电动机额定效率、P0310 为电动机额定频率(Hz)、P0311 为电动机额定速度(r/min)。

P0320 为电动机的磁化电流,可以不设置,变频器可自动计算。

P0335 为电动机冷却方式,可按实际情况设置:0—自冷,1—强制冷却,2—自冷和内置风机冷却,3—强制冷却和内置风机冷却。

P0640 为电动机的过载因子 10.0%～400.0%,设定值的范围电动机过载电流的限定值除以电动机额定电流(P0305)的百分数值。

P0700 为选择命令源:1—基本操作面板,2—控制端子(数字输入)控制。

P1000 为选择频率设定值:1—电动电位计设定值,2—模拟设定值,3—固定频率设定值。

P1080 为电动机最小频率。

P1082 为电动机最大频率。

P1120、P1121、P1135 为加减速时间,按工艺需要和机械性能设置。其中,P1120 为加速时间(斜坡上升时间),P1121 为减速时间(斜坡下降时间),P1135 为对应于 OFF3 的减速时间(斜坡下降时间)。

P1300 为控制方式:0—线性 V/f 控制,1—带 FCC 的 V/f 控制,2—抛物线 V/f 控制,3—多点 V/f 控制,20—无传感器矢量控制,21—带传感器矢量控制,22—无传感器的矢量转矩控制,23—带传感器的矢量转矩控制。

P1500 为转矩设定值选择,不用时可略过。

P3900 为结束快速调试:1—结束快速调试,并按工厂设置使参数复位;3—结束快速调试,只进行电动机数据的计算。

快速调试的流程图如图 6-12 所示。

在技能操作实训中,P0205、P0300、P0335、P0640、P1135 等参数都采用缺省值(出厂设定值),故在下面变频器参数设定值表中将不再出现。

电动机铭牌数据只能在 P0010＝1 快速调试时修改,用于参数化的电动机铭牌数据如图 6-13 所示。

2) 变频器的控制端子控制运行操作

本技能操作实训目的是要求学习者能熟悉掌握变频器的控制端子控制运行操作方法。变频器的控制端子控制运行操作一般有两种类型,一种是用变频器的输入端控制变频器的运行(如正转运行、反转运行和停止等),而变频器的输出频率调节,即电动机转速调节由模拟量给定来调节,这里称为模拟量给定运行控制操作;另一种是用变频器的输入端控制变频器的运行(如正转运行、反转运行和停止等)和多段固定频率给定值,从而实现变频器的输出频率调节,即电动机转速调节,这里称为多段速运行控制操作。本技能操作实训分为模拟量给定运行操作和多段速运行操作两部分。

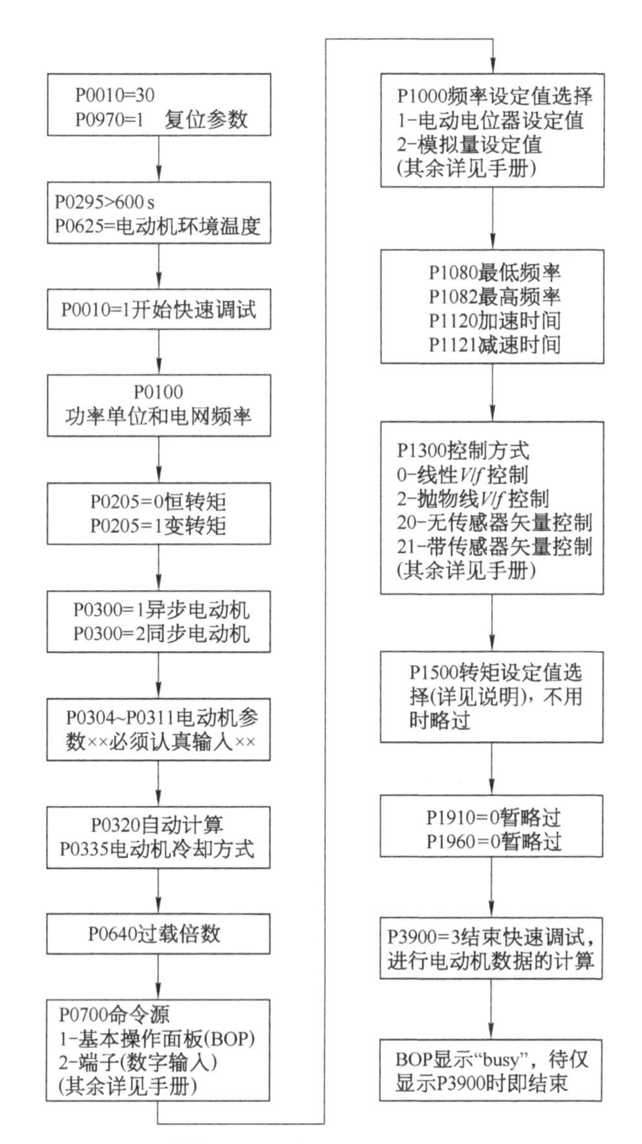

图6-12 快速调试的流程图

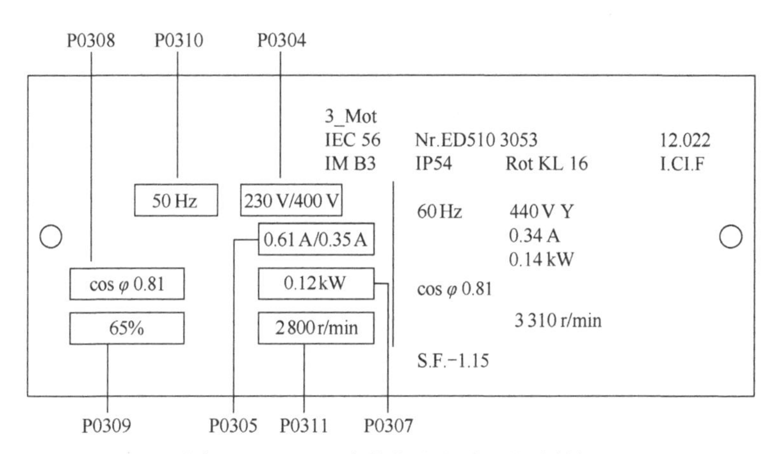

图6-13 用于参数化的电动机铭牌数据

(1) 模拟量给定运行操作。按图 6－14 所示变频器实训接线图进行接线。在确定接线无误的情况下,经教师检查后合上电源开关通电。在变频器运行前,首先应根据要求进行变频器参数设置,在变频器所需要参数设置完成后,就可以进行变频器运行操作。

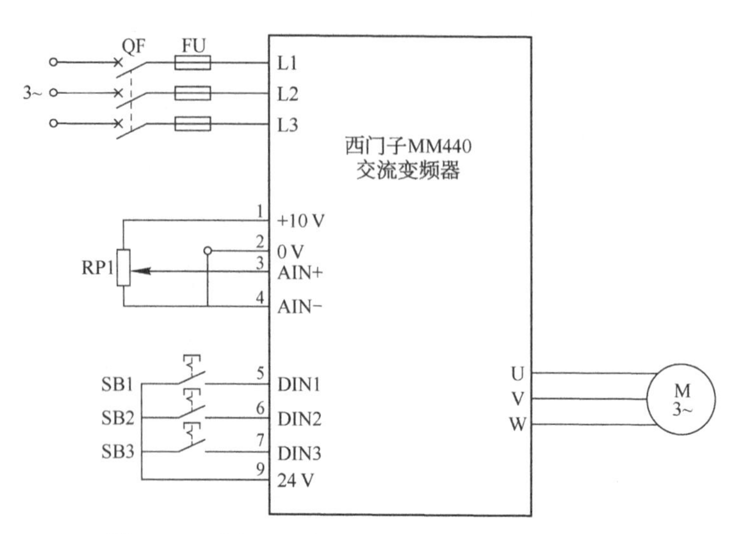

图 6－14 模拟量给定运行操作的变频器实训接线图

① 模拟量给定运行时变频器参数设置。

将变频器复位为工厂的缺省值

P0010＝30

P0970＝1　恢复出厂设置。

快速调试

P0003＝3

P0010＝1　快速调试。

P0100＝0　功率的单位用 kW,频率缺省值为 50 Hz。

P0304＝380　电动机额定电压(V)。

P0305＝1.12　电动机额定电流(A)。

P0307＝0.37　电动机额定功率(kW)。

P0310＝50　电动机额定频率(Hz)。

P0311＝1400　电动机额定转速(r/min)。

P0700＝2　选择由控制端子运行控制。

P1000＝2　选择由模拟量给定。

P1080＝0　最低频率。

P1082＝50　最高频率。

P1120＝8　斜坡上升时间(根据要求设置)。

P1121＝5　斜坡下降时间(根据要求设置)。

P1300＝0　采用线性 V/f 控制。

P3900＝1　结束快速调试(也可以设置 P3900＝3)。

快速调试结束后,变频器进入"准备运行"状态。为了使电动机开始运行,必须将 P0010 返回到"0",即 P0010＝0,否则电动机不会开始运行。当 P3900＝1、2、3 时,快速调试结束后,自动将 P0010 返回到“0”,即 P0010=0,变频器进入“准备运行”状态。如果未设置 P3900 参数,则必须设置 P0010=0。

运行工艺参数

P0003=3

P0005=22

P0701=1 运行指令。接通(ON)—正转运行,断开(OFF)—停止运行。

P0702=12 转向切换指令。断开—正转运行,接通—反转运行。

② 模拟量给定运行操作。按下自锁按钮 SB1,5 端接通,电动机正转运行,其转速由外接模拟量给定电位器 RP1 控制。调节 RP1 使给定电压达到所要求值,记录此时转速、输出频率、输出电压和输出电流等数据。断开 SB1,5 端断开,则电动机将减速停车。

按下自锁按钮 SB1、SB2,5 端、6 端接通,电动机反转运行。调节 RP1 使给定电压达到所要求值,记录此时转速、输出频率、输出电压和输出电流等数据。断开 SB1,5 端断开,则电动机将减速停车。

上述变频器参数设置中运行工艺参数还可设置为下列数据:

P0701=1 运行指令。接通—正转运行,断开—停止运行。

P0702=2 运行指令。接通—反转运行,断开—停止运行。

此时模拟量给定运行操作为:按下自锁按钮 SB1,5 端接通,电动机正转运行,其转速由外接模拟量给定电位器 RP1 控制。调节 RP1 使给定电压达到所要求值,记录此时转速、输出频率、输出电压和输出电流等数据。断开 SB1,5 端断开,则电动机将减速停车。按下自锁按钮 SB2,6 端接通,电动机反转运行。调节 RP1 使给定电压达到所要求值,记录此时转速、输出频率、输出电压和输出电流等数据。断开 SB2,6 端断开,则电动机将减速停车。

从上述操作可看出,变频器参数设置可以有不同方法,要熟悉并灵活使用。

(2) MM440 变频器固定频率选择方法。多段速(固定频率)运行控制操作就是用变频器的输入端控制变频器的运行(如正转运行、反转运行和停止等)和多段固定频率给定值选择,从而实现变频器的输出频率调节,即电动机转速调节。因此,先对 MM440 变频器固定频率选择方法进行说明。西门子 MM440 变频器固定频率运行时,将频率设定值参数 P1000 设置为 3,即 P1000=3,此时相应的固定频率设定值(FF1~FF15)可在参数 P1001~P1015 中设置。MM440 变频器有直接选择、直接选择+启动(ON)命令、二进制编码选择+启动命令三种固定频率选择方法,具体可由参数 P0701~P0706 设置来选择。

① 直接选择。将 P0701~P0706 参数设置为 15。在这种操作方式下,1 个数字量输入端选择 1 个固定频率。如果有几个固定频率输入同时被激活,那么选定的固定频率值是它们的总和(如 FF1+FF2+FF3+FF4+FF5+FF6)。例如,此时可通过自锁按钮 SB1、SB2、SB3 分别控制 5 端、6 端、7 端选择输出的固定频率值(FF1、FF2、FF3)。当 5 端接通时,选择 FF1(P1001 中设置的固定频率值),当 6 端接通时,选择 FF2(P1002 中设置的固定频率值),当 7 端接通时,选择 FF3(P1003 中设置的固定频率值)。当 5 端、6 端同时接通时,选择的固定频率值为 FF1+FF2。

这里要注意,此时自锁按钮 SB1、SB2、SB3 分别控制的 5 端、6 端、7 端仅仅是选择输出的固定频率值(FF1、FF2、FF3),还必须设置变频器启动、停止等运行控制信号,才能使变频器投入运行,控制电动机的运行。例如,为加入变频器启动信号,将 8 端设置为正转启动控制端,此时必须将 P0704 设置为 1,并通过自锁按钮 SB4 控制 8 端。将 P0701、P0702 和 P0703 均设置为 15。当按下 SB4(8 端)时,电动机启动,此时可用 SB1(5 端)、SB2(6 端)、SB3(7 端)直接选择 P1001、P1002、P1003 所设置的频率。

② 直接选择＋启动命令。将 P0701～P0706 参数设置为 16。在这种操作方式下，选择固定频率时，既有选定的固定频率，又有启动命令。1 个数字量输入端选择 1 个固定频率。如果有几个固定频率输入同时被激活，选定的固定频率值是它们的总和(如 FF1＋FF2＋FF3＋FF4＋FF5＋FF6)。例如，此时可通过自锁按钮 SB1、SB2、SB3 分别控制 5 端、6 端、7 端，既可选择输出的固定频率值(即 FF1、FF2、FF3)，又可控制变频器启动、停止等。当 5 端接通时，变频器以 FF1 固定频率值(P1001 中设置的固定频率值)运行；当 5 端断开时，变频器停止运行。同理，当 6 端接通时，变频器以 FF2 固定频率值(P1002 中设置的固定频率值)运行；当 7 端接通时，变频器以 FF3 固定频率值(P1003 中设置的固定频率值)运行。当 5 端、6 端同时接通时，变频器以 FF1＋FF2 的固定频率值运行。这种操作方式与直接选择的操作方式的不同之处在于，这种操作方式无须再设置变频器启动、停止等运行控制信号，变频器就可运行。

③ 二进制编码选择＋启动命令。将 P0701～P0704 参数均设置为 17。在这种操作方式下，最多可选择 15 个固定频率，各个固定频率的选择方式见表 6-6，其中输入高电平代表“1”，输入低电平代表“0”。此时选择固定频率时，既有选定的固定频率，又带有启动命令，把它们组合在一起。例如，可通过自锁按钮 SB1、SB2、SB3 分别控制 5 端、6 端、7 端实现二进制编码选择＋启动命令的多段速(最多七段速)运行控制。

表 6-6　二进制编码选择固定频率

	8 端(P0704＝17)	7 端(P0703＝17)	6 端(P0702＝17)	5 端(P0701＝17)
FF1(P1001)	0	0	0	1
FF2(P1002)	0	0	1	0
FF3(P1003)	0	0	1	1
FF4(P1004)	0	1	0	0
FF5(P1005)	0	1	0	1
FF6(P1006)	0	1	1	0
FF7(P1007)	0	1	1	1
FF8(P1008)	1	0	0	0
FF9(P1009)	1	0	0	1
FF10(P1010)	1	0	1	0
FF11(P1011)	1	0	1	1
FF12(P1012)	1	1	0	0
FF13(P1013)	1	1	0	1
FF14(P1014)	1	1	1	0
FF15(P1015)	1	1	1	1
OFF(停止)	0	0	0	0

(3) 多段速(固定频率)运行控制技能操作。现以多段速(固定频率)运行控制要求为例，说明多段速(固定频率)运行控制时变频器参数设置及其操作。

多段速运行控制要求为:第一段频率为正向15 Hz;第二段频率为正向40 Hz;第三段频率为正向10 Hz;第四段频率为反向26.7 Hz;第五段频率为反向45 Hz;第六段频率为反向20 Hz。加速上升时间为8 s,减速下降时间为5 s。变频器的控制方式采用V/f控制方式。

按图6-15所示变频器实训接线图进行接线。在确定接线无误的情况下,经教师检查后合上电源开关通电。在变频器运行前,首先应根据要求进行变频器参数设置,在变频器所需要参数设置完成后,就可以进行变频器运行操作。

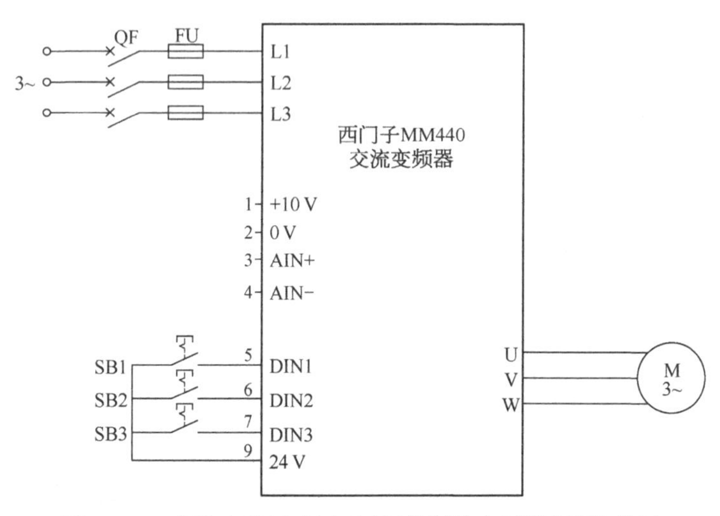

图6-15　多段速(固定频率)运行控制的变频器实训接线图

① 多段速(固定频率)运行时变频器参数设置。

将变频器复位为工厂的缺省设定值

P0010=30

P0970=1　恢复出厂设置。

快速调试

P0003=3

P0010=1　快速调试。

P0100=0　功率用kW,频率缺省值为50 Hz。

P0304=380　电动机额定电压。

P0307=0.37　电动机额定功率。

P0310=50　电动机额定频率。

P0305=1.12　电动机额定电流。

P0311=1 400　电动机额定转速。

P0700=2　选择由控制端子运行控制。

P1000=3　选择由固定频率给定。

P1080=0　最低频率。

P1082=50　最高频率。

P1120=8　斜坡上升时间(根据要求设置)。

P1121=5　斜坡下降时间(根据要求设置)。

P1300=0　采用线性 V/f 控制。

P3900=1　结束快速调试。

快速调试结束,变频器进入"准备运行"状态。为了使电动机开始运行,必须将 P0010 返回到"0",即 P0010=0,否则电动机不会开始运行。当 P3900=1、2、3 时,快速调试结束后,自动将 P0010 返回到"0",即 P0010=0,变频器进入"准备运行"状态。如果未设置 P3900 参数,则必须设置 P0010=0。

运行工艺参数

P0003=3

P0005=22

P0701=17　固定频率设置(二进制编码选择+启动命令)。

P0702=17　固定频率设置(二进制编码选择+启动命令)。

P0703=17　固定频率设置(二进制编码选择+启动命令)。

P0704=17　固定频率设置(二进制编码选择+启动命令)。

P1001=15　FF1 第一段固定频率为 15 Hz。

P1002=40　FF2 第二段固定频率为 40 Hz。

P1003=10　FF3 第三段固定频率为 10 Hz。

P1004=−26.7　FF4 第四段固定频率为−26.7 Hz。

P1005=−45　FF5 第五段固定频率为−45 Hz。

P1006=−20　FF6 第六段固定频率为−20 Hz。

多段速(固定频率)运行控制操作时,按下自锁按钮 SB1,5 端接通时,电动机以 FF1(15 Hz)固定频率正转运行,断开 SB1,5 端断开,则电动机将减速停车。同理,按下自锁按钮 SB2,6 端接通,电动机以 FF2(40 Hz)固定频率正转运行;按下自锁按钮 SB1、SB2,5 端、6 端同时接通时,电动机以 FF3(10 Hz)固定频率正转运行;按下自锁按钮 SB3,7 端接通,电动机以 FF4(−26.7 Hz)固定频率反转运行;按下自锁按钮 SB1、SB3,5 端、7 端同时接通时,电动机以 FF5(−45 Hz)固定频率反转运行;按下自锁按钮 SB2、SB3,6 端、7 端同时接通时,电动机以 FF6(−20 Hz)固定频率反转运行。读出以上各段速(固定频率)时对应的转速、输出频率、输出电压和输出电流等数据,并填入表 6-7 中。

表 6-7　测量结果记录(一)

项目	第一段	第二段	第三段	第四段	第五段	第六段
频率/Hz						
转速/(r/min)						
电流/A						
电压/V						

在上述多段速(固定频率)运行控制技能操作实例中,变频器的控制方式要求采用线性 V/f 控制,即 P1300=0。如果在多段速(固定频率)运行控制要求中,要求变频器的控制方式采用无传感器矢量控制;而其他多段速(固定频率)运行控制要求不变时,则变频器参数设置需要在快速调试中将变频器的控制方式设置为无传感器矢量控制,即 P1300=20,其他参数设置可不

变。在快速调试结束后，还需要对电动机数据自动检测，即设置 P1910=1，对电动机所有参数都自动检测，并改写参数数值。也就是说，在上述快速调试参数表中还需要增加 P1910=1 时的相关数据。

② 画出以上六段速运行的 $n=f(t)$ 曲线图，要求标明时间坐标和转速坐标值。

③ 系统故障分析与处理。在交流调速系统实训装置中人为设置 1 个故障点，根据故障现象具体分析产生故障可能原因，找出具体故障点并进行处理，使调速系统正常运行。

（4）带点动、直流制动功能的多段速运行控制。

① 带点动、直流制动功能的多段速运行控制要求。现以多段速（固定频率）运行控制要求为例，说明带点动、直流制动功能的多段速运行控制时变频器参数设置及其操作。多段速运行控制要求如下：

第一段频率为正向 10 Hz；第二段频率为正向 30 Hz；第三段频率为正向 15 Hz；第四段频率为反向 40 Hz；第五段频率为反向 20 Hz。加速上升时间为 10 s，减速下降时间为 6 s。

正、反向点动由正、反向点动按钮控制，正向点动频率为 6 Hz，反向点动频率为 6 Hz，点动上升时间为 12 s，点动下降时间为 8 s。

变频器控制系统具有直流制动控制功能。其具体要求为：直流制动起始频率 8 Hz，直流制动电流为 50%电动机额定电流，直流制动时间 2 s。变频器的控制方式采用 V/f 控制方式。

控制系统还设有“直流注入制动投入”和“变频器运行”两个指示灯，具体由变频器开关量输出（继电器）控制。“直流注入制动投入”和“变频器运行”两个指示灯采用 DC24 V 电源。

控制系统设有“变频器输出频率”仪表，具体由变频器模拟量输出控制。“变频器输出频率”仪表采用量程为 0～20 mA 的电流表改制。

按图 6-16 所示变频器实训接线图进行接线。在确定接线无误的情况下，经教师检查后合上电源开关通电。在变频器运行前，首先应根据要求进行变频器参数设置，在变频器所需要参数设置完成后，就可以进行变频器运行操作了。

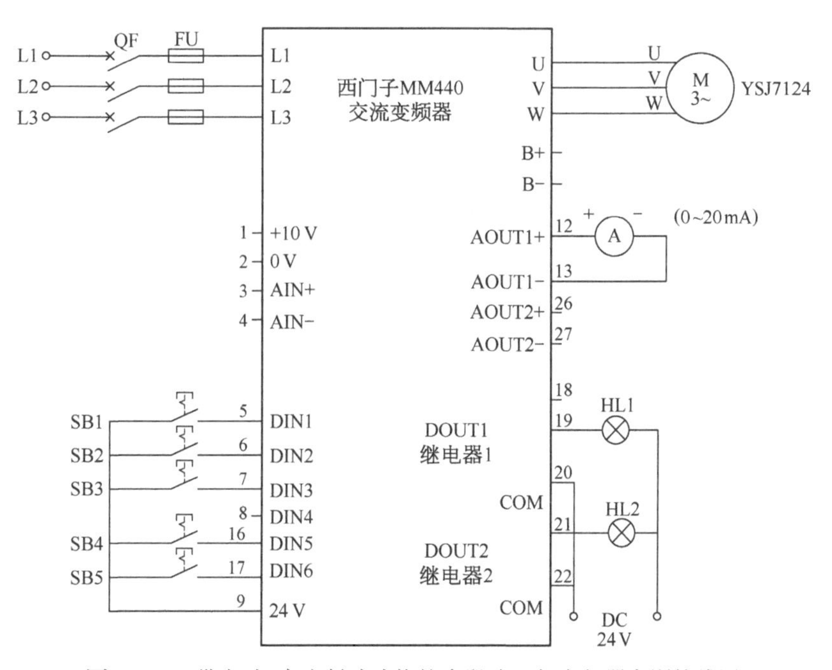

图 6-16　带点动、直流制动功能的多段速运行变频器实训接线图

② 带点动、直流制动功能的多段速运行时变频器参数设置。

将变频器复位为工厂的缺省值

P0010＝30

P0970＝1　恢复出厂设置。

快速调试

P0003＝3

P0010＝1　快速调试。

P0100＝0　功率用 kW，频率缺省值为 50 Hz。

P0304＝380　电动机额定电压。

P0305＝1.12　电动机额定电流。

P0307＝0.37　电动机额定功率。

P0310＝50　电动机额定频率。

P0311＝1400　电动机额定转速。

P0700＝2　选择由控制端子运行控制。

P1000＝3　选择由固定频率给定。

P1080＝0　最低频率。

P1082＝50　最高频率。

P1120＝10　斜坡上升时间(根据要求设置)。

P1121＝6　斜坡下降时间(根据要求设置)。

P1300＝0　采用线性 V/f 控制。

P3900＝1　结束快速调试。

快速调试结束后，变频器进入“准备运行”状态。为了使电动机开始运行，必须将 P0010 返回到“0”，即 P0010＝0，否则电动机不会开始运行。当 P3900＝1、2、3 时，快速调试结束后，自动将 P0010 返回到“0”，即 P0010＝0，变频器进入“准备运行”状态。如果未设置 P3900 参数，则必须设置 P0010＝0。

运行工艺参数

P0003＝3

P0005＝22

P0701＝17　固定频率设置(二进制编码选择＋启动命令)。

P0702＝17　固定频率设置(二进制编码选择＋启动命令)。

P0703＝17　固定频率设置(二进制编码选择＋启动命令)。

P0704＝17　固定频率设置(二进制编码选择＋启动命令)。

P0705＝10　正向点动。

P0706＝11　反向点动。

P0731＝52.2　变频器正在运行。

P0732＝53.0　直流注入制动投入。

P0771＝21　变频器输出频率。

P1001＝10　FF1 第一段固定频率为 10 Hz。

P1002＝30　FF2 第二段固定频率为 30 Hz。

P1003＝15　FF3 第三段固定频率为 15 Hz。

P1004＝－40　FF4 第四段固定频率为－40 Hz。

P1005=-20　FF5第五段固定频率为-20 Hz。

P1058=6　正向点动频率为6 Hz。

P1059=6　反向点动频率为6 Hz。

P1060=12　点动斜坡上升时间为12 s。

P1061=8　点动斜坡下降时间为8 s。

P1232=50　直流制动电流为50%电动机额定电流。

P1233=2　直流制动的持续时间为2 s。

P1233=8　直流制动的起始频率为8 Hz。

③ 带点动、直流制动功能的多段速运行操作。按下自锁按钮SB1,5端接通,电动机以FF1(10 Hz)固定频率正转运行,断开SB1,5端断开,则电动机将减速停车+直流制动。同理,按下自锁按钮SB2,6端接通,电动机以FF2(30 Hz)固定频率正转运行,断开SB2,6端断开,则电动机将减速停车+直流制动。按下自锁按钮SB1、SB2,5端、6端同时接通时,电动机以FF3(15 Hz)固定频率正转运行;按下自锁按钮SB3,7端接通,电动机以FF4(40 Hz)固定频率反转运行;按下自锁按钮SB1、SB3,5端、7端同时接通时,电动机以FF5(20 Hz)固定频率反转运行。读出以上各段速(固定频率)时对应转速、输出频率、输出电压和输出电流等数据以及"变频器输出电流"仪表的读数,并填入表6-8中。

表6-8　测量结果记录(二)

项目	第一段	第二段	第三段	第四段	第五段
频率/Hz					
转速/(r/min)					
电流/A					
电压/V					
变频器输出 电流表/mA					

按下按钮SB4,16端接通,电动机以正向点动频率点动运行,断开SB4,16端断开,则电动机将减速停车。按下按钮SB5,17端接通,电动机以反向点动频率点动运行,断开SB5,17端断开,则电动机将减速停车。

6.2.2　安川G7交流变频调速系统设计装调

6.2.2.1　实训设备

(1) 安川G7交流变频调速实训装置。

(2) 三相交流异步电动机:YSJ7124。参数如下:$P_N=370$ W,$U_N=380$ V,$I_N=1.12$ A,$n_N=1\,400$ r/min,$f_N=50$ Hz,$\cos\phi_N=0.72$,$\eta_N=0.70$

(3) FX2N系列的PLC实训装置(配备装有三菱编程软件SWOPC-FXGP/WIN-C的电脑)。

(4) 连接导线若干根。

(5) 万用表。

6.2.2.2 工作任务

根据 PLC 控制的运料小车交流变频调速系统工艺流程及控制要求，完成安川 G7 变频器参数设置、调试、运行及 PLC 控制系统程序设计、调试、运行。

PLC 控制的运料小车交流变频调速系统工艺流程及控制要求如下：

1) 系统工作概况

运料小车由三相交流电动机驱动，工艺流程示意图如图 6-17 所示。当按下启动按钮 SB1，运料小车作连续自动装料、卸料和清洗运行。运料小车运行过程中，按下停止按钮 SB2 后，必须待小车完成一次循环回到原点后才能实现制动停车。

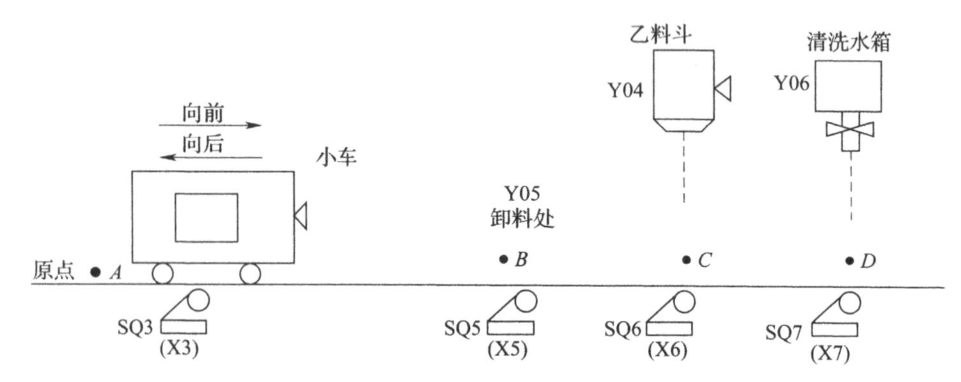

图 6-17 运料小车工艺流程示意图

2) 自动装料、卸料和清洗运行控制要求

(1) 在原点(A)位置(行程开关 SQ3)时按下启动按钮 SB1，小车以 300 r/min 的速度在控制电动机的驱动下运行 3 s，再以 1 200 r/min 的速度运行 5 s 后，减速至 700 r/min 驶向乙料斗。当小车达到 C 点(行程开关 SQ6)时，由 Y04 控制乙料车装料 6 s。

(2) 小车装料完毕后，以－400 r/min 速度反向运行 3 s，再以－700 r/min 的速度到达卸料处 B 点(行程开关 SQ5)，电动机驱动小车实现停车。

(3) 在 B 点由 Y05 控制小车卸料 5 s，然后以 400 r/min 的速度运行 2 s，再以 700 r/min 的速度运行 4 s 后，减速至 300 r/min 驶向 D 点(行程开关 SQ7)，由 Y06 控制清洗小车 5 s。

(4) 小车清洗完毕，以－300 r/min 的速度反向运行 2 s 后，再加速到－1 200 r/min 反向运行，返回乙料斗装料，然后再卸料、清洗，如此不断地自动循环工作。

(5) 按停止按钮后，运料小车在本次装料、卸料、清洗完成后，以－300 r/min 的速度反向运行 2 s 后，再加速到－1 200 r/min 驶向原点 A，当运料小车到达行程开关 SQ3 时控制停车。

3) PLC 控制交流变频调速系统控制要求

(1) 运料小车交流变频调速系统采用 PLC 控制交流变频器的开关量输入端口来控制变频调速系统的启动、停止、正转、反转和多段固定频率设定。

(2) 交流变频调速系统控制方式采用无 PG 的 V/f 控制方式。

(3) 交流变频调速系统设定值。

① 加速时间为 3 s，减速时间为 2 s。

② 要求交流电动机按 S 形特性进行加减速运行，加速开始、加速完毕、减速开始、减速完

毕的 S 形特性时间分别为 0.3 s、0.2 s、0.2 s、0.2 s。

③ 停车时，当转速降至 150 r/min 时开始进行直流制动，直流制动电流为 50%电动机额定电流，直流制动时间为 0.5 s。

6.2.2.3 实训步骤与内容

1) 按图接线

按图 6-18 所示 PLC 控制的运料小车交流变频调速系统实训接线图。

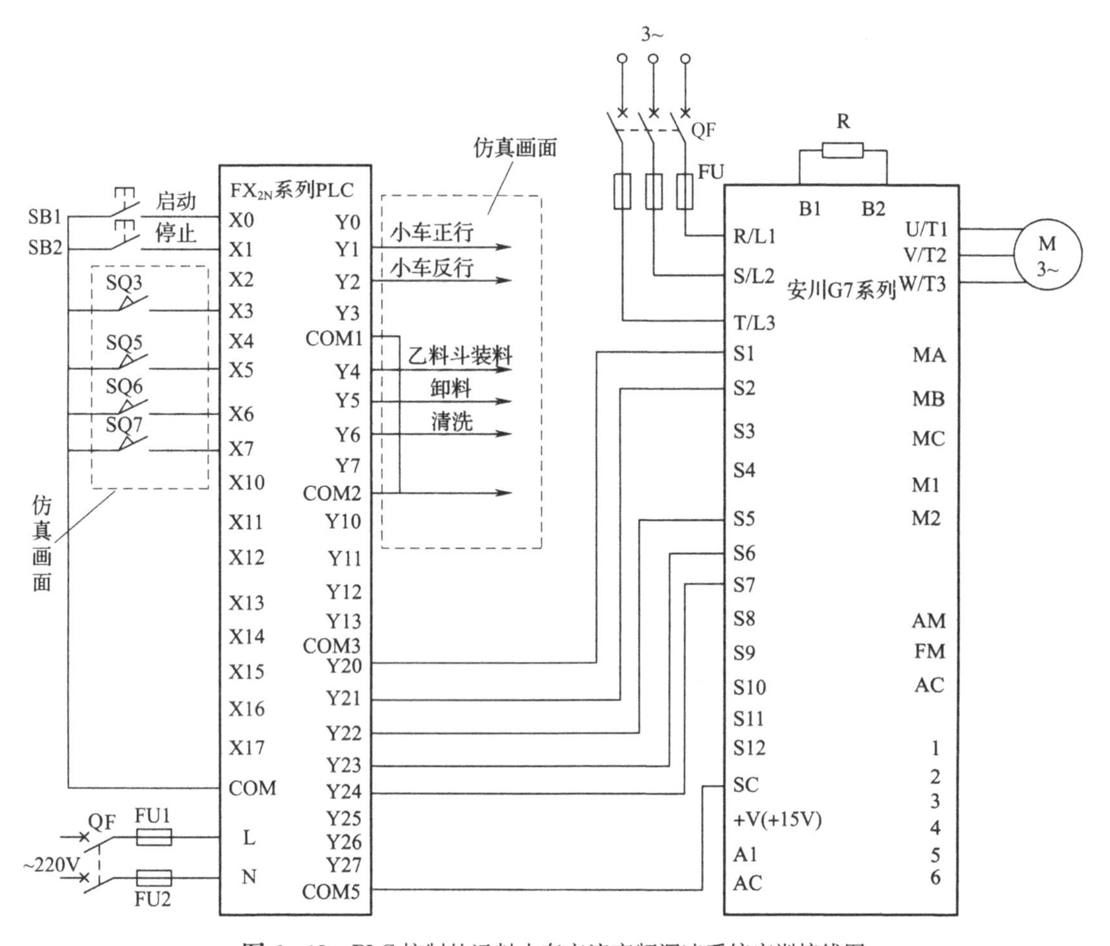

图 6-18 PLC 控制的运料小车交流变频调速系统实训接线图

2) 安川 G7 变频器调试运行

在确定接线无误的情况下，经教师检查后，合上电源开关通电。在变频器运行前，首先应根据要求进行变频器参数设置，在变频器所需要参数设置完成后，才可以进行变频器的运行操作。

(1) 变频器参数编写。

A1—00=0	b1—01=0
A1—01=2	b1—02=1
A1—02=0	b1—03=0
A1—03=2 220	b1—04=0

b2－01＝5.00
b2－02＝50
b2－04＝0.5
C1－01＝3.0
C1－02＝2.0
C2－01＝0.3
C2－03＝0.2
C2－02＝0.2
C2－04＝0.2
d1－01＝10
d1－02＝13.3
d1－03＝23.3
d1－05＝40
d2－01＝100
d2－02＝0
E1－01＝380
E1－03＝F
E1－04＝50
E1－05＝380
E1－06＝50
E2－01＝1.12
E2－11＝0.37
H1－03＝3
H1－04＝4
H1－05＝5
H3－05＝1F
H3－09＝1F
L1－01＝1

(2) 变频器参数设置、调试、运行。根据上述参数进行变频器参数设置，并利用模拟输入装置(如自锁按钮)按照控制要求进行变频器调试与运行，以满足工艺要求。如果变频器的控制方式改为无PG的矢量控制1，则上述变频器的参数设置也要相应修改，并进行自学习模式调试。

3) PLC控制系统程序设计、调试、运行

在确定接线无误的情况下，经教师检查后，合上电源开关通电。将PLC控制系统程序输入PLC，在仿真画面上进行PLC控制系统调试与运行。

(1) PLC控制系统的程序设计。PLC的输入、输出(I/O)端口分配见表6－9。

表6－9　PLC的输入、输出端口分配

输入设备名称	输入口编号	输出设备名称	输出口编号
启动按钮	X0	小车正转	Y1
停止按钮	X1	小车反转	Y1、Y2
限位开关SQ3	X3	乙料斗装料	Y4
限位开关SQ5	X5	卸料	Y5
限位开关SQ6	X6	清洗	Y6
限位开关SQ7	X7	变频器正向运行	Y20
		变频器反向运行	Y21
		变频器多段速指令1	Y22
		变频器多段速指令2	Y23
		变频器多段速指令3	Y24

运料小车自动控制运行状态转移图、梯形图分别如图6－19、图6－20所示。

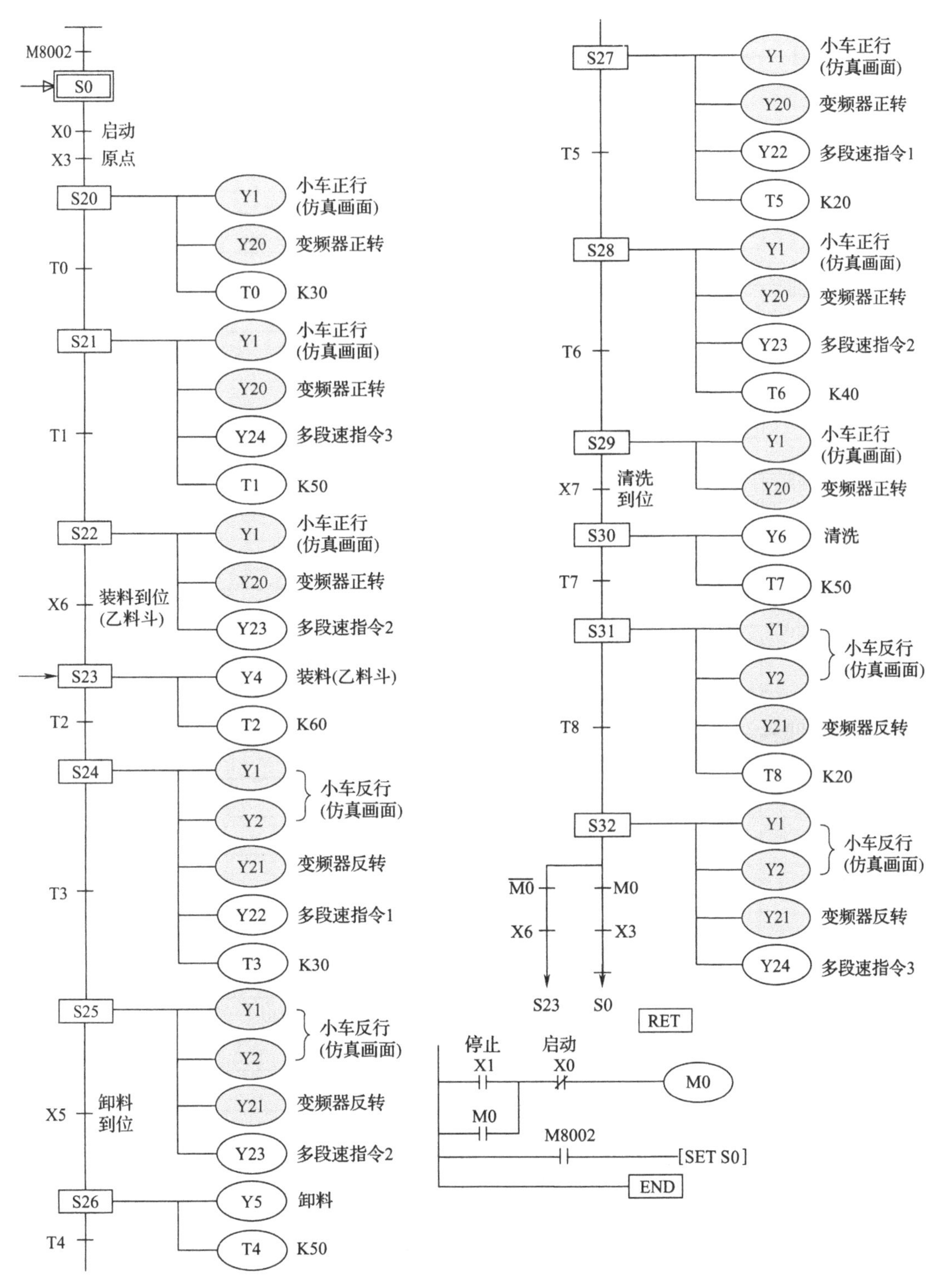

图 6－19　运料小车自动控制状态转移图

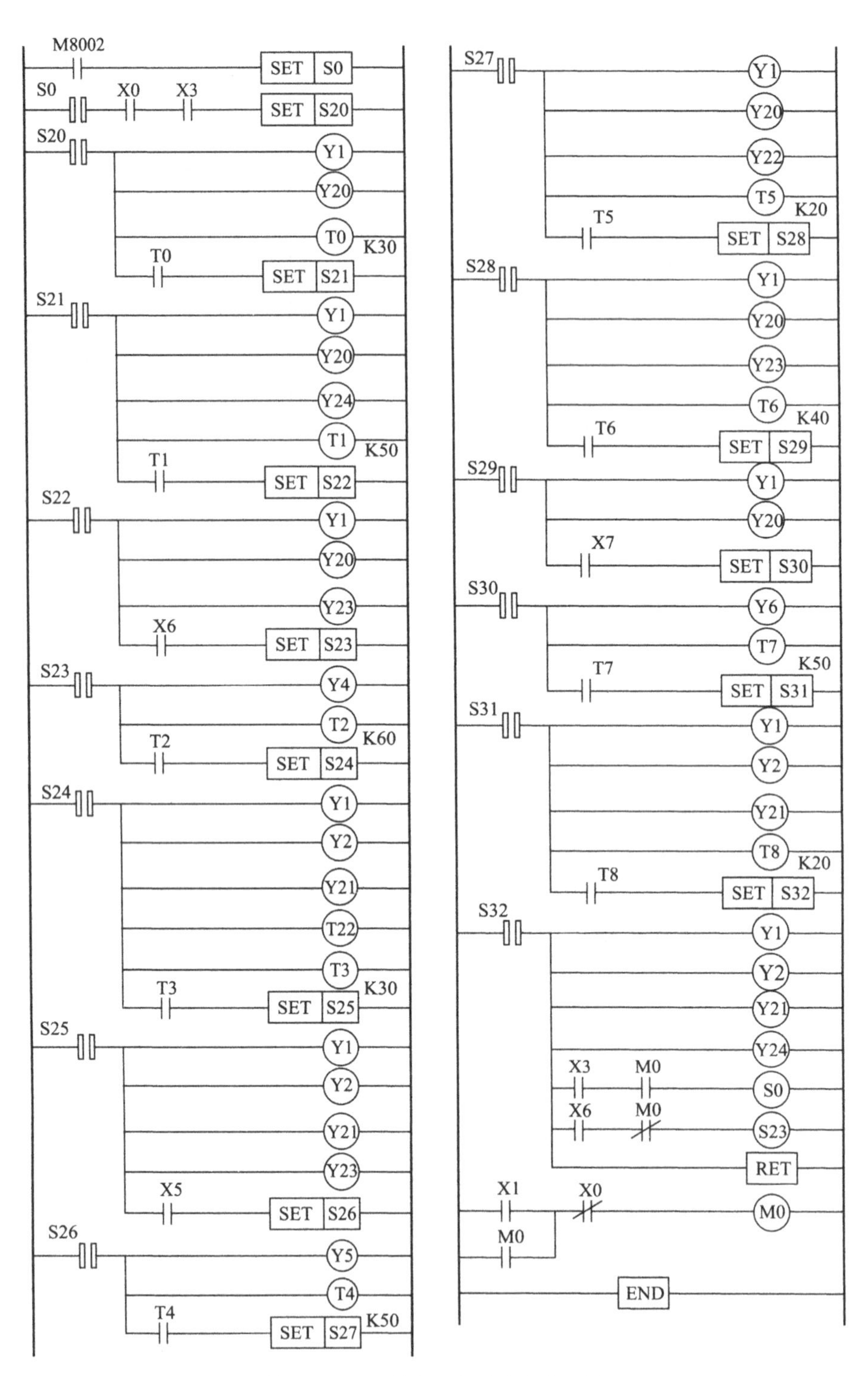

图 6-20 运料小车自动控制梯形图

(2) PLC 控制系统的调试与运行。在确定接线无误的情况下，经教师检查后，合上电源开关通电。将 PLC 控制系统程序输入 PLC。利用输入装置(如自锁按钮)和仿真画面，按照控制要求进行 PLC 控制系统调试与运行，以满足工艺要求。

4) PLC 控制系统和交流变频调速系统联合调试

在图 6-18 中已画出变频器与 PLC 的连接关系。图中 PLC 的控制输出端子 Y20、Y21、Y22、Y23、Y24、COM 端与变频器输入端 S1、S2、S5、S6、S7、SC 端连接，控制变频器的正转、反转和多段速运行。将 PLC 控制系统有关输出端和交流变频调速系统的有关输入端连接起来，在确定接线无误的情况下，经教师检查后合上电源开关通电。利用输入装置(如自锁按钮)和仿真画面按照控制要求进行 PLC 控制系统和交流变频调速系统联合调试与运行，以满足工艺要求。

模块 7

单片机原理及应用实训

实训要求

通过本模块的学习，要求学生掌握 AT89C52 单片机实训开发系统硬件设置与连接，Keil 软件的安装与使用；掌握 51 逻辑操作指令、位操作指令、算术运算指令和控制转移指令等常用指令的使用方法；掌握数码管显示、实现单片机的定时与计数功能、蜂鸣器的发声以及串口的发送、接收及中断等编程方法。

7.1　基础知识

7.1.1　单片机

单片机是微型计算机发展的一个重要分支，其主要目的是面向各种场合的嵌入式应用。自 1971 年 Intel 公司推出的第一款单片机以来，单片机就以其独特的优势得到了广泛的应用。所谓的单片机就是在一个半导体芯片上集成了中央处理器(central processing unit，CPU)、存储器、I/O(Input/Output)接口、时钟振荡器、定时/计数器和中断系统等计算机的主要功能部件。所以单个芯片就相当于一台微型计算机，因此称之为单片微型计算机(single chip microcomputer，SCM)，以下简称“单片机”。

经过近 50 年的发展，目前单片机已经具有上百个系列近千个机种。Atmel 公司的 89C52 单片机是 MCS-51 系列单片机的典型代表，本实训教程主要以 AT89C52 单片机(以下简称“89C52”)及其常见的口袋式实训开发系统为例，介绍单片机的原理及应用。

89C52 单片机基本结构框图如图 7-1 所示，其具有 8K 字节 Flash ROM、256 字节 RAM、32 位 I/O 口线、看门狗定时器、内置 4 KB E^2PROM、MAX810 复位电路、3 个 16 位定时器/计数器、6 个中断源和 1 个全双工串口。

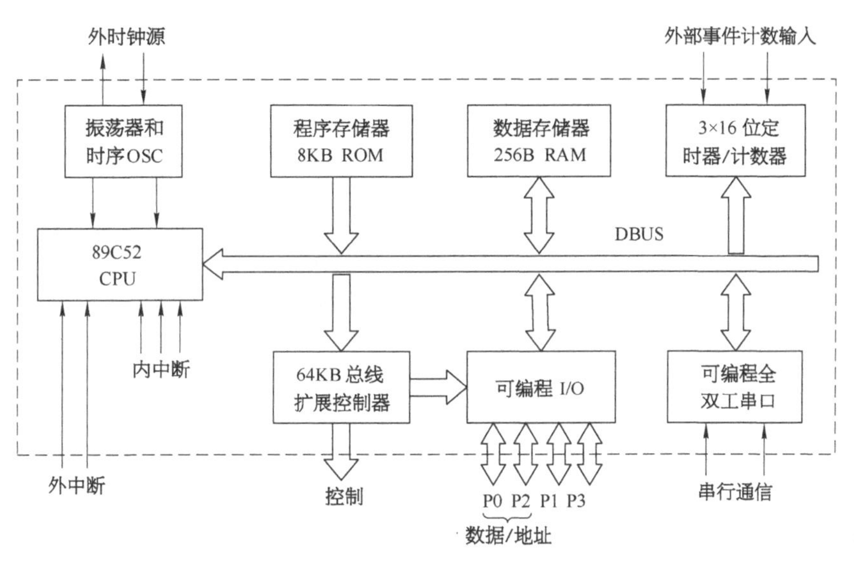

图 7-1　89C52 单片机基本结构框图

在 89C52 单片机的程序存储器中，有 7 个特殊的单元区域，该区域的地址范围为 0000H～002BH，这些区域被预留以存放复位引导和 6 个中断源对应的中断服务子程序入口地址(中断向量表)。表 7-1 为各中断源的中断入口地址分配。

表 7-1　中断入口地址分配

中断源	中断入口地址	中断源	中断入口地址
外部 0 中断	0003H	定时器 1 中断	001BH
定时器 0 中断	000BH	串口中断	0023H
外部 1 中断	0013H	定时器 2 中断	002BH

89C52 单片机地址空间 0000H～0002H 为复位引导程序区。单片机复位后，程序计数器 PC 被初始化成为 0000H，单片机从 0000H 单元处取指令，每取完一条指令，PC 自动加 1。当中断响应后，按中断类型由硬件控制 PC 自动转到各中断区的首地址去执行程序。通过中断入口的无条件转移指令，将程序引导到中断处理程序的实际入口位置。

单片机在运算过程中产生的结果、数据被暂存数据存储器 RAM 中，数据存储器分为片内和片外两个部分，最多支持到 64 KB，其地址分配见表 7－2。

表 7－2　数据存储器地址分配

<table>
<tr><th>RAM</th><th>一级分组</th><th>二级分组</th><th>三级分组</th><th>四级分组</th><th>地址</th></tr>
<tr><td rowspan="9">64 KB</td><td rowspan="8">内部 RAM
256B</td><td rowspan="7">通用 RAM
128B</td><td rowspan="4">工作寄存器
32B</td><td>A 组 R0～R7</td><td>RS1＝0，RS0＝0：00H～07H</td></tr>
<tr><td>B 组 R0～R7</td><td>RS1＝0，RS0＝1：08H～0FH</td></tr>
<tr><td>C 组 R0～R7</td><td>RS1＝1，RS0＝0：10H～17H</td></tr>
<tr><td>D 组 R0～R7</td><td>RS1＝1，RS0＝1：18H～1FH</td></tr>
<tr><td colspan="2">可位寻址区(16B)</td><td>20H～2FH</td></tr>
<tr><td colspan="2">数据缓冲区(用户 RAM 区)</td><td rowspan="2">30H～7FH(80B)</td></tr>
<tr><td colspan="2">堆栈区(随机分配)</td></tr>
<tr><td colspan="3">特殊用途寄存器 SFR，分布在高 128B 中</td><td>80H～FFH(128B)</td></tr>
<tr><td colspan="4">片外 RAM 区</td><td>访问地址：0000H～FFFFH</td></tr>
</table>

7.1.2　AT89C52 单片机实训开发系统

本实训教程使用的 89C52 单片机口袋式实训开发系统(以下简称“开发板”)包括 4 个独立按键、一个 4×4 矩阵键盘、6 个共阴极数码管、LED 灯、实时时钟 DS1302、AD/DA 转换器、DS18B20 温度传感器、红外接收器、蜂鸣器和点阵 LED 等外围设备(其他以 89C52 单片机为核心开发的实训系统，多数也具有这些类似的基本外围电路配置)。

该开发系统具有以下主要的功能配置：

(1) AT89C52 单片机，直接通过 USB 口下载程序(无需烧写器)。

(2) 6 个共阴极数码管(动态显示及静态显示实训)。

(3) 8 位四种颜色的发光二极管(流水灯实训)。

(4) USB 串行通信接口(作为与计算机通信的接口、下载程序的接口)。

(5) USB 供电系统(插接到电脑 USB 口即供电，无须另接直流电源)。

(6) 蜂鸣器(单片机发声实训、音乐盒实训)。

(7) 工业级 AD/DA 二合一芯片(4 路 AD 输入，数/模转换实训)。

(8) DS18B20 温度传感器接口(温度测量实训)。

(9) AT24C02 外部 E^2PROM 芯片(I^2C 总线元件实训)。

(10) 字符液晶 1602 接口(1602 液晶可完成英文与字符显示、显示实训 1)。

(11) 图形液晶 12864 接口(可显示任意汉字及图形、显示实训 2)。

(12) 4×4 矩阵键盘和四个独立按键(键盘检测实训)。

(13) 单片机 32 个 I/O 口全部引出，方便自由扩展。

(14) 锁紧装置，方便主芯片的安装及卸取。

(15) 红外一体化接收头，具有红外接收功能(红外收发实训)。

(16) 集成 NRF905 无线电通信接口，具有无线通信功能(无线通信实训)。

7.2 实训设备

7.2.1 开发板接线方法

硬件设置与连接时需要注意：进行任何硬件操作之前，都必须切断开发板的供电，不可在供电状态随意插拔芯片。

本实训教程所有实例，一般都使用 11.059 2 MHz 晶振，如调换其他频率晶振，可能会有个别实例无法正常运行，后面将不再重复说明，本实训教程实例采用 5 V 供电。下面介绍后续实训中常用模块的接线方法和使用注意事项。

1) 电源供电接口

该接口可以给单片机供电，同时可以作为单片机的程序烧写接口，单片机的串行通信接口，多功能合一。将开发套件的 USB 线一端接到单片机供电接口，一端连接电脑 USB 接口即可完成供电，如图 7-2 所示。

图 7-2 电源供电接线方式

图 7-3 J1 跳线帽连接方法

2) 89C52 芯片安装

芯片安装时需要注意芯片的安装方向，芯片上凹槽和芯片插座上的凹槽相对应，若安装方向错误，可能烧毁芯片！

3) 跳线帽的使用

流水灯实训时，请接上 J1 跳线帽，P1 口的输出将在硬件上经限流电阻连接到 LED 灯并通过电源供电，如图 7-3 所示。

7.2.2 驱动程序的安装

本节介绍 Windows 7 环境下 USB 驱动的安装步骤，其他系统安装可参考此步骤。

(1) 双击驱动安装"SETUP. exe"，弹出驱动安装界面，如图 7-4 所示。

点击"INSTALL"按键，会弹出如图 7-5 所示的对话框，说明驱动安装成功，点击"确定"按键，并关闭驱动安装程序。

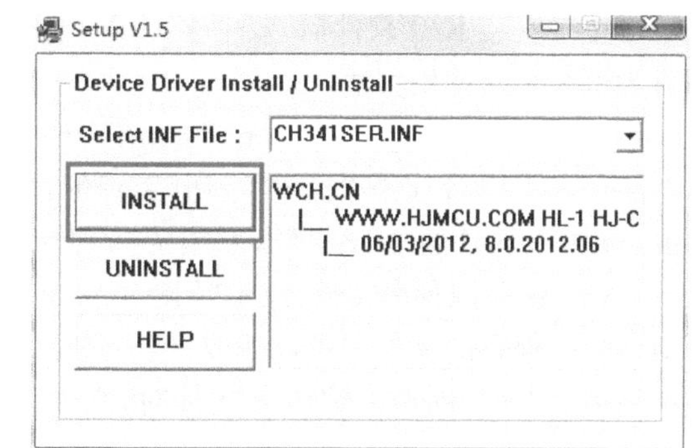

图 7-4 驱动安装界面

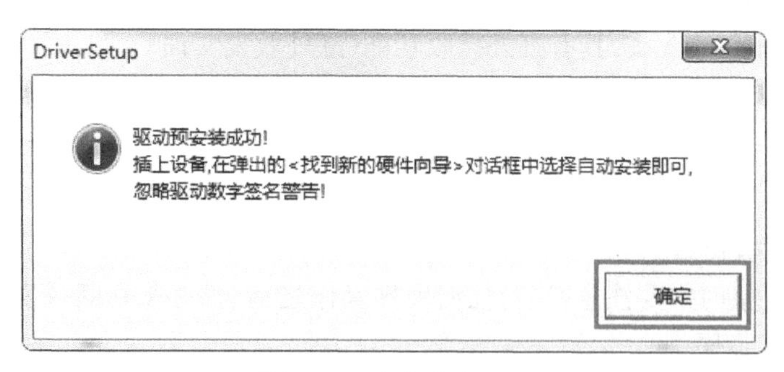

图 7-5 安装成功界面

(2) 将开发板和电脑用 USB 电缆连起来。在弹出的"找到新硬件向导"对话框中,选择自动安装即可,点"下一步",安装完成。

(3) 右击"我的电脑"打开设备管理器,在"端口(COM 和 LPT)"下可以找到端口:USB-SERIAL CH340,此处端口编号为 COM5,如图 7-6 所示。在使用 USB 接口下载程序时,实训板的端口号选择上述的"COM5"。注意:不同电脑生成的端口号可能有所不同,可按照上述的方法查询端口编号。若 USB-SERIAL CH340 左边有红色的叉或黄色的感叹号,表示驱动安装不成功,此时,可以先卸载驱动,重新启动电脑,然后按上述方法重新安装。

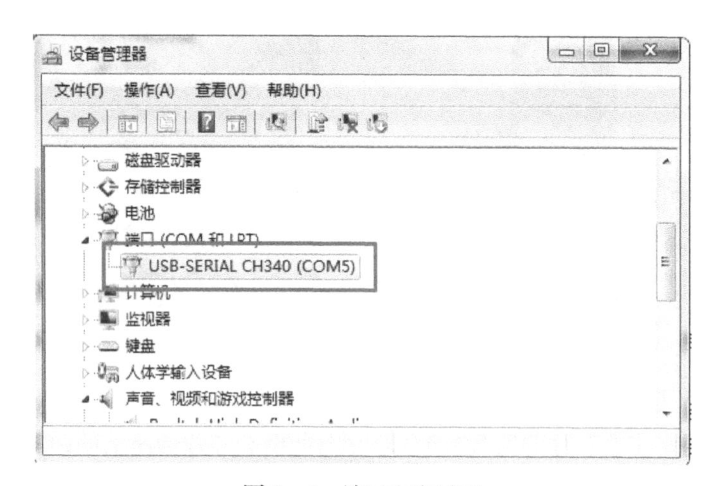

图 7-6 端口查询界面

7.2.3 Keil 软件的使用

正确安装 Keil 软件后,双击 KeiluV4 图标,即可进入 Keil 开发系统,本实训教程以汇编语言为例介绍其使用方法。

(1) 点击"Project→new uVision Project"创建新工程。在弹出的对话框中可以自定义保存路径和工程名,点击"确定"按钮,工程创建完成并自动打开。此时系统自动打开器件选择页面,选择 Atmel 的 AT89C52,如图 7-7 所示,然后点击"OK"。

(2) 创建源程序文件,点击"File→New"创建新文件,然后点击"File→Save"弹出"另存为"对话框。保存时文件名可以任取,但一般取一个与工程相关的名字,创建 C 语言文件时,文件扩展名为". c";创建汇编语言文件时,文件扩展名为". asm"。这里创建汇编文件,文件名为"main. asm"。

(3) 将源文件添加到当前工程:在"Source Group 1"上右键,在选项中选择"Add Existing

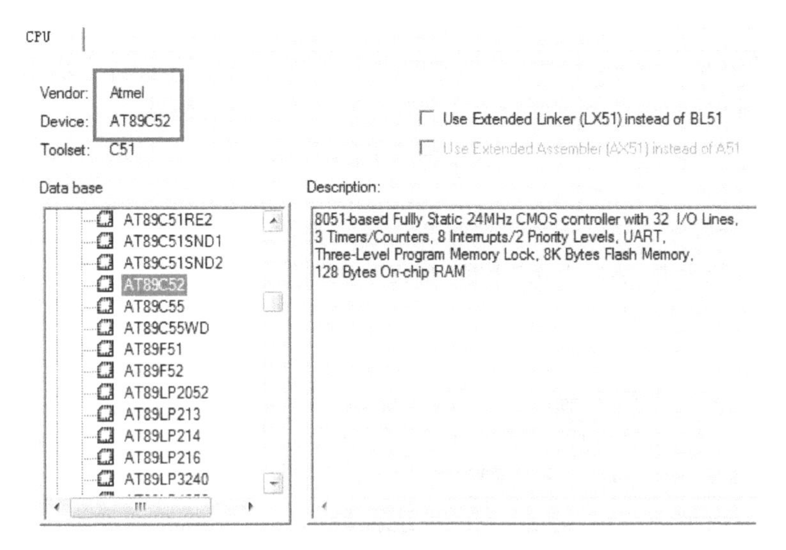

图 7 - 7　器件选择界面

Files to Group 1"，选择刚才创建的"main. asm"源程序文件，点击"Add"按钮即可。

(4) 设置编译选项，如图 7 - 8 所示。点击图标"　"，在"Output"选项卡中的"Create Hex File"前打钩。

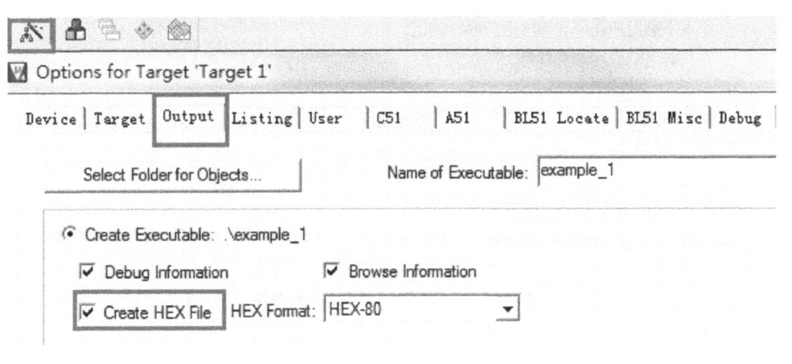

图 7 - 8　编译选项界面

(5) 编写程序，完成后点击图标"　"编译所有目标文件。若程序没有逻辑或语法错误，下面的"Build Output"窗口最后一行会提示 0 错误，这表示编译成功了，否则需要查找出错误的代码，修改后再重新编译。

(6) 编译成功后，在工程目录下可以找到一个与工程同名的. hex 文件。hex 文件格式是按地址排列的数据信息，数据宽度为字节，所有数据使用 16 进制数字表示，用来保存单片机或其他处理器的目标程序代码。在程序编译之后，通过程序烧写软件将 hex 文件下载到单片机，所以简而言之，将程序编译形成 hex 文件就是把编写的代码翻译成机器能够识别的语言。

7.2.4　烧写程序的安装及使用方法

(1) 点击安装程序"STC - ISP - V4. 83. exe"，会弹出安装界面。可自行设置安装目录，然后点击"安装"按键。安装结束后，可将 STC_ISP_V4. 83. exe 建立快捷方式到桌面。

(2) 用 USB 转串口线烧写程序：将 USB 转串口线一头接到单片机上，一头接入电脑 USB

接口，打开“设备管理器”可以看到串口号，此处为“COM5”。

(3) 启动 ISP 烧写软件，启动后的界面如图 7-9 所示，然后按照以下步骤进行：

① 选择单片机型号，在下拉框中选择单片机芯片上对应的型号。

② 选择串口号，此处为“COM5”(有些版本的烧写软件会自己检测当前串口号，无须自行选择)。

③ 点击“打开程序文件”，选择编写好的. hex 文件，注意有. hex 后缀的文件。

④ 关掉单片机电源，然后点击“下载/编程”，根据软件提示操作，重新上电即可。注意下载之前要关掉单片机电源！

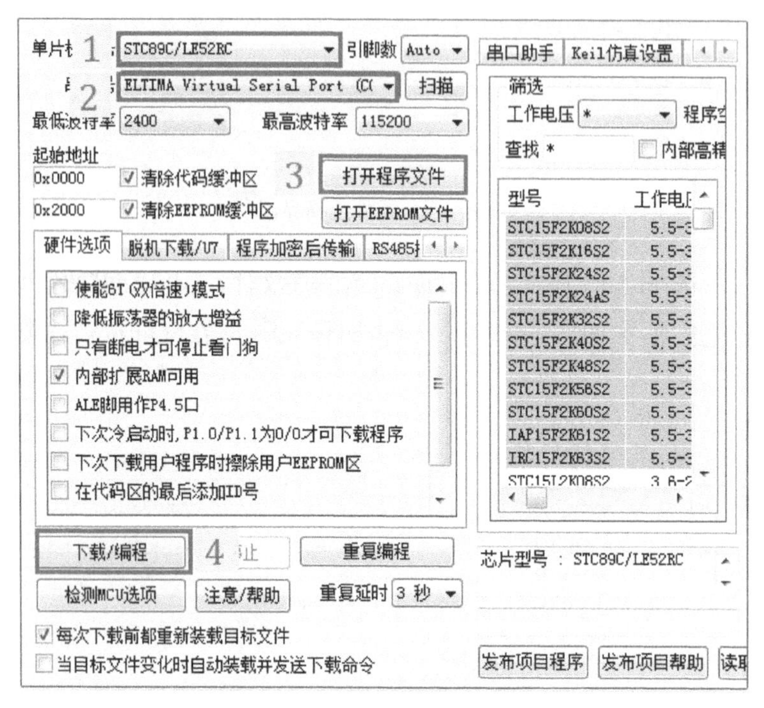

图 7-9 STC 烧写软件界面

7.3 实训内容

7.3.1 点亮 LED 灯

7.3.1.1 点亮 1 个 LED 灯

1) 实训目的

以 P1 口为例，学会使用 51 系列单片机 I/O 口的基本输出功能。

2) 实训要求

编写程序，点亮 1 个 LED 灯。

3) 实训原理

如图 7-10 所示为 LED 流水灯模块原理图，L0～L7 分别对应 P1.0～P1.7。

从图中可以看到 VCC 经排阻(标有圆点的一端为排阻的公共端)连接到发光二极管，二极管导通时，阳极电压要高于阴极电压。而单片机上电后 I/O 口电压被置高，因此当需要点亮某个发光二极管时，则对应的 I/O 口要输出低电压。由于 LED 发光二极管的正向工作电压在

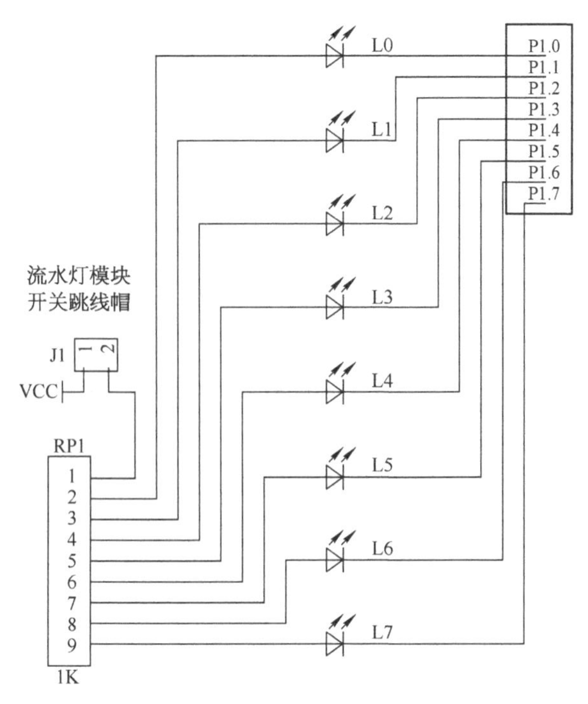

图 7-10　LED 流水灯模块原理图

2 V 左右，导通电流大约为 5 mA(不同颜色的发光二极管工作电压和导通电流有所不同)，因此当 I/O 口输出低电平时，根据电路分析可知，满足导通条件。注意：进行本实训时要连接 J1 跳线帽。

4) 参考程序

根据 LED 流水灯模块的工作原理，以点亮 L0 为例，参考程序如下：

```
ORG 0000H                 //程序起始地址
LJMP   MAIN               //长跳转到主程序
ORG 0200H                 //主程序起始地址
MAIN:
        CLR   P1.0        //将 P1.0 口置 0
        SJMP   $          //跳转至当前位置
END
```

5) 修改程序

参考以上程序，编程点亮 LED 灯 L1、L3、L5 和 L7。

7.3.1.2　点亮 LED 流水灯

1) 实训目的

(1) 以 P1 口为例，学会使用 51 系列单片机 I/O 口的基本输出功能。

(2) 学习循环指令的用法和软件延时的编程方法。

(3) 学习 51 逻辑操作指令、位操作指令等常用指令的使用方法。

2) 实训要求

编写程序，依次点亮 8 个 LED 灯并实现循环显示。

3）实训原理

LED 流水灯的基本工作原理可参考点亮 LED 灯原理，流水灯是在点亮一个 LED 灯的基础上实现的，即按照一定的顺序点亮 8 个小灯。每个 LED 须依次点亮并保持一定的时间，在点亮下一个 LED 之前熄灭上一个点亮的 LED。LED 流水灯的实现方法有很多，下面列举三种实现方法的总体思想：

（1）按照点亮 LED 灯的参考程序可知，依次点亮 8 个 LED 灯只须将 P1.0～P1.7 口依次置“0”再置“1”即可，也就是将点亮 LED 灯的参考程序稍加修改然后重复 8 次，再加上延时程序就能实现闪烁的效果。这种实现方法最容易理解，但是代码量较大。

（2）利用累加器，将预设的闪烁效果按照 P1 口的状态存放在字节数据表中，通过数据指针 DPTR 将数据依次放到累加器中，加上延时程序就能实现流水灯的效果。这种实现方法代码简洁但需要对 51 指令熟练掌握。

（3）将 P1 口设置为点亮第一个小灯，然后利用左移/右移指令，将 P1 口的数据位左移/右移，通过控制数据的流动以实现流水灯的效果，加上延时子程序以便人眼识别，这种实现方式代码简洁，也较容易理解。

4）参考程序

根据实训原理，这里列出方法(2)和方法(3)的参考程序，方法(1)及其他实现方法请学习者自行编写。

方法(2)参考程序如下：

```
ORG 1000H                                   //按照点亮 LED 灯的顺序
H1:DB 01H,02H,04H,08H,10H,20H,40H,80H       //将数据存放在数据表中
ORG 0000H
LJMP   MAIN
ORG 0100H
MAIN:
       MOV DPTR,#H1                         //数据指针指向数据表中的第一个数
       MOV R7,#8
M1:
        CLR A                               //清空累加器
        MOVC   A,@A+DPTR                    //将数据表中的第一个数放入累加器
        CPL A                               //二极管共阳极接法，所以数据取反
        MOV P1,A                            //根据累加器中的数据控制 P1 口的电平高低
        LCALL   DELAY                       //延时显示，以便人眼识别
        INC     DPTR                        //指针指向下一个数据
        DJNZ   R7,M1                        //循环八次，一轮显示完成
        LJMP   MAIN
DELAY:                                      //延时子程序
        MOV R5,#255
D1:     MOV R6,#255
        DJNZ   R6,$
```

```
        DJNZ  R5,D1
        RET
END
```

方法(3)参考程序如下:

```
ORG 0000H
LJMP  MAIN
ORG 0100H
MAIN:
      MOV R0,#8                 //一个循环须移动 8 位
      MOV P1,#01111111B         //初始值为 P1.7 为 0,即 L7 点亮
LOOP:
      ACALL    DS1MS            //延时,以便人眼观察
      ACALL    DS1MS
      MOV A,P1                  //读 P1 口当前数据并送入累加器
      RR    A                   //将 A 中数据循环右移一位
      MOV P1,A                  //将右移后的数据送入 P1
      DJNZ    R0,LOOP           //移动不够 8 位,跳转到 LOOP 处循环
      LJMP    MAIN              //流动一遍后跳转到 MAIN 处循环
DS1MS:                          //延时子程序
       MOV R1,#1
DS1LO:MOV 2,#200
DS2LO:MOV R3,#200
       DJNZ  R3, $
       DJNZ  R2,DS2LO
       DJNZ  R1,DS1LO
       RET
END
```

5) 修改程序

请修改方法(2)程序,实现流水灯的反向点亮。

请修改方法(3)程序,实现如下变换:

第一轮:依次点亮 L0～L7,最后保持 L7 常亮;

第二轮:依次点亮 L0～L6,最后保持 L6 常亮;

以此类推……

第七轮:点亮 L0,熄灭全部 LED,并重新从第一轮开始执行。

7.3.2　键盘检测

7.3.2.1　独立式键盘检测

1) 实训目的

(1) 通过实训学习独立式键盘的识别原理和编程方法。

(2) 学习软件消除按键抖动干扰的编程方法。

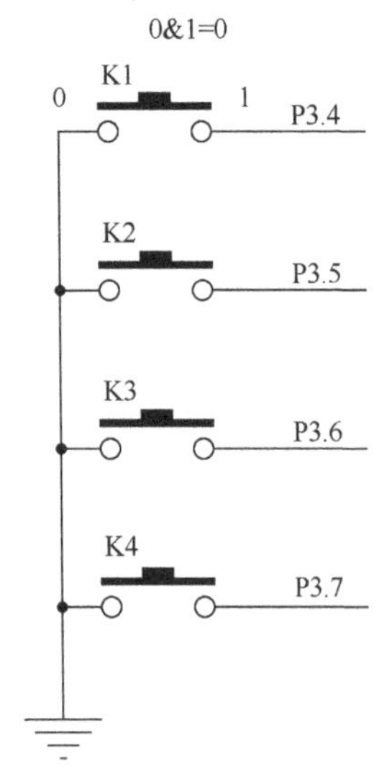

图 7-11 独立式键盘原理图

2）实训要求

编写程序，检测独立式键盘，通过一定的现象（如蜂鸣器响或点亮 LED 灯）来表示检测到按键按下。

3）实训原理

独立式键盘中按键 K1～K4 分别对应单片机 P3.4～P3.7 口，如图 7-11 所示。

以按键 K1 为例说明独立式键盘的检测方法，单片机上电后 I/O 口为高电平，用"1"来表示，当 K1 被按下则 P3.4 接地，用"0"来表示，而 P3.4 原本为高电平，那么最终的电平表示为"0&1=0"，这就是"线与"运算。所以，当检测到 P3.4 口为低电平则表示 K1 按下。

由于现有的键盘通常采用机械式键盘，其在闭合和断开的过程中都会出现电平抖动情况，图 7-12 给出了按键过程中的电压变化示意图。闭合和断开过程中的抖动都会导致电压的跳变，如果单纯用电平跳变检测方法来处理的话，容易误判为按键被多次按下；如果用电平状态进行检测则可能造成误检测。为了保证按键识别的可靠性，需要对抖动进行消除。

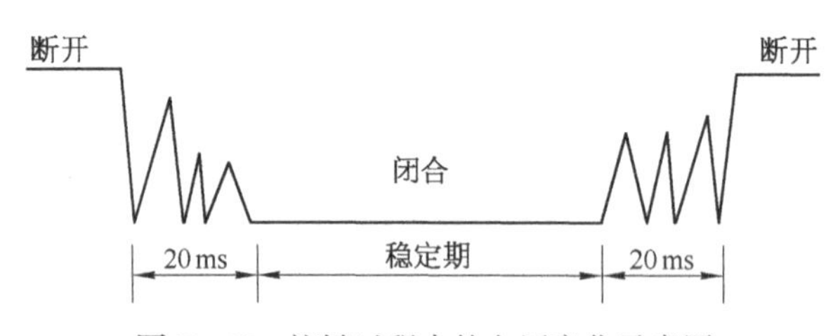

图 7-12 按键过程中的电压变化示意图

通过硬件、软件都可消除抖动，这里介绍软件消抖的方法。软件消抖的基本原理是在按键检测过程中，如果检测到电压由高到低跳变后，先延时 20 ms 左右，然后再检测电压，如果仍为低电平，那么认为有按键按下；键盘松开时，检测到电压从低到高跳变后，也延时 20 ms 再检测，如果仍为高电平，那么确认为按键松开。

4）参考程序

根据独立式键盘的工作原理和软件消抖的方法，以检测按键 K1 为例，当检测到 K1 按下，点亮 L0，其他按键的检测方法同理，参考程序如下：

```
ORG   0000H
AJMP   LOOP
ORG   0100H
LOOP:
        JB   P3.4,LOOP          //循环检测
        ACALL   DELAY           //按键按下,延时消抖
        JB   P3.4,LOOP          //确认按键按下,否则继续检测
LOOP1:
         JNB   P3.4,LOOP1       //循环检测按键是否松开
         ACALL   DELAY          //按键松开,延时消抖
```

```
        JNB   P3.4,LOOP1        //确认按键松开,否则继续
        CLR   P1.0
        ACALL   DELAY
        SETB   P1.0
        LJMP   LOOP
DELAY:                          //延时程序
        MOV   R6,#255
D1:     MOV   R7,#255
        DJNZ   R7,$
        DJNZ   R6,D1
        RET
END
```

5）修改程序

请修改参考程序,实现独立键盘 K1～K4 分别控制 L0～L3 的亮灭状态。

7.3.2.2　矩阵键盘检测

1）实训目的

(1) 通过实训学习 4×4 矩阵键盘的识别原理和编程方法。

(2) 学习 51 算术运算指令、逻辑操作指令和控制转移指令等指令的使用方法。

2）实训要求

编写程序,检测矩阵键盘,由 LED 流水灯模块中的 L0～L3 表示按下按键所在行数,L4～L7 表示按下按键所在列数。

3）实训原理

如图 7－13 所示为矩阵键盘原理图,其中 P3.0～P3.3 连接到 4 根行线上,P3.4～P3.7 连接到 4 根列线上。由于矩阵键盘电路中的按键一端没有直接接地,因此只能通过 I/O 输出逻

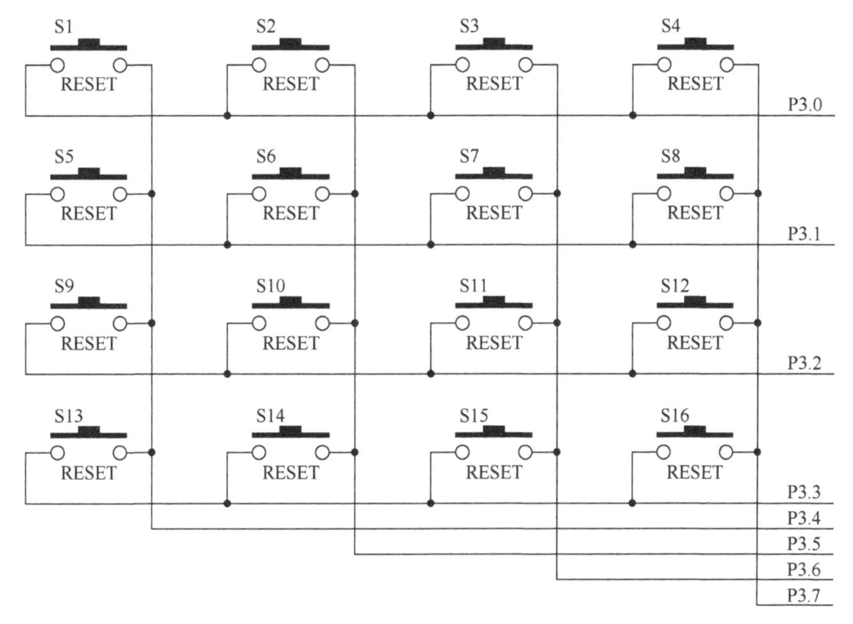

图 7－13　矩阵键盘原理图

辑“0”来产生低电平。注意:这里的接法和按键已经上拉或者下拉好的情况略有不同。常用的矩阵键盘检测方法有扫描法和反转检测法,这里主要介绍扫描法。

扫描法的基本工作原理是:首先判断是否有按键按下,其次有键按下后依次进行行、列扫描,最后找出按下的键所在的行和列,从而获取键值。如果不考虑多键同时按下的情况,其具体检测步骤如下:

(1) 令 P3.4～P3.7 口输出“0”,读取 P3.0～P3.3 的状态。

(2) 判断是否有按键按下,判断依据为低四位是否全为“1”,如果全为“1”,说明没有按键按下,不全为“1”,说明至少有一个按键按下,有按键按下后开始进行列扫描。

(3) 令第一列输出“0”,其他列输出“1”,读入输入口状态,判断该列是否有按键按下。若无键按下,令下一列输出“0”;若有键按下,进行行扫描,记录行值。

(4) 扫描结束后,根据行列的状态判断键值。

4) 参考程序

根据扫描法的基本原理,下面列出了扫描法矩阵键盘检测的参考程序(这里只给出了第一列和第二列的扫描方法,第三列、第四列同理,为了节省篇幅这里没有给出),其他实现方法请学习者自行编写。

```
ORG      0000H
AJMP     WAIT
ORG      0100H
WAIT:
        MOV      P3,#0FFH
        CLR      P3.4              //令第一列输出 0
        MOV      A,P3              //读入 P3 口的状态
        ANL      A,#0FH            //取 P3 口低四位,高四位为 0,即获取行值
        XRL      A,#0FH            //低四位取反,高四位为 0
        JZ       NOKEY1            //若没有按键按下,低四位全为 1,取反后全为 0
        LCALL    DELY10MS          //延时消抖
        MOV      A,P3              //第一列有键按下
        ANL      A,#0FH
        XRL      A,#0FH
        JZ       NOKEY1        //若有按键按下,低四位不全为 1,取反后不全为 0
        MOV      A,P3          //确认第一列有按键按下
        ANL      A,#0FH        //根据行值判断为第几行
        CJNE  A,#0EH,NK1       //P3 口状态为 0000 1110B,则为第一行,否则跳到 NK1
        MOV   P1,#11101110B    //LED 灯显示,低四位显示行,高四位显示列
NK1:    CJNE  A,#0DH,NK2       //P3 口状态为 0000 1101B,则为第二行,否则跳到 NK2
        MOV   P1,#11101101B    //LED 显示
        LJMP  DK1A
NK2:    CJNE  A,#0BH,NK3       //P3 口状态为 0000 1011,则为第三行,否则跳到 NK3
        MOV   P1,#11101011B    //LED 显示
        LJMP  DK1A
```

```
NK3：   CJNE  A,#07H,NK4       //P3 口状态为 0000 0111,则为第四行,否则跳到 NK4
        MOV  P1,#11100111B     //LED 显示
        LJMP  DK1A
NK4：   NOP
DK1A：  MOV  A,P3              //等待按键释放
        ANL  A,#0FH
        XRL  A,#0FH
        JNZ  DK1A
NOKEY1：                        //第一列没有按键按下,开始第二列扫描
        MOV  P3,#0FFH          //第二列的判断方法同第一列
        CLR  P3.5
        MOV  A,P3
        ANL  A,#0FH
        XRL  A,#0FH
        JZ     NOKEY2
        LCALL  DELY10MS
        MOV  A,P3
        ANL  A,#0FH
        XRL  A,#0FH
        JZ     NOKEY2
        MOV  A,P3
        ANL  A,#0FH
        CJNE  A,#0EH,NK5
        MOV  P1,#11011110B
NK5：   CJNE  A,#0DH,NK6
        MOV  P1,#11011101B
        LJMP  DK2A
NK6：   CJNE  A,#0BH,NK7
        MOV  P1,#11011011B
        LJMP  DK2A
NK7：   CJNE  A,#07H,NK8
        MOV  P1,#11010111B
        LJMP  DK2A
NK8：   NOP
DK2A：  MOV  A,P3
        ANL  A,#0FH
        XRL  A,#0FH
        JNZ  DK2A
NOKEY2：
        LJMP  WAIT
```

```
DELY10MS:                  //延时子程序
        MOV   R6,#10
D1:     MOV   R7,#248
        DJNZ  R7,$
        DJNZ  R6,D1
        RET
END
```

5) 修改程序

(1) 请根据参考程序所给思路，补全 4×4 矩阵键盘第三列与第四列的扫描代码，实现由 L0～L3 表示按下按键所在行数，L4～L7 表示按下按键所在列数。

(2) 换一种 LED 组合方式进行显示。

7.3.3 数码管显示

7.3.3.1 数码管静态显示

1) 实训目的

(1) 学习数码管的基本工作原理，通过实训学习数码管静态显示的编程方法。

(2) 复习巩固独立式键盘的检测方法。

(3) 掌握查表的编程方法。

2) 实训要求

检测独立式键盘，若有按键按下，将检测到的按键键值显示在数码管上。

3) 实训原理

本实训采用的是 8 段 LED 数码管，其通常是将 8 个 LED 组成一个阵列，其中 7 个 LED 用于构建 7 笔字段，另外一个构成小数点，用于显示数字 0～9 和一些字符。8 段 LED 数码管有共阴极和共阳极两种，如图 7-14 所示。

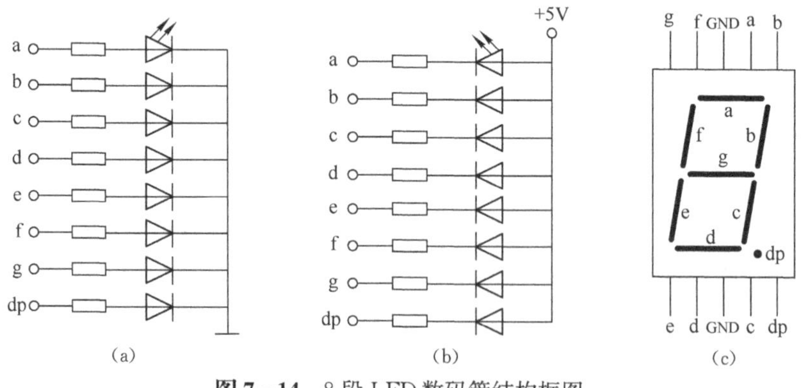

图 7-14 8 段 LED 数码管结构框图

共阴极就是把两个 8 个 LED 的阴极连在一起，作为公共端，对各自的阳极进行独立控制，从而显示不同的数据，共阳极正好相反。根据数码管的结构可知，为了使数码管显示不同的字符，就需要给数码管输入不同的数据。以共阴极数码管为例，如果要显示数字“1”，那么数码管的 b、c 段 LED 应该被点亮，其他笔段 LED 都灭。那么就应该使连接在 b、c 段上的 I/O 口输出高电平，其他口输出低电平。根据这个原理，就可以将不同的数字段码制成表格，见表 7-3。

表7-3 8段数码管段码

显示字符	共阴极	共阳极	显示字符	共阴极	共阳极
0	3FH	C0H	A	77H	88H
1	06H	F9H	B	7CH	83H
2	5BH	A4H	C	39H	C6H
3	4FH	B0H	D	5EH	A1H
4	66H	99H	E	79H	86H
5	6DH	92H	F	71H	84H
6	7DH	82H	P	73H	82H
7	07H	F8H	U	3EH	C1H
8	7FH	80H	H	76H	89H
9	6FH	90H	灭	00H	FFH

数码管的静态显示，就是任意时刻，所有显示器都按照各自接收的字形码同时显示对应的字符。静态显示方式要求每位LED显示器的公共端必须接地(共阴极)，或接高电平(共阳极)，而每位LED显示器都由一个具有锁存功能的8位端口去控制。只要不给数码管新的数据，数码管就一直显示上一时刻输入的数据。静态显示的优点是显示无闪烁，亮度较高，并且软件控制简单。缺点是数码管位数较多时，比较浪费I/O资源，显示电路消耗较大，对电源功率要求较高。

4) 参考程序

根据实训原理，数码管静态显示实训参考程序如下：

```
DU      bit     P2.6            //段选信号
WE      bit     P2.7            //位选信号
ORG     0000H
AJMP    KEY
ORG     0100H
KEY:    MOV   A,P3
        ANL   A,#0F0H           //取P3口的高四位，低四位清零
        XRL   A,#0F0H           //没有按键按下，高四位全为1，取反后全为零
        JZ    KEY               //没有按键按下，循环检测
        LCALL  DELAY            //延时消抖
        MOV   A,P3
        ANL   A,#0F0H
        XRL   A,#0F0H
        JZ    KEY               //再判断一次
        MOV   A,P3              //确认有按键按下
        ANL   A,#0F0H           //取高四位
        CJNE  A,#11100000B,NK1  //K1按下，P3口为1110 0000B，否则跳到NK1
```

```
        MOV   A,#1
        SJMP  DISPLAY           //数码管显示
NK1:    CJNE  A,#11010000B,NK2 //K2按下,P3口为1101 0000B,否则跳到NK2
        MOV   A,#2
        SJMP  DISPLAY
NK2:    CJNE  A,#10110000B,NK3 //K3按下,P3口为1011 0000B,否则跳到NK3
        MOV   A,#3
        SJMP  DISPLAY
NK3:    CJNE  A,#01110000B,NK4 //K4按下,P3口为0111 0000B,否则跳到NK4
        MOV   A,#4
        SJMP  DISPLAY
NK4:    NOP
DELAY:  MOV   R6,#200          //延时程序
D1:     MOV   R7,#248
        DJNZ  R7,$
        DJNZ  R6,D1
        RET
DISPLAY:                       //显示程序
        MOV   DPTR,#TABLE      //将共阴极数码管段码存放在数据表中
        MOVC  A,@A+DPTR        //数据指针指向数据表的第一个数据并存入A
        MOV   P0,A             //将累加器中的数据转移到P0口
        SETB  DU               //打开数码管的段选信号
        CLR   DU               //关闭段选信号
        MOV   P0,#0FEH         //P0=1111 1110,即选中数码管的第一位
        SETB  WE               //打开数码管的位选信号
        CLR   WE               //关闭位选信号
        LJMP  KEY
TABLE:  DB  3FH,06H,5BH,4FH,66H,6DH,7DH,07H
        DB  7FH,6FH,77H,7CH,39H,5EH,79H,71H
END
```

需要说明的是,本例程使用了数码管的段选和位选,"段选"即设置数码管显示的字段,"位选"即设置用来显示字段的位,具体会在下一节中介绍。虽然这里设置了段选和位选信号,但仍是数码管的静态显示,因为在本例程中,数码管的信号只发送一次,由于锁存器已将数据保存起来,所以如果没有新的数据,那么数码管就一直显示上一个数据,这是静态显示与动态显示的最大区别。

5) 修改程序

修改参考程序,检测独立式键盘,将键值显示在左数第一个数码管上。

7.3.3.2 数码管动态显示

1) 实训目的

(1) 复习巩固数码管的基本工作原理,学会使用段码表。

(2) 通过实训掌握数码管动态显示的工作原理和编程方式。

2) 实训要求

编写程序,实现数码管的动态显示,例如:计数器、秒表和时钟等。

3) 实训原理

在上一节中,介绍了数码管的基本工作原理和静态显示的实现方式。而单片机应用系统中较为常用的显示方式是动态显示方式。

如图 7-15 所示为 6 位共阴极数码管模块原理图。

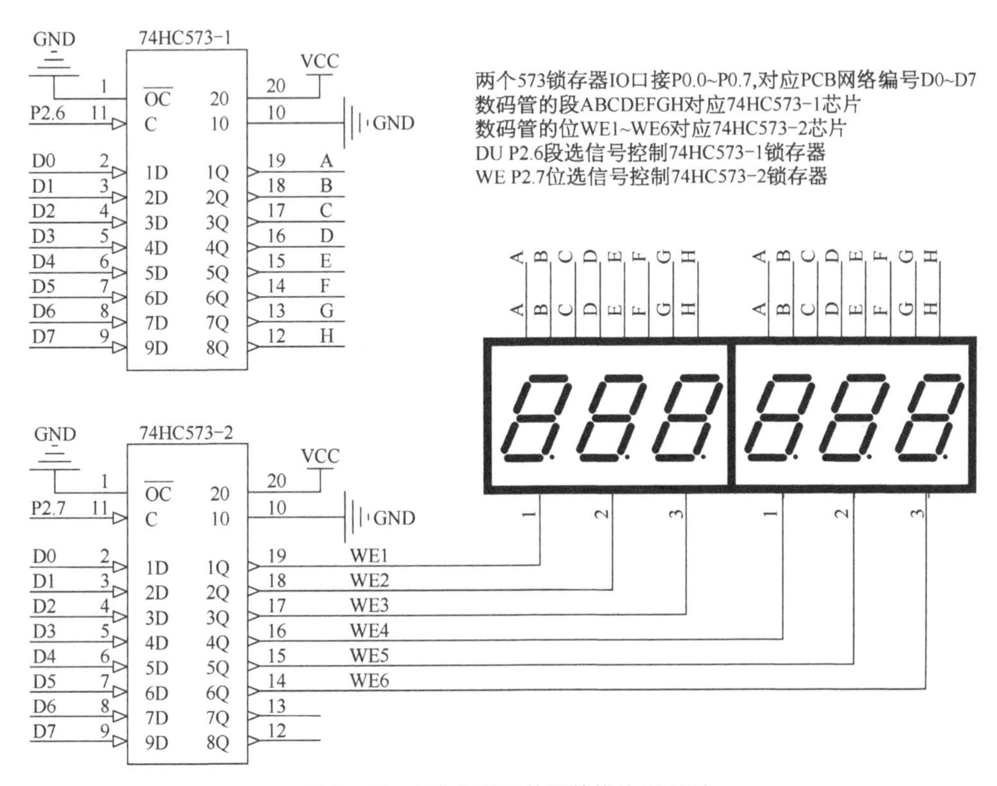

图 7-15　6 位共阴极数码管模块原理图

由图 7-15 可以看出,所有 LED 数码管的相同笔段并联在一起,把它们都接在同一块 74HC573 锁存器的输出口上,用于段选控制。为了防止各个显示器同时显示出相同的字符,每个显示器的公共端还要受另一组信号控制,即把它们接到另外一块锁存器的输出口上,用于位选控制。这样,一组 LED 数码管显示器需要由两组信号控制:一组段选信号,一组位选信号。段选信号用来控制数码管显示什么字符,位选用来控制哪个数码管被点亮。

在这两组信号的控制下,各个数码管依次从左到右轮流被点亮一遍,过一段时间再轮流点亮一遍,只要设置合适的点亮时间,利用余晖效应(视觉暂留现象),人在视觉上感觉所有的数码管都是处于显示状态。

和静态显示相比,动态显示的优点在于占用的 I/O 口资源较少。缺点是需要不断地给数码管发送数据,否则将无法正确显示,耗费 CPU 时间较多;并且软件控制麻烦,扫描的频率设置不合适时,还容易出现闪烁现象。

两块 74HC573 锁存器的输入信号都为 D0～D7,但由独立的 P2.6 和 P2.7 控制,因此在具体实现中,操作步骤如下:

(1) 打开段选,即 P2.6 置“1”,送入段选信号。

(2) 关闭段选,即 P2.6 置“0”。

(3) 打开位选,即 P2.7 置“1”,送入位选信号。

(4) 关闭位选,即 P2.7 置“0”。

4) 参考程序

根据实训原理,下面以 59 s 计数器为例,给出了参考程序,从而说明数码管动态显示的编程方式:

```
shi_c     EQU     41H              //十位
ge_c      EQU     42H              //个位
second    EQU     43H              //秒数
DU        bit     P2.6             //段选
WE        bit     P2.7             //位选
ORG        0000H
AJMP       START
ORG        0100H
START:    MOV     second,#0        //秒数归零
MAIN:     MOV     A,second
          CJNE    A,#60,LOOP1      //当秒数记到 59 后,重新从零开始计数
          MOV     second,#0
LOOP1:
          MOV     A,second
          MOV     B,#10
          DIV     AB               //A 除以 B,商存在 A 中,余数存在 B 中
          MOV     shi_c,A
          MOV     ge_c,B
          MOV     30H,#40H
LOOP:
          CALL    DISPLAY          //显示秒数
          DJNZ    30H,LOOP
          INC     second           //延时后秒数加 1
          AJMP    MAIN
DELAYXMS:
          MOV     52H,#4     //50H、51H、52H 用于延时,50H 为参数 n,延时 1×n(ms)
DELAYA:
          MOV     51H,#191
          NOP
          NOP
          DJNZ    51H,$
          DJNZ    52H,DELAYA
          DJNZ    50H,DELAYXMS
```

```
        RET                                 //延时返回
DISPLAY:                                    //显示程序
        MOV     DPTR,#TABLE
        MOV     A,shi_c                     //显示十位
        MOVC    A,@A+DPTR
        MOV     P0,A
        SETB    DU
        CLR     DU
        MOV     P0,#0FEH                    //1111 1110B
        SETB    WE
        CLR     WE
        MOV     50H,#5H
        CALL    DELAYXMS
        MOV     DPTR,#TABLE                 //数码管显示子程序
        MOV     A,ge_c                      //显示个位
        MOVC    A,@A+DPTR
        MOV     P0,A
        SETB    DU
        CLR     DU
        MOV     P0,#0FDH                    //1111 1101B
        SETB    WE
        CLR     WE
        MOV     50H,#5H
        CALL    DELAYXMS
        RET
TABLE:  DB      3FH,06H,5BH,4FH,66H,6DH,7DH,07H
        DB      7FH,6FH,77H,7CH,39H,5EH,79H,71H
END
```

需要说明的是,参考程序中的定时时间,是通过计算指令的机器周期来完成,定时时间并不是非常精确,由于这不是本节的学习重点,因此仅供学习者参考。在下一节中,本实训教程会给出一种新的定时方式,即通过定时器/计数器的方式来完成定时,这种方法的定时相对准确。

5) 修改程序

请修改参考程序,实现独立键盘 K1～K3 对 59 s 计数器的控制,其中 K1 为启动计数按键,K2 为暂停计数按键,K3 为复位计数按键。

7.3.4 定时器的使用

7.3.4.1 定时脉冲的产生

1) 实训目的

(1) 学习单片机定时/计数器的基本工作原理。

(2) 编程实现单片机的定时功能。

2）实训要求

要求通过定时/计数器产生一个周期为 2 ms 的方波信号。

3）实训原理

89C52 单片机内部集成了三个 16 位可编程定时/计数器 T0、T1 和 T2。其中 T0、T1 为一般 51 系列单片机都具有的定时器，T2 是 89C52 单片机的新增资源。T0 与 T1 通过寄存器（TCON、TMOD）来控制，而 T2 通过 T2CON、T2MOD 寄存器独立控制，以下分两个部分来介绍。

（1）定时器 T0、T1。

如图 7 - 16 所示为定时/计数器 T0、T1 内部结构框图。

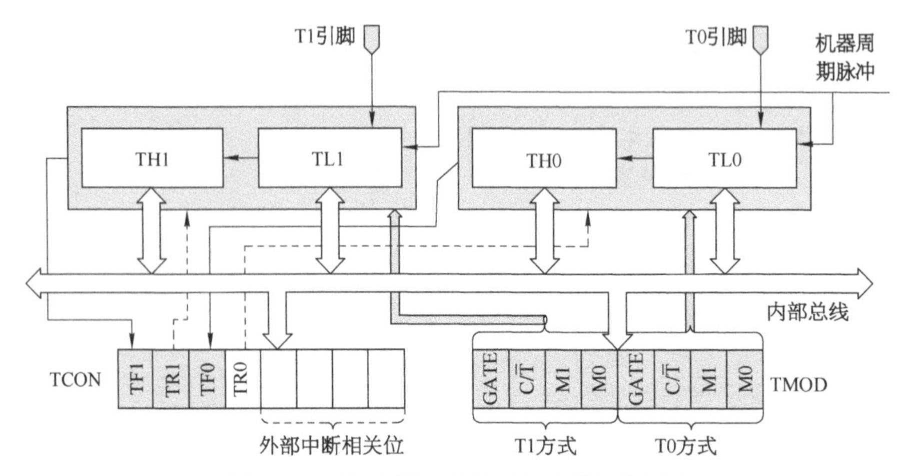

图 7 - 16 定时/计数器 T0、T1 内部结构框图

定时器 T0 由特殊功能寄存器 TH0 和 TL0 组成，定时器 T1 由特殊功能寄存器 TH1 和 TL1 组成。TH0(TH1)表示高 8 位，TL0(TL1)表示低 8 位。控制器 TCON 用于控制 T0 和 T1 的启动、停止及溢出标志设置等；TMOD 寄存器用来设置定时/计数器的工作方式。TMOD 由 T1 控制位和 T0 控制位组成，分别包括 M1、M0、$C/\overline{T}$ 和 GATE。

M1、M0 为工作方式设置标志位，具体设定方法如下：

（1）M1M0=00。方式 0，即 13 位工作方式。

（2）M1M0=01。方式 1，即 16 位工作方式。

（3）M1M0=10。方式 2，即 8 位工作方式。

（4）M1M0=11。方式 3，即 8 位工作方式(只有 T0 有方式 3)。

$C/\overline{T}$ 用于设定定时/计数器的工作模式，$C/\overline{T}=1$ 时，表示工作计数模式下，对外部输出的脉冲信号进行计数；$C/\overline{T}=0$ 时，工作定时模式下，用于单片机内部的定时控制。

GATE 为门控位，控制定时/计数器启动的工作条件，以 T0 为例，GATE=0 时，只需要 TR0=1 即可启动定时/计数器；当 GATE=1 时，需要 TR0=1 且 P3.2 引脚为高电平时，才能启动 T0 计数。

下面说明定时/计数器初值的计算。由于所选单片机晶振频率约为 12 MHz，对应一个时钟周期为 1/12 μs，而一个机器周期为 12 个时钟周期，因此一个机器周期长度 $T_{cy}=1\ \mu s$。假设需要定时时间为 T，n 为选用的工作方式下计数器位数，则定时器模式下，初值 N 满足以下关系式：

$$N=2^n-\frac{T}{T_{cy}} \tag{7-1}$$

同理,计数器模式下的初值计算公式为

$$N=2^n-X \quad (7-2)$$

式中,X 为需要计数的次数。

为了产生周期 2 ms 的方波信号,利用定时器的定时功能和普通 I/O 口的输出功能就能实现。具体实现方法为:控制 I/O 口输出高/低电平,定时器计时 1 ms 之后 I/O 口输出相反电平,再计时 1 ms,如此循环,就能产生周期为 2 ms 的方波信号。

(2) 定时器 T2。如图 7-17 所示为定时器 T2 内部结构框图。

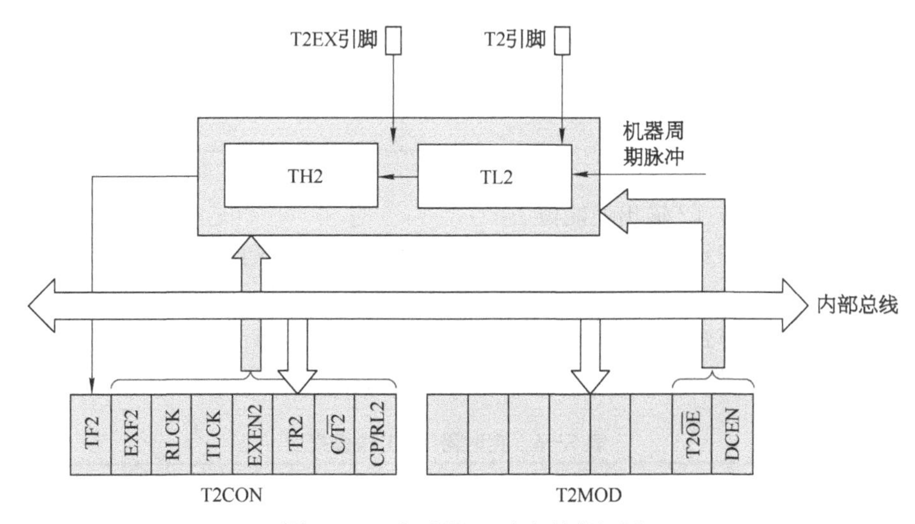

图 7-17　定时器 T2 内部结构框图

定时器 T2 是一个 16 位定时/计数器。通过设置特殊功能寄存器 T2CON 中的 C/$\overline{T2}$ 位,可将其作为定时器或计数器。定时器 T2 有 3 种工作模式:捕获、自动重载(向上或向下计数)和波特率发生器,这 3 种工作模式由 T2CON 中的相关位进行选择。定时器 T2 有两个 8 位寄存器:TH2、TL2,在定时工作方式中,每个机器周期 TL2 寄存器都会加 1。由于一个机器周期由 12 个晶振周期构成,因此,计数频率就是晶振频率的 1/12。

寄存器 T2CON 格式见表 7-4。

表 7-4　T2CON 寄存器功能

位顺序	B7	B6	B5	B4	B3	B2	B1	B0
位符号	TF2	EXF2	RCLK	TCLK	EXEN2	TR2	C/$\overline{T2}$	CP/$\overline{RL2}$

(1) TF2。定时器 T2 溢出标志位,用于请求中断(必须由软件清零)。

(2) EXF2。定期器 T2 外部标志位,当外部信号使能时,发生外部负跳变时置位中断请求(必须由软件清零)。

(3) RCLK。接收时钟标志位,默认情况下串口模式 1 和模式 3 的时钟是由定时器 T1 的溢出率提供,若将该位置位,则由定时器 T2 提供。

(4) TCLK。发送时钟标志位,原理同上。

(5) EXEN2。定时器 T2 的外部使能标志位,定时器 T2 没有作为串口时钟时,若将该位置位，将允许 T2EX 的负跳变产生捕获或重装。

(6) TR2。定时器 T2 启动/停止控制位，TR2=1 时，启动定时器 T2。

(7) $C/\overline{T2}$。定时器 T2 的定时/计数选择位，$C/\overline{T2}=0$ 时为定时方式，$C/\overline{T2}=1$ 时为外部事件计数方式。

(8) $CP/\overline{RL2}$。捕获/重装载标志位(只能通过软件置位或清除)。$CP/\overline{RL2}=0$ 时，选择重装载方式，$CP/\overline{RL2}=1$ 时，选择捕获方式。若 RCLK=1 或 TCLK=1 时，$CP/\overline{RL2}$ 控制位不起作用，被强制工作于定时器溢出自动重装载模式。

表 7-5　T2MOD 寄存器功能

位顺序	B7	B6	B5	B4	B3	B2	B1	B0
位符号	—	—	—	—	—	—	$T2\overline{OE}$	DCEN

(9) $T2\overline{OE}$。定时器 T2 输出使能位。

(10) DCEN。向下计数使能位，置位时将定时器配置为向下计数模式。

根据 T2CON 和 T2MOD，可以选择定时器 T2 的工作模式，见表 7-6。定时器 T2 可以配置为 16 位自动重载模式、16 位捕获模式及波特率发生器。每一种工作方式均遵循一定的时序，这里不一一介绍，如有需要，请学习者自行查阅数据手册。

表 7-6　定时器 T2 工作模式

RCLK+TCLK	$CP/\overline{RL2}$	TR2	模式
0	0	1	16 位自动重载
0	1	1	16 位捕获
1	×	1	波特率发生器
×	×	0	(关闭)

4) 参考程序

根据定时/计数器的工作原理，以产生周期为 2 ms 的方波信号为例说明其编程方式，本实训选择定时器 T1 的工作方式 1，通过 P1.0 口产生脉冲(方波信号)，参考程序如下：

```
ORG     0000H
AJMP    START
ORG     0100H
START:
        MOV   TMOD,#10H    //TMOD=0001 0000B:定时器 T1 工作方式 1,定时模式
        CLR   P1.0         //设置方波的起始状态
        MOV   TL1,#18H     //1 ms=1 000×1 μs  2^16-1 000=64 536=FC18H
        MOV   TH1,#0FCH    //送计数初值,保证定时时间 1 ms
        SETB  TR1          //启动定时器
LOOP:
```

```
    JNB   TF1,$          //等待1 ms定时到,TF1为T1溢出标志位
    MOV   TL1,#18H
    MOV   TH1,#0FCH      //再送计数初值,保证定时时间始终为1 ms
    CLR   TF1            //清溢出标志,以便下次判断
    CPL   P1.0           //P1.0状态取反
    SJMP  LOOP           //产生连续方波
END
```

5) 修改程序

(1) 修改参考程序,实现以下功能:通过P1.1口产生周期为4 ms的方波。

(2) 修改参考程序,实现以下功能:分别通过P1.1口和P1.2口产生周期为4 ms的方波和单脉冲。

7.3.4.2 脉冲计数及显示

1) 实训目的

(1) 编程实现单片机的计数功能。

(2) 复习数码管显示的工作原理和编程方式。

(3) 学习定时器中断的工作原理和处理方式。

2) 实训要求

编写程序,实现对外部输入脉冲的计数功能,并通过数码管将脉冲数显示出来,要求最大计数值为999 999。

3) 实训原理

前面介绍了定时/计数器的工作原理,现将介绍定时器中断的相关理论知识。定时中断是为了满足定时或计数的需求而设置的,当定时/计数器定时或者计数溢出后,内部自动置"1"溢出标志位(TF0或TF1),申请中断。

CPU会定期检查中断标志位来判断是否有中断源提出中断请求,只有得到CPU允许的中断请求才能得到响应。中断请求的屏蔽和开放是通过中断允许控制寄存器(IE)来设置的。当同时有多个中断源提出中断请求时,还需要根据中断优先级寄存器(IP)的相关位来决定相应的次序,本实训不涉及多个中断,这里不再介绍IP的使用。

IE寄存器地址为A8H,支持位寻址,各位地址为AFH～A8H。寄存器格式见表7-7。

表7-7 IE寄存器格式

位地址	AFH	AEH	ADH	ACH	ABH	AAH	A9H	A8H
位符号	EA	/	/	ES	ET1	EX1	ET0	EX0

(1) EA总中断允许控制位,EA=0时,所有中断都被屏蔽,EA=1,总中断允许。但是还需要根据各子中断是否允许后,才能决定CPU是否允许各中断源请求。

(2) EX0/EX1外部中断允许控制位,EX0/EX1=0时,禁止外部中断0/1请求;EX0/EX1=1时,允许对应的外部中断。

(3) ET0/ET1定时计数器中断允许控制位,ET0/ET1=0时,禁止对应定时器(或计数器)中断;ET0/ET1=1时,允许对应定时器(或计数器)中断。

(4) ES串行中断允许控制位,ES=0时,禁止串口中断;ES=1时,允许串口中断。

本实训采用定时/计数器0的计数中断，因此，实训过程中要打开总中断允许控制位和定时/计数器中断允许控制位，即设置EA=1，ET0=1。由于要求计数值最大为999 999，因此采用计数模式1，最大计数值为65 536。当计数器T0计数到65 536，溢出产生中断，记录中断次数 k。取出当前计数器所计次数 n，则累计脉冲数 N 为

$$N=n+65\,536\times k \tag{7-3}$$

脉冲计数程序流程图如图7-18所示。

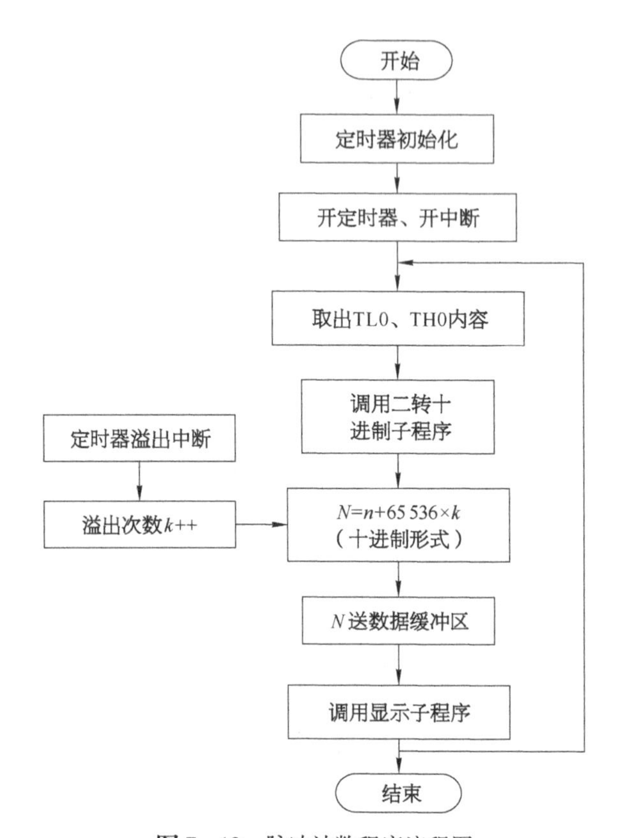

图7-18 脉冲计数程序流程图

(1) 由于定时/计数器计数时，采用的是二进制计数，而数码管显示是通过显示十进制的脉冲数以方便读取，因此取出定时/计数器TH0、TH1的数值之后，需要将二进制数转为十进制数保存到3个通用寄存器中。

例如：取得TH0=FFH，TL0=FFH，组成的十进制数据为65 536，经过二转十进制子程序保存到R4=06H、R5=55H、R6=36H中。

(2) 溢出次数也以十进制形式加到R4、R5、R6中。

例如：当前计数值为R4=12H，R5=35H，R6=05H，且已经溢出一次，则须将R4、R5、R6分别加上06H，55H，36H(带进位)。

(3) 数据缓冲区将R4、R5、R6中的16位数据以8位数据的形式存储在一段连续的地址中，方便显示子程序动态显示不同数字。

例如：经过二转十进制转换过后，R4=12H，R5=34H，R6=56H，此时将01H、02H、03H、04H、05H、06H存入到一段连续的地址，等待显示子程序调用读取。

实训时，需要一个开发板用于产生脉冲，另一个开发板用于计数，产生脉冲的实训可参考上一节的内容。将指定脉冲输出口和脉冲接收口用杜邦线连接起来，此处，发送端为 P1.0 口，由于 T0 对应的 I/O 口为 P3.4，因此接收端连接此 I/O 口。

4）参考程序

根据定时/计数器的基本工作原理和中断实现方式，以脉冲计数为例，参考程序如下：

```
dula      bit   P2.6
wela      bit   P2.7
ORG       0000H
LJMP      CONT
ORG       1000H
CONT：    MOV     SP,#53H
          MOV     TMOD,#05H   //TMOD=0000 0101 计数模式 1，最大计数值 65 536
          MOV     TH0,#00H    //赋初值
          MOV     TL0,#00H
          MOV     42H,#00
          SETB    TR0         //启动中断
          SETB    ET0         //允许定时/计数器中断
          SETB    EA          //总中断允许
CONT1：   MOV     R2,TH0      //取计数器当前计数值
          MOV     R3,TL0
          LCALL   CONT2       //跳转到子程序
conn：    MOV     A,42H
          JZ   fdis      //若 42H 中存储的数为 0，则跳转直接显示；不为 0 说明已经溢出
          MOV     52H,42H     //溢出次数
lp：      MOV     A,#36H      //R4、R5、R6 加 06、55、36，溢出几次加几次(带进位)
          ADD     A,R6
          DA      A
          MOV     R6,A
          MOV     A,#55H
          ADDC    A,R5
          DA      A
          MOV     R5,A
          MOV     A,#06H
          ADDC    A,R4
          DA      A
          MOV     R4,A
          DJNZ    52H,lp
fdis：    MOV     R0,#79H  //将 R6、R5、R4 的数据按照高低位取出，存进 79H～7EH
          MOV     A,R6
          LCALL   PWOR
```

```
        MOV    A,R5
        LCALL  PWOR
        MOV    A,R4
        LCALL  PWOR
        LCALL  DISP
        SJMP   CONT1
CONT2:  CLR    A
        MOV    R4,A
        MOV    R5,A
        MOV    R6,A
        MOV    R7,#10H
CONT3:  CLR    C              //二进制转十进制
        MOV    A,R3
        RLC    A
        MOV    R3,A
        MOV    A,R2
        RLC    A
        MOV    R2,A
        MOV    A,R6
        ADDC   A,R6
        DA     A
        MOV    R6,A
        MOV    A,R5
        ADDC   A,R5
        DA     A
        MOV    R5,A
        MOV    A,R4
        ADDC   A,R4
        DA     A
        MOV    R4,A
        DJNZ   R7,CONT3
RET
PWOR:   MOV    R1,A
        LCALL  PWOR1
        MOV    A,R1
        SWAP   A              //A 的高低位互换
PWOR1:  ANL    A,#0FH         //第一次取 A 的低四位,第二次取 A 的高位
        MOV    @R0,A          //将取得的数依次放进指定地址
        INC    R0             //地址加 1,将十进制数存在 79H~7EH
RET
DISP:   MOV    A,79H          //将数据显示在数码管上
```

```
MOV     DPTR,#TABLE
MOVC    A,@A+DPTR
MOV     P0,A
SETB    dula
CLR     dula
MOV     P0,#01FH
SETB    wela
CLR     wela
ACALL   DELAY
MOV     A,7AH
MOV     DPTR,#TABLE
MOVC    A,@A+DPTR
MOV     P0,A
SETB    dula
CLR     dula
MOV     P0,#02FH
SETB    wela
CLR     wela
ACALL   DELAY
MOV     A,7BH
MOV     DPTR,#TABLE
MOVC    A,@A+DPTR
MOV     P0,A
SETB    dula
CLR     dula
MOV     P0,#037H
SETB    wela
CLR     wela
ACALL   DELAY
MOV     A,7CH
MOV     DPTR,#TABLE
MOVC    A,@A+DPTR
MOV     P0,A
SETB    dula
CLR     dula
MOV     P0,#03BH
SETB    wela
CLR     wela
ACALL   DELAY
MOV     A,7DH
MOV     DPTR,#TABLE
```

```
        MOVC    A,@A+DPTR
        MOV     P0,A
        SETB    dula
        CLR     dula
        MOV     P0,#03DH
        SETB    wela
        CLR     wela
        ACALL   DELAY
        MOV     A,7EH
        MOV     DPTR,#TABLE
        MOVC    A,@A+DPTR
        MOV     P0,A
        SETB    dula
        CLR     dula
        MOV     P0,#03EH
        SETB    wela
        CLR     wela
        ACALL   DELAY
RET
DELAY:
        MOV     R7,#02H
        MOV     R6,#0FFH
        DJNZ    R6,$
        DJNZ    R7,$-4
RET
ORG     000BH                   //定时器0中断函数地址:000BH~0012H溢出中断函数
        INC     42H             //溢出次数存在42H中
RETI                            //中断函数返回
Table:  DB      3FH,06H,5BH,4FH,66H,6DH,7DH,07H
        DB      7FH,6FH,77H,7CH,39H,5EH,79H,71H
END
```

上述参考程序中,CONT3为二进制转十进制子程序,由于其循环次数较多,因此理解起来不是那么容易,可以借助Keil软件的调试功能来理解。点击图标“ ”进入调试模式。在代码左侧灰色区域单击,可放置调试断点“ ”,在选择要调试的代码起始点和终点均放置一个断点即可。调试可分为“ ”单步调试,“ ”跳过当前行,以及“ ”运行到当前的游标行。在调试状态下,可以在左侧“Registers”状态栏查看寄存器状态,以检验程序的正确性。

5) 修改程序

(1) 理解程序流程图与参考程序,思考当脉冲计数超过999 999后,脉冲计数值为多少?数码管会如何显示?请进行实训验证猜想是否准确。

(2) 若要保证脉冲计数范围为 0～999 999,程序须做出哪些改进?

7.3.5 串口的使用

7.3.5.1 串口的发送和接收

1) 实训目的

(1) 学习单片机串口的基本原理,编程实现串口的发送和接收功能。

(2) 学习使用串口调试助手模拟数据的发送和接收。

(3) 学习通过定时器产生特定的波特率及其参数计算。

2) 实训要求

通过串口调试助手给单片机发送数据,单片机接收到数据之后直接返回接收的数据到串口调试助手。

3) 实训原理

本实训涉及单片机串口的接收和发送功能。89C52 单片机内部集成有一个全双工通用异步收发串口(UART),它有四种工作方式,通信波特率可由程序设定,串行接收和发送均可触发中断。

89C52 单片机串口的内部结构如图 7-19 所示,内部包含两个相对独立的接收和发送缓冲器,可以同时发送和接收。发送缓冲器只写不读,接收缓冲器只读不写,这两个缓冲器统称为串口通信特殊功能寄存器 SBUF,在物理结构上它们是两个独立的部件,但是共用一个地址 99H。波特率时钟由定时/计数器 T1 产生,通过对相关寄存器的设置来改变波特率和串口的工作方式。CPU 可通过查询或中断方式对数据发送或接收进行处理。

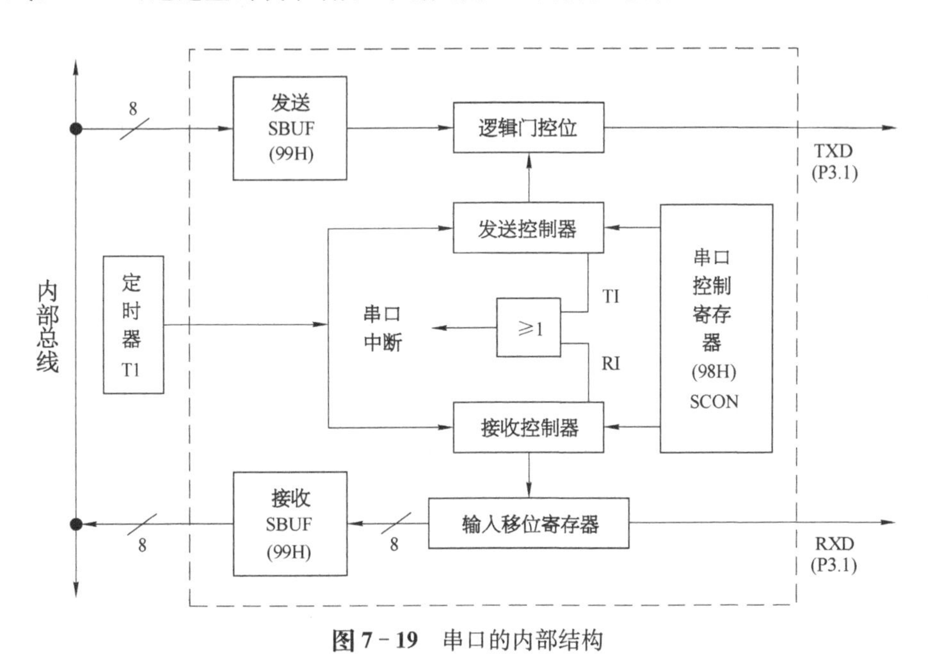

图 7-19 串口的内部结构

(1) 串口设置。通过配置串口控制寄存器 SCON 来实现。SCON 字节地址为 98H,位地址为 98H～9FH,SCON 寄存器格式见表 7-8。

① SM0、SM1 串口工作方式选择位,通过 SM0、SM1 的状态组合可以将串口配置成不同的工作方式,其状态组合所对应的工作方式见表 7-9。

表 7-8 SCON 寄存器格式

位地址	9FH	9EH	9DH	9CH	9BH	9AH	99H	98H
位符号	SM0	SM1	SM2	REN	TB8	RB8	TI	RI

表 7-9 串口的 4 种工作方式

SM0 SM1	工作方式	功能说明
0 0	0	同步移位寄存器方式
0 1	1	8 位异步收发，波特率可变（由定时器控制）
1 0	2	9 位异步收发，波特率为 $f_{osc}/64$ 或 $f_{osc}/32$
1 1	3	9 位异步收发，波特率可变（由定时器控制）

② SM2 多机通信控制位，SM2 主要用于方式 2 和方式 3。当串口以方式 2 或方式 3 接收时，如 SM2=1，则只有当接收到的第九位数据（RB8）为 1，才将接收到的前 8 位数据送入 SBUF，并置位 RI 产生中断请求；否则，将接收到的前 8 位数据丢弃。当 SM2=0 时，则不论第 9 位数据为 0 还是为 1，都将前 8 位数据送入 SBUF 中，并产生中断请求。

③ REN 允许接收位，通过该位控制串口是否允许接收数据，当 REN=0 时，禁止接收数据，反之，REN=1 时，允许接收数据，该位可由软件置“1”或者清“0”。

④ TI 发送中断标志，TI=1 表示一帧数据发送结束，由软件清“0”。

⑤ RI 接收中断标志，RI=1 表示一帧数据接收结束，由软件清“0”。

本实训选择串口工作方式 1，允许串口接收，设置 SCON 为 50H。

方式 1 和方式 3 的波特率是可变的，波特率由 T1 的溢出率决定。在实际波特率计算时，T1 的工作方式通常选择方式 2，定时器溢出后，能自动将 TH1 中的初值 N 装入 TL1 中重新定时。T1 初值 N 计算公式如下：

$$N=256-\frac{2^{SMOD}\times f_{osc}}{32\times 12\times B} \tag{7-4}$$

本实训选择定时器 1 模式 2，波特率为 $B=2\,400$，波特率不加倍：SMOD=0，$f_{osc}=11.059\,2$ MHz，代入式(7-4)计算可得定时器初值 N 为 244，因此 TH0=F4H、TL0=F4H。

在实训过程中，可通过串口调试助手模拟硬件发送/接收数据，与单片机进行通信。学习者可安装任意串口调试软件，这里不进行软件安装的详细介绍。

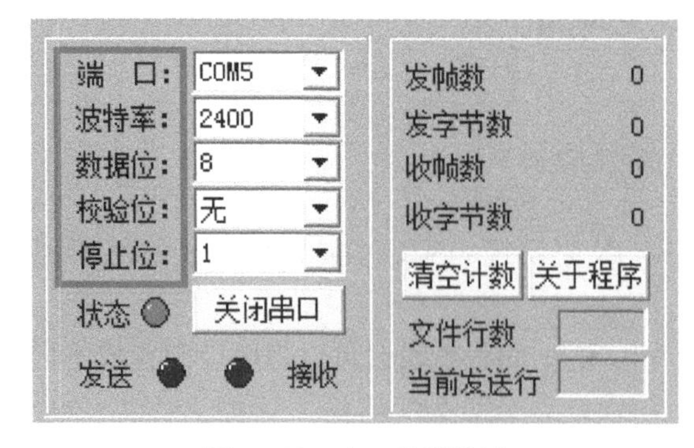

图 7-20 串口参数设置

(2) 串口调试软件操作步骤。以 ComMonitor 为例来说明串口调试软件的使用方法，实训操作步骤如下：

① 编程并下载程序到开发板。

② 打开串口调试软件，串口参数设置如图 7-20 所示，设置端口号（与设备管理器显示的单片机连接端口号相同）、波特率（与程序中设置的波特率相同）、数据位（一般为 8 位）、校验位和停止位等。

③ 打开串口，在发送区输入相应数据，点击发送。由于本例程是将接收到的数据直接返回，因此在软件的接收区将显示所发送数据。

4) 参考程序

根据实训原理，利用串口调试软件与单片机进行通信，单片机直接返回所接收数据，参考程序如下：

```
ORG     0000H
LJMP    MAIN
ORG     0200H
MAIN： MOV     TMOD,#20H        //设置定时器1为模式2,作为波特率发生器
       MOV     TL1,#0F4H        //2 400波特率,初值为244
       MOV     TH1,#0F4H
       SETB    TR1              //启动定时器,启动波特率发生
       MOV     SCON,#50H        //串口工作方式,设置为方式1,使能接收
M1：   JNB     RI,M1            //查询是否有数据接收,RI为0则循环
       MOV     A,SBUF           //数据暂存于A
       CLR     RI               //允许接收,RI清零
       MOV     SBUF,A           //将接收到的数据发送出去
M2：   JNB     TI,M2            //等待发送完成,TI=1表示发送完成
       CLR     TI               //TI清零
       SJMP    M1               //循环扫描串行通信接口数据
END
```

需要说明的是，本参考程序是通过中断标志位查询的方式来实现的，也可通过串行中断编写中断函数的方式来实训，串行中断的实现方式将在下一节中学习。

5) 修改程序

修改参考程序，检测串口接收数据，若接收数据为 01H，则发送数据 02H；若接收到其他数据，则发送 0FH。

7.3.5.2　**双机通信**

1) 实训目的

(1) 复习单片机串口的工作原理和配置方式。

(2) 通过实训掌握串行中断的工作原理和编程方式。

(3) 结合前面所学独立式键盘、数码管等，完成一个综合性较强的实训。

2) 实训要求

编写程序，实现单片机串口的接收和发送功能：单片机若接收到数据，则将所接收数据显示在数码管上；同时，检测独立式键盘是否有按键按下，如果有键被按下，将相应键值作为数据通过串口发送出去。要求通过编写中断函数的方式来实现。

3) 实训原理

前面已经学习了单片机串口的基本工作原理，这里将介绍串行中断的原理和实现方式。

串行中断是为串行数据传送的需要而设置，当串口接收或发送完一组串行数据时，就会自动置“1”接收标志位(RI)或发送标志位(TI)，从而申请中断。CPU 会定期检查这些标志位来判断是否有中断源提出中断请求，89C52 单片机的串行中断请求是通过 SCON 中断标志寄存

器的相关位来申请的。同时,中断请求的屏蔽和开放是通过中断允许控制器(IE)来设置的,对于串口中断,是由IE的串行中断允许控制位(ES)来控制的,ES=0时,禁止串口中断,ES=1时,允许串口中断。

在程序开始之后,需要设置SCON,并根据波特率计算定时器初值,设置TMOD及TH1、TL1(假设使用定时器1),然后打开定时器。当串口接收/发送数据完毕后,产生中断。由表7-1可知,串行中断的中断函数入口地址为0023H~002AH,因此中断后的处理函数入口地址需要在此范围内,当产生中断时,程序会自动跳转并执行相应的中断处理函数。

本实训还涉及独立式键盘、数码管等其他硬件,这些模块的工作原理在前面都已经学习过,学习者如有疑问,可以查阅相关章节,这里不再介绍。

4) 参考程序

根据串口中断的工作原理和实现方式,实现两块单片机的通信,当某块单片机的K1~K3被按下,则将按键的键值发送给另一块单片机,单片机接收到数据后将键值显示在数码管上,参考程序如下:

```
dula    bit P2.6
wela    bit P2.7
ORG     0000H
AJMP    MAIN
ORG     0100H
MAIN:   MOV     SCON,#50H           //串口工作方式1,并使能接收位
        MOV     PCON,#00H           //波特率不加倍
        MOV     TMOD,#20H           //设置定时器T1工作方式2
        MOV     TL1,#0F4H           //设置波特率为2 400 Hz
        MOV     TH1,#0F4H
        SETB    TR1                 //启动定时器T1
KEY:    JB      RI,DISPLAY          //判断是否接收完毕,接收完毕转移到DISPLAY
        MOV     A,P3
        ANL     A,#0F0H             //取P3口的高四位,低四位清零
        XRL     A,#0F0H             //高四位和1异或取反,如果没有按键按下,全为0
        JZ      KEY                 //累加器为0转移,说明没有按键按下
        LCALL   DELAY10MS           //延时消抖
        MOV     A,P3                //再判断一次
        ANL     A,#0F0H
        XRL     A,#0F0H
        JZ      KEY
        MOV     A,P3                //确认有按键按下
        ANL     A,#0F0H             //取高四位
        CJNE    A,#11100000B,NK1    //K1按下P3口为1110 0000,否则跳转到NK1
        SJMP    SEND1               //K1按下,跳转到SEND1
NK1:    CJNE    A,#11010000B,NK2
        SJMP    SEND2
```

```
NK2:    CJNE    A,#10110000B,NK3
        SJMP    SEND3
NK3:    CJNE    A,#01110000B,NK4
        SJMP    SEND4
NK4:    NOP
SEND1:  JNB     P3.4,SEND1          //判断按键是否松开
        MOV     SBUF,#1             //松开,发送按键键值
        LJMP    KEY
SEND2:  JNB     P3.5,SEND2
        MOV     SBUF,#2
        LJMP    KEY
SEND3:  JNB     P3.6,SEND3
        MOV     SBUF,#3
        LJMP    KEY
SEND4:  JNB     P3.7,SEND4
        MOV     SBUF,#4
        LJMP    KEY
//以下为延时子程序、显示子程序和中断向量表设置
DELAY10MS:
        MOV     R6,#200
D1:     MOV     R7,#248
        DJNZ    R7,$
        DJNZ    R6,D1
RET
DISPLAY:
        CLR     RI                  //清空接收标志位
        MOV     A,SBUF
        MOV     DPTR,#TABLE
        MOVC    A,@A+DPTR
        MOV     P0,A
        SETB    dula
        CLR     dula
        MOV     P0,#0FEH
        SETB    wela
        CLR     wela
RET
ORG     0023H                       //发送中断函数
CLR     TI                          //清空发送标志位
LJMP    KEY                         //跳转到按键扫描
RETI
TABLE:DB        3FH,06H,5BH,4FH,66H,6DH,7DH,07H
```

```
    DB      7FH,6FH,77H,7CH,39H,5EH,79H,71H
END
```

5）修改程序

修改参考程序，要求实现以下功能：

(1) 板1与板2通过串口实现双机通信。

(2) 板1与板2通过各自的独立按键K1～K4控制对方板上数码管的显示。

(3) 数码管上显示一个4位数，K1控制千位在0～9变化，每按下K1一次，千位加1，K2控制百位，K3控制十位，K4控制个位，控制方式如K1。

7.3.6 蜂鸣器的使用

7.3.6.1 蜂鸣器发声实训

1）实训目的

学习蜂鸣器的基本工作原理，编程实现蜂鸣器的发声功能。

2）实训要求

编写程序，让蜂鸣器发声。

3）实训原理

蜂鸣器的发声原理是电流通过电磁线圈，使电磁线圈产生磁场来驱动振动膜发声，因此需要一定的电流才能驱动蜂鸣器。由于单片机I/O引脚输出的电流较小，单片机输出的TTL电平基本上驱动不了蜂鸣器，因此需要增加一个电流放大的电路。通过三极管放大驱动电流，从而可以让蜂鸣器发出声音。

本实训所涉及的蜂鸣器模块原理图如图7-21所示。

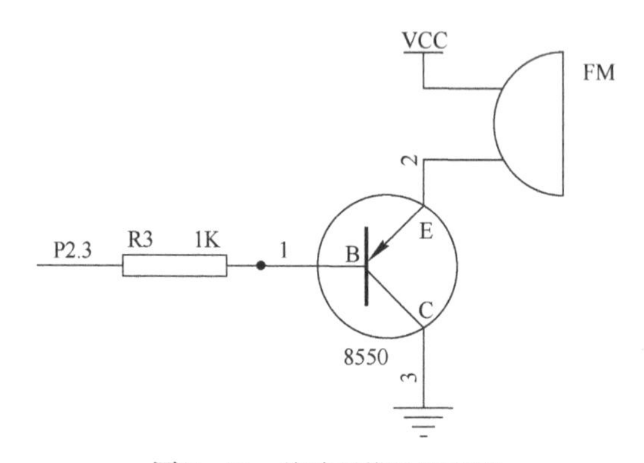

图7-21 蜂鸣器模块原理图

如图7-21所示，蜂鸣器FM一端接到电源VCC，一端连接PNP三极管的发射极，三极管基极对应单片机P2.3口，集电极接地。根据三极管的工作原理，当P2.3口输出低电平时，发射极与集电极之间导通，由于三极管的电流放大作用，就可以使蜂鸣器发出声音。

4）参考程序

根据蜂鸣器的工作原理，编程实现蜂鸣器的发声实训，参考程序如下：

```
ORG     0000H     //程序开始
LJMP    MAIN      //转入主程序
ORG     0200H     //主程序开始
```

```
MAIN：
        CLR     P2.3        //P2.3 引脚输出低电平，导通蜂鸣器从而发声
        SJMP    $           //原地跳转
END
```

5）修改程序

查阅资料，思考如何改变蜂鸣器的音调等特征，并尝试修改代码。

7.3.6.2　音乐盒实训

1）实训目的

（1）学习蜂鸣器的工作原理，了解如何改变蜂鸣器的音调、音长等特征。

（2）编程实现蜂鸣器的播放音乐功能，巩固定时器的工作原理和定时计数的计算方法。

2）实训要求

编写程序，利用蜂鸣器播放一首曲子。

3）实训原理

上一节学习了蜂鸣器的基本工作原理，这一节将学习如何利用定时器改变蜂鸣器的音调，实现用单片机播放音乐的功能。用单片机播放音乐，实际上是按照特定的频率，输出一连串的方波。为了输出适当的方波信号，首先应该知道音符与频率的关系。

通常的琴键分为低音、中音和高音三个区域，每个区域都有 12 个琴键，简谱音符标为 1、2、3、4、5、6、7。每个琴键对应一定的频率(这里不详细描述如何计算每个音符对应的频率，这不是本节学习的重点)，频率的倒数为周期，那么定时时间就为这个周期的一半，利用式(7－1)就能计算出定时器的初始值。以重音区音符 6 为例，其对应的频率 $f=220$ Hz，那么近似周期 $T=1/f=4\ 545.454\ 5\ \mu s$，假设定时器为 16 位定时方式，那么定时器初值为 $N=65\ 536-T/2=63\ 263$，其他音区和音符的计算方式同上。这样，将各个音区和音符对应的初始值计算出来，就能得到定时器初值表。

单片机发出的不同频率的方波，人听起来，就是不同的音调。定义音调的数据表，当需要播放音乐的时候，从表中取出对应的数据放到定时器中。直到定时器溢出中断，对输出引脚取反，经过蜂鸣器即可听到表中对应频率的声音。

而音长的设置，实际上是通过延时来完成的，当设置了音调之后，根据乐谱判断长音、短音或正常音，相应延时一段时间，这样听起来就是不同的音长。结合音调和音长，就能演奏出一些简单的曲目。

4）参考程序

根据蜂鸣器的发声原理及音符与频率之间的对应关系，实现利用单片机演奏歌曲的音乐盒实训，参考程序如下：

```
ORG     0000H
AJMP    READY
ORG     000BH                               //定时器 T0 中断入口地址
AJMP    EXT0
ORG     0100H
READY：
        MOV     TMOD，#00010001B            //设置定时器 T0/1 为定时模式 1
        MOV     IE，#10000010B              //允许定时器 T0 中断
```

```
AGAIN:
        MOV     DPTR,#TABLE      //指针指向数据表
MAINL:
        CLR     A
        MOVC    A,@A+DPTR
        MOV     R1,A
        INC     DPTR
        CLR     A
        MOVC    A,@A+DPTR
        MOV     R0,A
        INC     DPTR
        ORL     A,R1             //R0 和 R1 或运算
        JZ      XZF              //为 0 跳转到 ZXF,此处含义为判断是否为停顿符
        MOV     A,R0
        ANL     A,R1             //R0 和 R1 与运算
        CJNE    A,#0FFH,START    //不为 FF 则跳转到 START
        AJMP    AGAIN            //为 FF 说明歌曲演奏结束,重新开始
START:
        MOV     TL0,R0           //将对应频率的定时器初值赋值为 TH0,TL0
        MOV     TH0,R1
        SETB    TR0              //打开定时器 T0
        CLR     A
        MOVC    A,@A+DPTR        //将音长赋值到累加器,并存入 R2
        MOV     R2,A
        INC     DPTR             //指针指向下一个数
        AJMP    DELAY            //调用延时函数,即该音符演奏的音长
XZF:
        CLR     TR0              //当需要停顿时,停止 T0 计数
        SETB    P2.3             //关闭蜂鸣器
        CLR     A
        MOVC    A,@A+DPTR
        MOV     R2,A             //调用延时函数,控制停顿时长
        INC     DPTR
DELAY:                           //延时子函数
        ACALL   YS187MS
        DJNZ    R2,DELAY
        AJMP    MAINL            //一个音符演奏结束,取下一个音符数据
EXT0:                            //定时器 T0 中断函数
        MOV     TL0,R0
        MOV     TH0,R1
        CPL     P2.3             //定时器溢出,将 P2.3 口取反
```

```
RETI                                                //中断函数返回
YS187MS:
        SETB    TR1
        MOV     R5,#100
YSLOOP:
        MOV     TL1,#LOW(65 536-1 870)
        MOV     TH1,#HIGH(65 536-1 870)
YSPD:
        JBC     TF1,YSLOOP1
        AJMP    YSPD
YSLOOP1:
        DJNZ    R5,YSLOOP
        CLR     TR1
RET
```

/*数据表中每三个数据为一组,代表一个音符。第一、二个数据分别为定时器T0的高位TH0和低位TL0。T0控制演奏的音高,通过乐谱及附录2可以确定,第三个数据为该音符演奏的音长。00H 00H为停顿,FFH FFH代表歌曲演奏结束*/

```
TABLE:      //演奏曲目为生日快乐歌
    DB      0FBH,04H,01H,0FBH,04H,02H           //音符5 5(祝你)
    DB      0FDH,0C8H,03H,0FDH,82H,03H          //音符6 5(生日)
    DB      0FCH,44H,03H,0FCH,04H,04H           //音符1 7(快乐)
    DB      00H,00H,02H                         //停顿
    DB      0FBH,04H,01H,0FBH,04H,02H           //方法同上,可自行查找乐谱
    DB      0FDH,0C8H,03H,0FDH,82H,03H
    DB      0FCH,0ADH,03H,0FCH,34H,04H
    DB      00H,00H,02H
    DB      0FBH,04H,01H,0FBH,04H,02H
    DB      0FDH,82H,03H,0FDH,0AH,03H
    DB      0FCH,44H,03H,0FCH,04H,01H
    DB      0FBH,90H,04H,00H,00H,01H
    DB      0FDH,34H,01H,0FDH,34H,02H
    DB      0FDH,0AH,03H,0FCH,44H,03H
    DB      0FCH,0ADH,03H,0FCH,34H,04H
    DB      00H,00H,04H
    DB      0FFH,0FFH
END
```

5) 修改程序

查找一首自己喜欢的歌曲,根据歌曲简谱,将简谱转换成数据表并修改相应代码,完成歌曲的播放。

附录

电子元器件的识别

附录 1　电阻器的识别

电阻器是电路元件中应用最广泛的一种电路元件，在电子设备中占元件总数的 30%以上，其质量的好坏对电路工作的稳定性有极大影响。它的主要用途是稳定和调节电路中的电流和电压，还作为分流器、分压器和负载使用。

1. 电阻器的型号

常用的电阻器分为固定式电阻器和可变式电阻器(电位器)，如附图 1 所示。按制作材料和工艺不同，固定式电阻器又可分为膜式电阻器(碳膜 RT、金属膜 RJ、合成膜 RH 和氧化膜 RY)、实芯电阻器(有机 RS 和无机 RN)、金属线绕电阻器(RX)和特殊电阻器(MG 型光敏电阻、MF 型热敏电阻)四种。

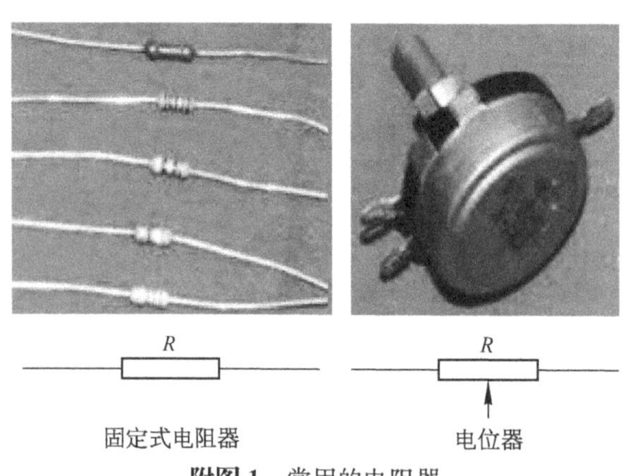

附图 1　常用的电阻器

根据相关规定，电阻器的命名一般由下列四部分组成：

第一部分：电阻器的主称，用字母表示。

第二部分：表示电阻器的导电材料，用字母表示。

第三部分：表示电阻器的分类，一般用数字表示，个别类型用字母表示。

第四部分：表示电阻器的序号，用数字表示序号，以区分电阻器的外形尺寸和性能指标。

具体如下所示：

电阻器的型号命名法见附表 1。

附表 1　电阻器的型号命名法

第一部分:主称		第二部分:材料		第三部分:特征分类			第四部分:序号
符号	意义	符号	意义	符号	意义		
					电阻器	电位器	
R	电阻器	T	碳膜	1	普通	普通	对主称、材料相同,仅性能指标、尺寸大小有差别,但基本不影响互换使用的产品,给与同一序号;若性能指标、尺寸大小明显影响互换时,则在序号后面用大写字母作为区别代号
W	电位器	H	合成膜	2	普通	普通	
		S	有机实芯	3	超高频	—	
		N	无机实芯	4	高阻	—	
		J	金属膜	5	高温	—	
		Y	氧化膜	6	—	—	
		C	沉积膜	7	精密	精密	
		I	玻璃釉膜	8	高压	特殊函数	
		P	硼碳膜	9	特殊	特殊	
		U	硅碳膜	G	高功率	—	
		X	线绕	T	可调	—	
		M	压敏	W	—	微调	
		G	光敏	D	—	多圈	
		R	热敏	B	温度补偿用	—	
				C	温度测量用	—	
				P	旁热式	—	
				W	稳压式	—	
				Z	正温度系数	—	

如 RJ71 型的命名含义:R—电阻器,J—金属膜,7—精密,1—序号。

2. 电阻器的主要参数和特性

1) 额定功率

在规定的环境温度和湿度下,假定周围空气不流通,在长期连续负载而不损坏或基本不改变性能的情况下,电阻器上允许消耗的最大功率称为额定功率。为保证安全使用,一般选其额定功率比它在电路中消耗的功率高 1～2 倍。额定功率分 19 个等级,常用的有 0.05 W、0.125 W、0.25 W、0.5 W、1 W、2 W、3 W、5 W、7 W、10 W。电路图中电阻器额定功率符号如附图 2 所示。

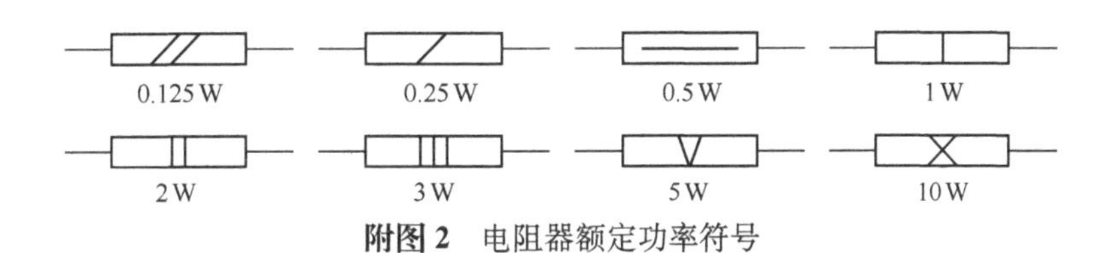

附图 2　电阻器额定功率符号

2) 标称阻值

产品上标示的阻值称为标称阻值,其单位为欧(Ω)、千欧(kΩ)、兆欧(MΩ),标称阻值都应符合附表 2 所列数值乘以 10^N Ω,其中 N 为整数。

附表 2 标称阻值系列

允许误差	系列代号	标称阻值系列
5%	E24	1.0 1.1 1.2 1.3 1.5 1.6 1.8 2.0 2.2 2.4 2.7 3.0 3.3 3.6 3.9 4.3 4.7 5.1 5.6 6.2 6.8 7.5 8.2 9.1
10%	E12	1.0 1.2 1.5 1.8 2.2 2.7 3.3 3.9 4.7 5.6 6.8 8.2
20%	E6	1.0 1.5 2.2 3.3 4.7 6.8

3) 允许误差

电阻器实际阻值对于标称阻值的最大允许偏差范围称为允许误差,它表示产品的精度,允许误差的等级见附表 3。

附表 3 允许误差等级

级别	005	01	02	Ⅰ	Ⅱ	Ⅲ
允许误差	0.5%	1%	2%	5%	10%	20%

4) 最高工作电压

最高工作电压是指电阻器长期工作不发生过热或电击穿损坏时的电压。如果电压超过规定值,电阻器内部产生火花、引起噪声,甚至损坏。附表 4 是碳膜电阻的最高工作电压。

附表 4 碳膜电阻的最高工作电压

标称功率/W	1/16	1/8	1/4	1/2	1	2
最高工作电压/V	100	150	350	500	750	1 000

5) 稳定性

稳定性是衡量电阻器在外界条件(温度、湿度、电压、时间和负荷性质等)作用下电阻变化的程度。

(1) 温度系数。表示温度每变化 1 ℃时,电阻器阻值的相对变化量。

(2) 电压系数。表示电压每变化 1 V 时,电阻器阻值的相对变化量。

6) 噪声电动势

电阻器的噪声电动势在一般电路中可以不考虑,但在弱信号系统中不可忽视。

线绕电阻器的噪声只限于热噪声(分子扰动引起),仅与阻值、温度和外界电压的频带有关。薄膜电阻除了热噪声外,还有电流噪声,这种噪声近似地与外加电压成正比。

7) 高频特性

电阻器在高频条件下使用,要考虑其固有电感和固有电容的影响。这时,电阻器变为一个直流电阻与分布电感串联,然后再与分布电容并联的等效电路,非线绕电阻器的 $L_R=0.01\sim0.05\ \mu H$,$C_R=0.1\sim5\ pF$,线绕电阻器的 L_R 达几十微亨,C_R 达几十皮法,即使是无感绕法的线绕电阻器,L_R 仍有零点几微亨。

3. 电阻器的选用

根据电阻材料的不同,电阻器可以分为薄膜型、合金型和合成型三类。

1) 薄膜电阻器

(1) 金属膜电阻器(RJ)。金属膜电阻器的导电膜层为金属或合金材料,性能优良,工作环境温度范围较宽，功率体积比大，有利于设备的小型化。适用于直流、交流和脉冲电路中，额定环境温度为 70 ℃。

(2) 金属氧化膜电阻器(RY)。金属氧化膜电阻器的导电膜层为金属氧化物，因此，其特点有:电阻器耐热性能好、阻值稳定、不易被氧化，故稳定性高。但由于金属氧化物在潮湿环境中，在直流电压的作用下容易还原，所以 RY 电阻器尽量不运用于直流电路中。RY 电阻器的额定环境温度为 70 ℃。

(3) 碳膜电阻器(RT)。碳膜电阻器是在真空中利用热分解的方法制造而成的，所以有较高的化学稳定性和较大的电阻率。碳膜电阻器的阻值范围最宽，温度系数为负值，受电压和频率的影响较小，并且价格便宜，所以适用于各种电路。缺点是功率体积比小，因此体积较大。碳膜电阻器的额定环境温度较低为 40 ℃。

2) 合金电阻器

合金电阻器包括线绕电阻器、合金箔电阻器和块金属电阻器，内部没有接触电阻，因此不存在非线性和电流噪声，温度系数最低，长期稳定性好，可用作精密电阻器和大功率电阻器。

3) 合成电阻器

合成电阻器的电性能指标没有薄膜电阻器好，但其可靠性却优于薄膜电阻器，所以合成电阻器可用于高可靠性要求的设备中。

4. 电阻器的色环判别

小功率碳膜和金属膜电阻器一般都用色环表示电阻器阻值的大小。色环电阻器分为四色环和五色环，颜色的环代表阻值大小，每种颜色代表不同的数字，见附表 5。

附表 5 色环颜色所代表的数字或意义

色别	第一色环 第一位数字	第二色环 第二位数字	第三色环 应乘的数	第四色环 误差
棕	1	1	10	
红	2	2	100	
橙	3	3	1 000	
黄	4	4	10 000	
绿	5	5	100 000	
蓝	6	6	1 000 000	
紫	7	7	10 000 000	
灰	8	8	100 000 000	
白	9	9	1 000 000 000	
黑	0	0	1	
金			0.1	±5%
银			0.01	±10%
无色				±20%

(1) 在电阻器的一端标以彩色环，电阻器的色标是由左向右排列，示例电阻为 27 000 Ω±0.5%，其四环电阻如附图 3 所示。

(2) 精密度电阻器的色环标志用五个色环表示。第一至第三色环表示电阻的有效数字，第四色环表示应乘的数，第五色环表示允许偏差，示例电阻为 17.5 Ω±1%，其五环电阻如附图 4 所示。

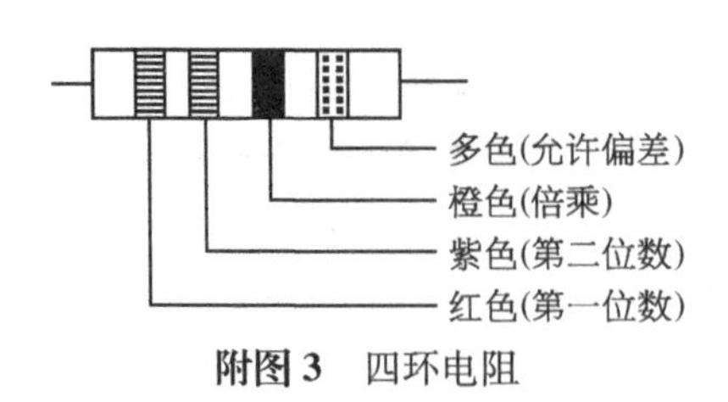

附图 3　四环电阻

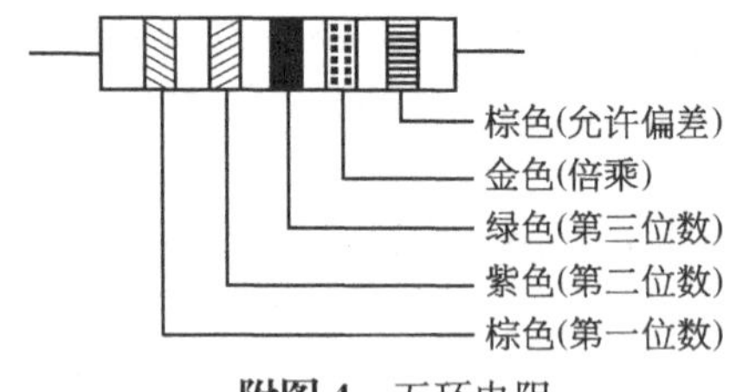

附图 4　五环电阻

在电路图中电阻器的单位标注规则：阻值在兆欧以上，标注单位 M。比如 1 MΩ，标注 1 M；2.7 MΩ，标注 2.7 M。阻值在 1 kΩ～100 kΩ 之间，标注单位 k。比如 5.1 kΩ，标注 5.1 k；68 kΩ，标注 68 k。阻值在 100 kΩ～1 MΩ 之间，可以标注单位 k，也可以标注单位 M。比如 360 kΩ，可以标注 360 k，也可以标注 0.36 M。阻值在 1 kΩ 以下，可以标注单位 Ω，也可以不标注。比如 5.1 Ω，可以标注 5.1 Ω 或者 5.1；680 Ω，可以标注 680 Ω 或者 680。

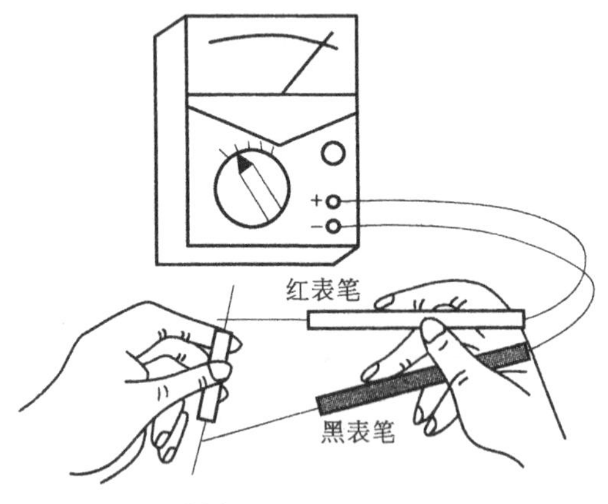

附图 5　电阻器的测量

5. 电阻器阻值的测量

电阻器可以用万用表进行阻值测量。电阻器的测量如附图 5 所示。

1) 固定电阻器的测量

将万用表两表笔(不分正负)分别与电阻的两端引脚相接即可测出实际电阻值。为了提高测量精度，应根据被测电阻标称值的大小来选择量程。由于欧姆挡刻度的非线性关系，它的中间一段分度较为精细，因此应使指针指示值尽可能落到刻度的中段位置，即全刻度起始的 20%～80%弧度范围内，以使测量更准确。根据电阻误差等级不同。读数与标称阻值之间分别允许有 ±5%、±10%或±20%的误差。如不相符，超出误差范围，则说明该电阻值变化了。

万用表测量几十千欧以上阻值的电阻时，手不要触及表笔和电阻的导电部分；被测量的电阻从电路中焊下来，至少要焊开一个头，以免电路中的其他元件对测试产生影响，造成测量误差。

2) 电位器的测量

用万用表测试时，先根据被测电位器阻值的大小，选择好万用表的合适电阻挡位，然后进行检测。用万用表的欧姆挡测“1”“2”(或“2”“3”)两端，将电位器的转轴按逆时针方向旋至接近“关”的位置，这时电阻值逐渐减至最小。再顺时针慢慢旋转轴柄，电阻值应逐渐增大，表头中的指针应平稳移动。当轴柄旋至极端位置“3”时，阻值应接近电位器的标称值。

附录 2　电容器的识别

电容器是一种储能元件，在电路中用于调谐、滤波、耦合、旁路、能量转换和延时。电容器通常叫作电容。按其结构可分为固定电容器、半可变电容器、可变电容器三种。

1. 电容器的型号

国产电容器的型号一般由四部分组成，其中：第一部分用字母表示主称；第二部分用字母表示材料；第三部分用数字或字母表示分类特征；第四部分用数字表示序号，对主称、材料、特征相同的电容器，仅尺寸、性能指标略有差别，但基本上不影响互换的产品，则标以同一序号。电容器外形如附图 6 所示。

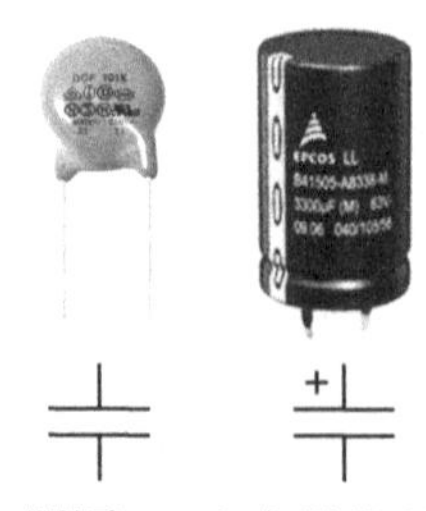

附图 6　电容器外形

常用电容器型号的各部分符号及意义见附表 6。

附表 6 电容器型号组成、符号及意义

<table>
<tr><th colspan="2">第一部分</th><th colspan="2">第二部分</th><th colspan="5">第三部分</th><th>第四部分</th></tr>
<tr><th rowspan="2">字母</th><th rowspan="2">意义</th><th rowspan="2">字母</th><th rowspan="2">意义</th><th rowspan="2">数字或字母</th><th colspan="4">意义</th><th rowspan="2">序号</th></tr>
<tr><th>瓷介电容器</th><th>云母电容器</th><th>有机电容器</th><th>电解电容器</th></tr>
<tr><td rowspan="14">C</td><td rowspan="14">电容器</td><td rowspan="4">B</td><td rowspan="4">聚苯乙烯等非极性有机薄膜(常在“B”后再加字母区分具体材料，如“BB”为聚丙烯)</td><td>1</td><td>圆形</td><td>非密封</td><td>非密封</td><td>箔式</td><td rowspan="14">用数字表示序号，以区分电容器外形尺寸、标称容量、耐压、允许误差等</td></tr>
<tr><td>2</td><td>管形</td><td>非密封</td><td>非密封</td><td>箔式</td></tr>
<tr><td>3</td><td>叠片</td><td>密封</td><td>密封</td><td>烧结粉非固体</td></tr>
<tr><td>4</td><td>独石</td><td>密封</td><td>密封</td><td>烧结粉固体</td></tr>
<tr><td rowspan="4">L</td><td rowspan="4">涤纶等极性有机薄膜(常在“L”后再加字母区分具体材料，如“LS”为聚碳酸酯)</td><td>5</td><td>穿心</td><td>—</td><td>穿心</td><td>—</td></tr>
<tr><td>6</td><td>支柱等</td><td>—</td><td>—</td><td>—</td></tr>
<tr><td>7</td><td>—</td><td>—</td><td>—</td><td>无极性</td></tr>
<tr><td>8</td><td>高压</td><td>高压</td><td>高压</td><td>—</td></tr>
<tr><td>C</td><td>高频瓷介</td><td>9</td><td>—</td><td>—</td><td>特殊</td><td>特殊</td></tr>
<tr><td>T</td><td>低频瓷介</td><td>T</td><td colspan="4">叠片</td></tr>
<tr><td>D</td><td>铝电解</td><td>W</td><td colspan="4">微调</td></tr>
<tr><td>A</td><td>钽电解</td><td>J</td><td colspan="4">金属化</td></tr>
<tr><td>J</td><td>金属化纸介</td><td>G</td><td colspan="4">高功率</td></tr>
<tr><td>Y</td><td>云母</td><td>Y</td><td colspan="4">高压</td></tr>
</table>

2. 电容器的标号

电容器的标称容量、允许误差(精度等级)可用数字、字母或色码在电容器上标明，标注方法与电阻器相同。通常电容器的电容量小于 10 000 pF 时，用 pF 做单位，大于 10 000 pF 时，用 μF 做单位。电容器的额定工作电压(耐压)一般直接标注在电容器上。

3. 电容器的主要参数和特性

电容器的主要参数有标称容量与允许偏差、额定工作电压、温度系数、漏电流、绝缘电阻、频率特性和介质损耗等。

1) 电容器的标称容量与允许偏差

标志在电容器上的电容量称作标称容量。电容器的实际容量与标称容量存在一定的偏差，电容器的标称容量与实际容量的允许最大偏差范围称作电容器的允许偏差。电容器的标称容量与实际容量的误差反映了电容器的精度。电容器的精度等级与允许偏差的对应关系见附表 7。一般电容器常用Ⅰ、Ⅱ、Ⅲ级，电解电容器用Ⅳ、Ⅴ、Ⅵ级。

附表 7　电容器的精度等级与允许偏差的对应关系

精度级别	00	0	Ⅰ	Ⅱ	Ⅲ	Ⅳ	Ⅴ	Ⅵ
允许误差/%	±1	±2	±5	±10	±20	+20 −10	+50 −20	+50 −30

2）电容器的额定工作电压

额定工作电压是指电容器在规定的温度范围内，能够连续可靠工作的最高电压。额定工作电压的大小与电容器所用介质和环境温度有关。选用电容器时，要根据其工作电压的大小，选择额定工作电压大于实际工作电压的电容器，以保证电容器不被击穿。常用的固定电容器工作电压有 6.3 V、10 V、16 V、25 V、50 V、63 V、100 V、400 V、500 V、630 V、1 000 V、2 500 V。耐压值一般直接标示在电容器上，但有些电解电容的耐压值采用色标法标示，位置靠近正极引出线的根部，所表示的意义见附表 8。

附表 8　电容器耐压值色标法标示

颜色	黑	棕	红	橙	黄	绿	蓝	紫	灰
耐压	4 V	6.3 V	10 V	16 V	25 V	32 V	40 V	50 V	63 V

3）电容器的温度系数

温度的变化会引起电容器容量的微小变化，通常用温度系数来表示电容器的这种特性。温度系数是指在一定温度范围内，温度每变化 1 ℃时电容器容量的相对变化值。

4）电容器的漏电流

电容器的介质并不是绝对绝缘的，总会有些漏电，产生漏电流。

5）电容器的绝缘电阻

电容器的绝缘电阻的值等于加在电容器两端的电压与通过电容器的漏电流的比值。电容器绝缘电阻的大小和变化会影响电子设备的工作性能，对于一般的电子设备，绝缘电阻越大越好。

6）电容器的频率特性

频率特性是指电容器对各种不同的频率所表现出的性能（即电容量等电参数随着电路工作频率的变化而变化的特性）。不同介质材料的电容器，其最高工作频率也不同，例如，容量较大的电容器（如电解电容器）只能在低频电路中正常工作，而高频电路中只能使用容量较小的高频瓷介电容器或云母电容器等。

7）电容器的介质损耗

电容器在电场作用下消耗的能量，通常用损耗功率和电容器的无功功率之比，即损耗角的正切值来表示。损耗大的电容器不适于在高频情况下工作。

4. 电容器的选用

常用的电容器按其介质材料可分为电解电容器、云母电容器、瓷介电容器和玻璃釉电容器等。

1）电解电容器

电解电容器又分为铝电解电容器和钽电解电容器。电解电容器外形如附图 7 所示。

（a）铝电解电容器

（b）钽电解电容器

附图 7　电解电容器外形

2）云母电容器

云母电容器是由金属箔或在云母片上喷涂银层做电极板，极板和云母一层一层叠合后，再压铸在胶木粉或封固在环氧树脂中制成。云母电容器外形如附图 8 所示。

附图 8　云母电容器外形

附图 9　瓷介电容器外形

3）瓷介电容器

瓷介电容器是用陶瓷做介质，在陶瓷基体两面喷涂银层，然后烧成银质薄膜做极板制成的。瓷介电容器外形如附图 9 所示。

4）玻璃釉电容器

玻璃釉电容器以玻璃釉做介质，具有瓷介电容器的优点，且体积更小、耐高温。玻璃釉电容器外形如附图 10 所示。

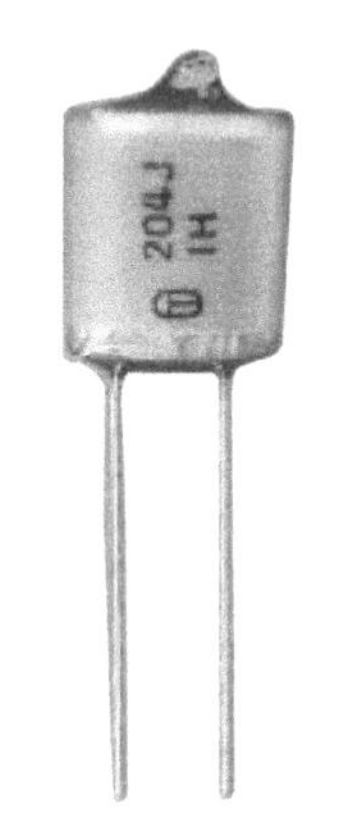

附图 10　玻璃釉电容器外形

5）纸介质电容器

纸介质电容器的优点是成本低，缺点是容易老化、热稳定性差，主要用于直流和低频电路中。

6）涤纶薄膜电容器

涤纶薄膜电容器的电容量较大、电压范围比较宽，是应用较广的电容器。但是其电参数随温度和频率变化较大，所以多用于频率较低的电路中。

7）聚碳酸酯薄膜电容器

聚碳酸酯薄膜电容器的主要优点是能在较高的温度和温度交变的条件下稳定工作，工作温度范围为－55～＋125 ℃，可用于交流和高频电路中。

5. 电容器的判断

1）电容器性能和好坏的判别

电容器的质量好坏主要表现在电容量和漏电电阻。可用万用表对电容器进行定性质量检测的方法。

电容器的异常主要表现为失效、短路、断路和漏电等几种情况，下面具体介绍固定电容器（非电解电容器）漏电电阻的测量。

根据电容器的充放电原理，可用万用表 R×1 K 或 R×10 K 挡（视电容器的容量而定）测量。测量时，将两表笔分别接触电容器（容量大于 0.01 μF）的两引线，电容器漏电电阻的测量如附图 11 所示。

此时，表针会迅速地顺时针方向跳动或偏转，然后再按逆时针方向逐渐退回到“∞”处。如果回不到“∞”，则表针稳定后所指的读数就是该电容器的漏电电阻值。一般，电容器的漏电电阻很大，约几百兆欧到几千兆欧。漏电电阻越大，则电容器的绝缘性能越好。若阻值比上述数据小得多，则说明电容器严重漏电，不能使用；若表针稳定后靠近“0”处，说明电容器内部短路；若表针毫无反应，始终停在“∞”处，说明电容器内部开路。

2）电解电容器极性的判别

可用万用表的电阻挡测量电解电容器极性，如附图 12 所示。只有电解电容器的正极接电源正（电阻挡时的黑表笔），负端接电源负（电阻挡时的红表笔）时，电解电容器的漏电流才小（漏电电阻大）。反之，则电解电容器的漏电流增加（漏电电阻减小）。

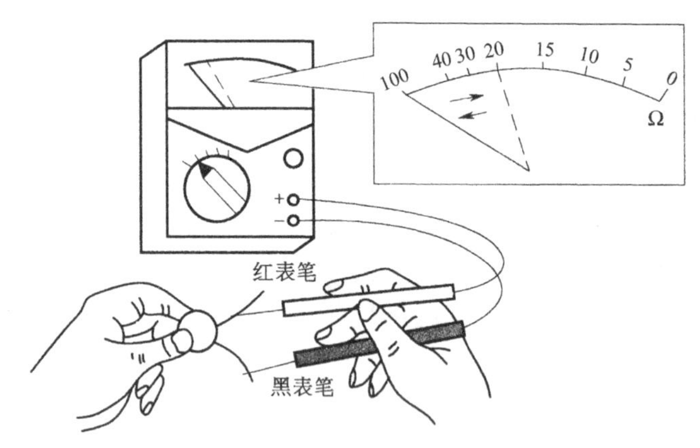

附图 11　电容器漏电电阻的测量

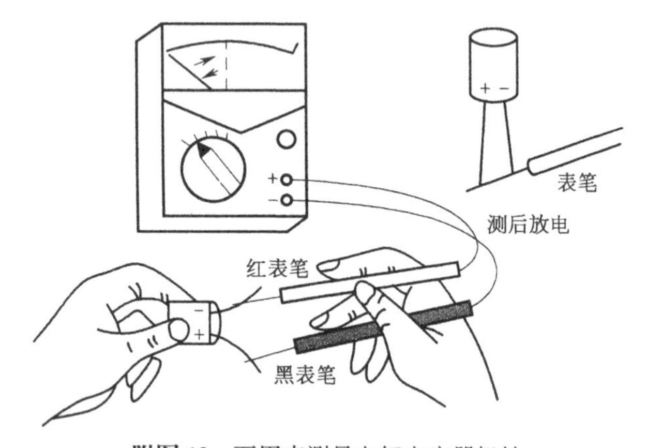

附图 12　万用表测量电解电容器极性

测量时，先假定某极为"+"极，让其与万用表的黑表笔相接，另一电极与万用表的红表笔相接，记下表针停止的刻度(表针靠左阻值大)，然后将电容器放电(即两根引线碰一下)，两只表笔对调，重新进行测量。两次测量中，表针最后停留的位置靠左(阻值大)的那次，黑表笔接的就是电解电容器的正极。测量时最好选用R×100 或 R×1 K 挡。

附录 3　电感器的识别

电感器是能够把电能转化为磁能而存储起来的元件。电感器的结构类似于变压器，但只有一个绕组。电感器在电子线路中应用广泛，是实现振荡、调谐、耦合、滤波、延迟和偏转的主要元件之一。

1. 电感器的型号

1) 电感器种类

电感器种类很多，一般常根据其结构来分，电感器外形如附图 13 所示。

附图 13　电感器外形

(1) 单层线圈。单层线圈的电感量较小，一般在几个毫亨～几十个微亨之间。单层线圈一般使用在高频电路中。为了提高线圈的品质因数，单层线圈的骨架常使用介质损耗小的陶瓷和聚苯乙烯材料制作。

(2) 多层线圈。当电感量大于 300 μH 时，就应采用多层线圈。

(3) 蜂房线圈。多层线圈的缺点是分布电容大，采用蜂房方法绕制的线圈可以减少多层绕制线圈分布电容。

2) 电感器的型号命名

电感器的型号命名由三部分组成：

第一部分用字母表示电感线圈的主称；

第二部分用字母与数字混合或数字来表示电感量；

第三部分用字母表示误差范围。

电感器各部分含义见附表 9。

附表 9　电感器各部分含义

第一部分:主称		第二部分:电感量			第三部分:误差范围	
字母	含义	数字与字母	数字	含义	字母	含义
L 或 PL	电感线圈	2R2	2.2	2.2 μH	J	±5%
		100	10	10 μH	K	±10%
		101	100	100 μH		
		102	1 000	1 mH	M	±20%
		103	10 000	10 mH		

2. 电感器的主要参数

电感器的主要参数有电感量、允许偏差、品质因数、分布电容及额定电流等。

1) 电感量

电感量也称自感系数，是表示电感器产生自感应能力的一个物理量。电感量的基本单位是亨利(简称“亨”)，用字母“H”表示。

2) 允许偏差

允许偏差是指电感器上标称的电感量与实际电感的允许误差值。一般用于振荡或滤波等电路中的电感器要求精度较高，允许偏差为±0.2%～±0.5%；而用于耦合、高频阻流等线圈的精度要求不高；允许偏差为±10%～±15%。

3) 品质因数

品质因数是衡量电感器质量的主要参数。它是指电感器在某一频率的交流电压下工作时，所呈现的感抗与其等效损耗电阻之比。电感器的品质因数越高，其损耗越小，效率越高。

4) 分布电容

分布电容是指线圈的匝与匝之间、线圈与磁心之间存在的电容。电感器的分布电容越小，其稳定性越好。

5) 额定电流

额定电流是指电感器在正常工作时所允许通过的最大电流值。若工作电流超过额定电流，则电感器就会因发热而使性能参数发生改变，甚至还会因过流而烧毁。

3. 电感器的选用

选用电感器时应注意其性能、工作频率是否符合电路要求，并应注意正确使用，防止接线错误和损坏。对于有现成产品可以选用的电感器，应检查其电感量是否与允许范围相符。大部分电感线圈要根据电路要求进行制作，对于电感量过大或过小的线圈，可以通过减小或增大匝数来达到要求值；对于品质因数达不到要求值的电感线圈，应从减小损耗的角度出发，用加粗导线等方法去提高其品质因数。在要求损耗小的高频电路中，应选用高频损耗小的高频瓷作骨架；在要求较低的场合，可用塑料、胶木等材料作骨架，虽然损耗大些，但是价格低、重量轻、制作方便。电感线圈在使用中应注意防潮绝缘处理。

4. 电感器的判断

1) 标注方法

(1) 直标法。在电感线圈的外壳上直接用数字和文字标出电感线圈的电感量、允许误差及最大工作电流等主要参数,电感器外壳直标如附图 14 所示。

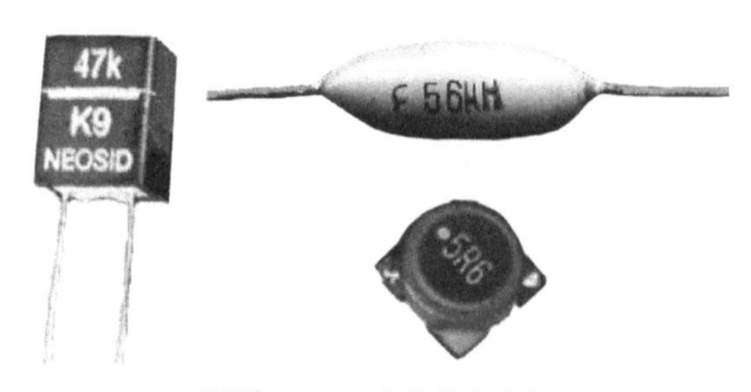

附图 14 电感器外壳直标

(2) 色标法。即用色环表示电感量,单位为 mH,第一、二位表示有效数字,第三位表示倍率,第四位为误差。电感器外壳色标图如附图 15 所示。

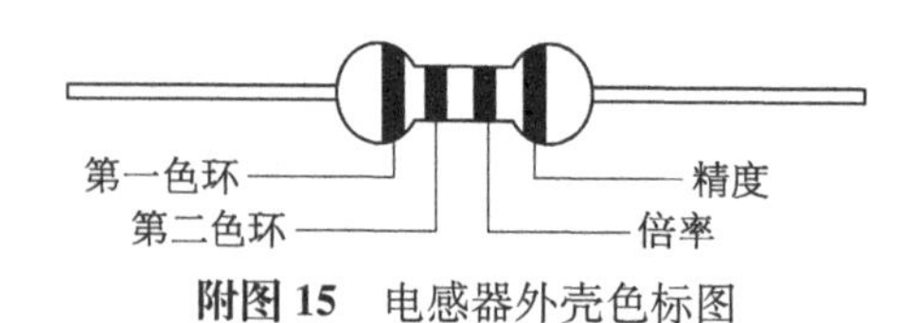

附图 15 电感器外壳色标图

电感器色环颜色所代表的数字或意义见附表 10。

附表 10 电感器色环颜色所代表的数字或意义

色标	标称电感量		倍率	精度
	第一色环	第二色环		
黑	0		1	±20%
棕	1		10	—
红	2		100	—
橙	3		1 000	—
黄	4		—	—
绿	5		—	—
蓝	6		—	—
紫	7		—	—
灰	8		—	—
白	9		—	—
金	—		0.1	±5%
银	—		0.01	±10%

2）电感测量

将万用表拨到蜂鸣二极管挡，把表笔放在电感器两引脚上，看万用表的读数。

3）好坏判断

用万用表电阻挡测量电感器阻值的大小。若被测电感器的阻值为零，说明电感器内部绕组有短路故障。注意操作时一定要将万用表调零，反复测试几次。若被测电感器阻值为无穷大，说明电感器的绕组或引出脚与绕组接点处发生了断路故障。对于电感线圈匝数较多，线径较细的线圈读数会达到几十欧姆到几百欧姆，通常情况下线圈的直流电阻只有几欧姆。损坏表现为发烫或电感磁环明显损坏，若电感线圈不是严重损坏，而又无法确定时，可用电感表测量其电感量或用替换法来判断。万用表测量电感器如附图 16 所示。

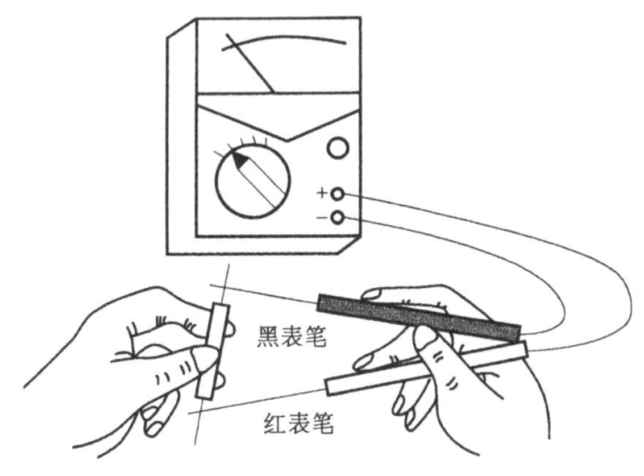

附图 16　万用表测量电感器

附录 4　晶体二极管的识别

晶体二极管也称半导体二极管，二极管外形如附图 17 所示。

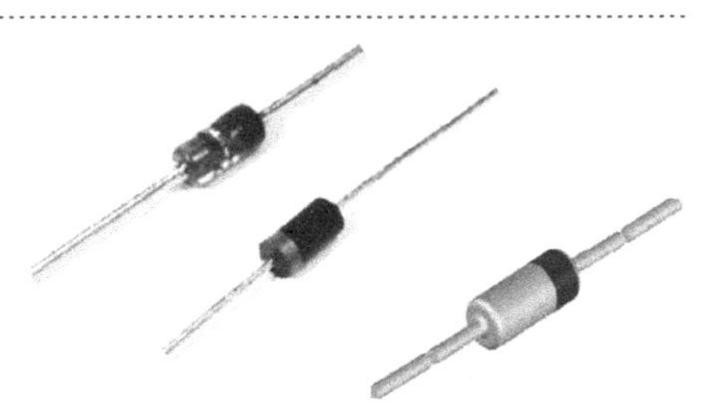

附图 17　二极管外形

1. 晶体二极管分类

按结构可分为点接触型、面结合型和平面型。点接触型适用于工作电流小、工作频率高的场合，如附图 18a 所示；面结合型适用于工作电流较大、工作频率较低的场合，如附图 18b 所示；平面型适用于工作电流大、功率大、工作频率低的场合，如附图 18c 所示。

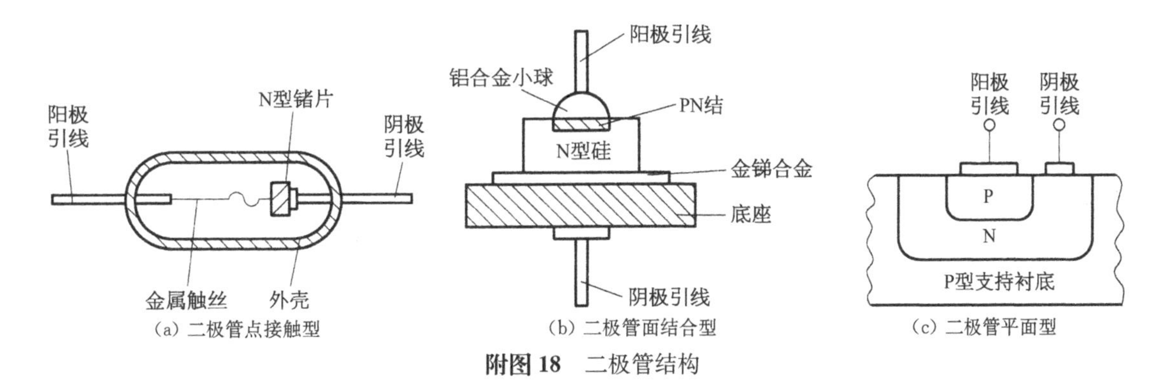

附图 18　二极管结构

按使用的半导体材料可分为硅二极管和锗二极管；按用途可分为普通二极管、整流二极管、检波二极管、混频二极管、稳压二极管、开关二极管、光敏二极管、变容二极管和光电二极管等。

2. 晶体二极管的主要参数

不同类型的晶体二极管有不同的特性参数。

(1) 额定正向工作电流 I_F。额定正向工作电流是指二极管长期连续工作时允许通过的最大正向电流值。所以，二极管使用时不要超过二极管额定正向工作电流值。例如，常用的 1N4001～1N4007 型锗二极管的额定正向工作电流为 1 A。

(2) 最大反向工作电压 V_R。加在二极管两端的反向电压大到一定值时，会将二极管击穿，失去单向导电能力。为了保证使用安全，规定了最大反向工作电压值。例如，1N4001 二极管反向耐压为 50 V，1N4007 反向耐压为 1 000 V。

(3) 反向电流 I_R。反向电流是指二极管在规定的温度和最大反向电压作用下，流过二极管的反向电流。反向电流越小，管子的单向导电性能越好。

(4) 正向电压降 V_F。二极管通过额定正向电流时，在两极间所产生的电压降。

(5) 最大整流电流(平均值)I_{OM}。在半波整流连续工作的情况下，允许的最大半波电流的平均值。

(6) 正向反向峰值电压 V_{RM}。二极管正常工作时所允许的反向电压峰值。

(7) 结电容 C。电容包括结电容和扩散电容，在高频场合下使用时，要求结电容小于某一规定数值。

(8) 最高工作频率 F_M。二极管具有单向导电性的最高交流信号的频率。

3. 晶体二极管的判断

1) 性能判别

用万用表 R×100 或 R×1 K 挡测量二极管的正反向电阻，如附图 19 所示。

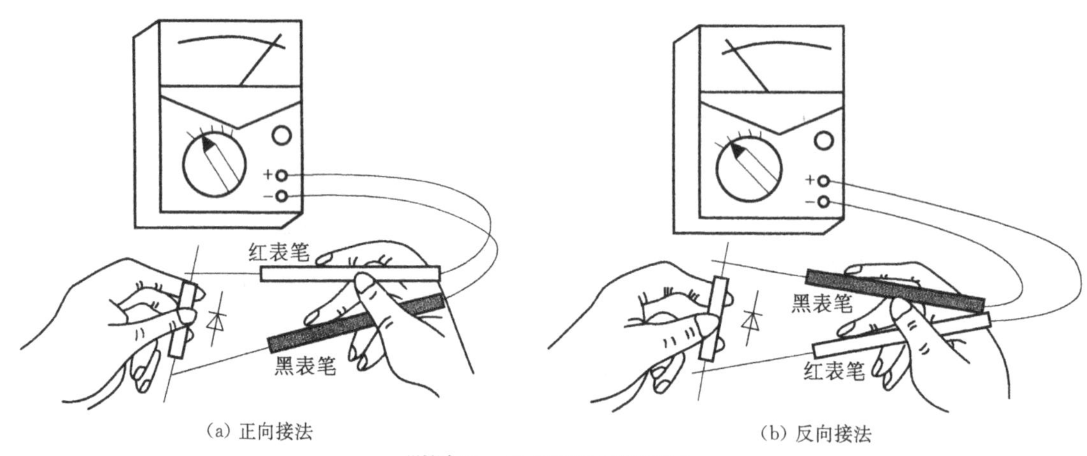

(a) 正向接法　　(b) 反向接法

附图 19　二极管的简易测试

锗点接触型的 2 AP 型二极管正向电阻在 1 kΩ 左右，反向电阻应在 100 kΩ 以上；硅面接触型的二极管正向电阻在 5 kΩ 左右，反向电阻应在 1 000 kΩ 以上。总之，正向电阻越小越好，反向电阻越大越好。但若正向电阻太大或反向电阻太小，表明二极管的检波与整流效率不高。若正向电阻无穷大(表针不动)，说明二极管内部断路；若反向电阻接近零，表明二极管已击穿。内部断开或击穿的二极管均不能使用。以上测量方法只对普通二极管有效，对于一些变容二极管等特殊二极管测量时须另行对待。

2) 极性判别

晶体二极管的极性判别方法有以下三种：

(1) 看外壳上的符号标记。通常在二极管的外壳上标有二极管的符号。标有色道(一般黑壳二极管为银白色标记，玻壳二极管为黑色银白或红色标记)的一端为负极，另一端为正极。

(2) 透过玻璃看触针。对于点接触型玻璃外壳二极管，如果标记已磨掉，则可将外壳上的漆层(黑色或白色)轻轻刮掉一点，透过玻璃看哪头是金属触针，哪头是 N 型锗片。有金属触针的那头就是正极。

(3) 用万用表 R×100 或 R×1 K 挡。任意测量二极管的两根引线，如果量出的电阻只有几百欧姆(正向电阻)，则黑表笔(即万用表内电池正极)所接引线为正极，红表笔(即万用表内电源负极)所接引线为负极。

4. 晶体二极管使用注意事项

(1) 选用整流二极管时，应注意以下两个主要参数：

① 最大正向电流。它表示二极管允许通过的最大电流值，由材料的材质和接触面积决定。当电流超过这个允许值时，二极管将因过度发热而损坏。

② 最大反向电压。它表示二极管能够允许的反向电流剧增时的反向电压值。当二极管工作在最大反向电压时，应采取限流措施，否则二极管将被击穿。

(2) 选用稳压二极管时，选用的稳压二极管应符合稳压值的要求。同时还要保证在负载电流最小时，稳压二极管的功耗不超过其额定功耗。另外，稳压二极管的稳压特性受温度影响很大，所以，在精密稳压电路中，应选用温度系数小的管子。

附录 5　晶体三极管的识别

晶体三极管是一种重要的半导体器件，它对电流具有放大作用。

1. 三极管管型的判别

对于三极管管型，一般从管壳上标注的型号来辨别是 NPN 还是 PNP。依照部颁标准，三极管型号的第二位(字母)，A、C 表示 PNP 管，B、D 表示 NPN 管，例如：

3AX 为 PNP 型低频小功率管；3BX 为 NPN 型低频小功率管；

3CG 为 PNP 型高频小功率管；3DG 为 NPN 型高频小功率管；

3AD 为 PNP 型低频大功率管；3DD 为 NPN 型低频大功率管；

3CA 为 PNP 型高频大功率管；3DA 为 NPN 型高频大功率管。

此外还有国际流行的 9011～9018 系列高频小功率管，除 9012 和 9015 为 PNP 管外，其余均为 NPN 型管。

2. 三极管管脚的判别

1) 外形判别

常用中小功率三极管有金属圆壳和塑料封装(半柱型)等外型，典型的外形和管极排列方式如附图 20 所示。

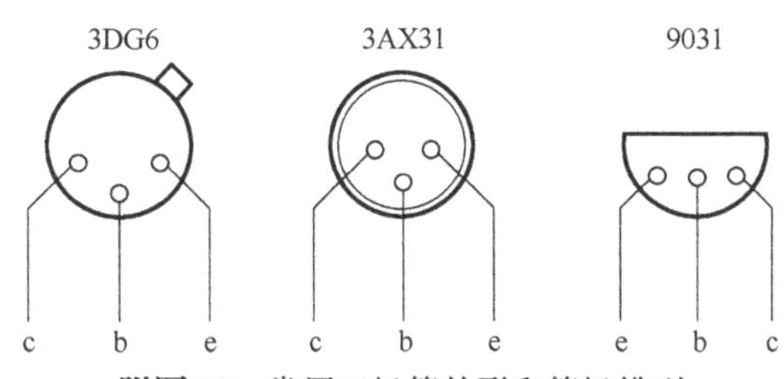

附图 20　常用三极管外形和管极排列

2) 用万用表电阻挡判别

三极管内部有两个 PN 结，可用万用表电阻挡分辨 e、b、c 三个极。在型号标注模糊的情况下，也可用此法判别管型，如附图 21 所示。

3) 基极的判别

判别管极时应首先确认基极。对于 NPN 管，用黑表笔接假定的基极，用红表笔分别接触另外两个极，若测得电阻都小，约为几百欧至几千欧；而将黑、红两表笔对调，测得电阻均较大，在几百千欧以上，此时黑表笔接的就是基极。PNP 管，情况正相反，测量时两个 PN 结都正偏的情况下，红表笔接基极。

实际上，小功率管的基极一般排列在三个管脚的中间，可用上述方法，分别将黑、红表笔接基极，既可测定

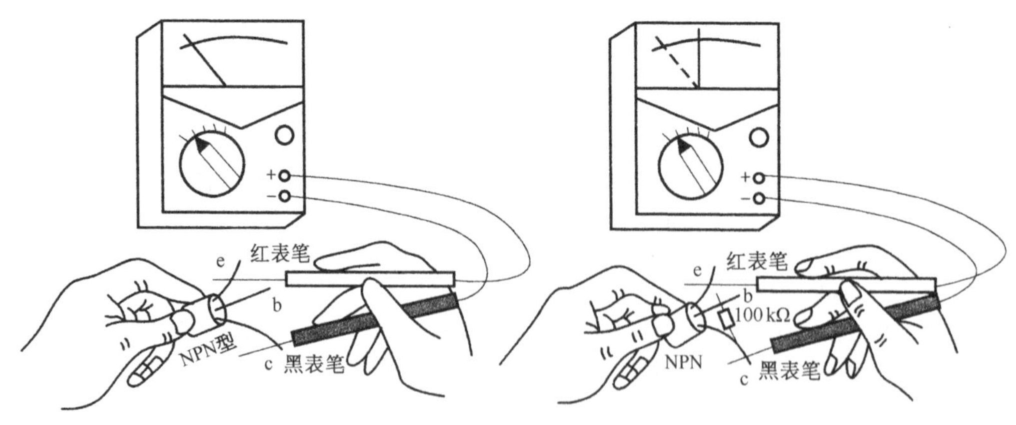

附图 21 用万用表判别三极管

三极管的两个 PN 结是否完好(与二极管 PN 结的测量方法一样),又可确认管型。

4) 集电极和发射极的判别

确定基极后,假设余下管脚之一为集电极 c,另一为发射极 e,用手指分别捏住 c 极与 b 极(即用手指代替基极电阻 R_b)。同时,将万用表两表笔分别与 c、e 接触,若被测管为 NPN,则用黑表笔接触 c 极、用红表笔接 e 极(PNP 管相反),观察指针偏转角度;然后再设另一管脚为 c 极,重复以上过程,比较两次测量指针的偏转角度,大的一次表明 I_C 大,管子处于放大状态,相应假设的 c、e 极正确。

5) 三极管的性能测量

用万用表电阻挡测 I_{CEO} 和 β:基极开路,万用表黑表笔接 NPN 管的集电极 c、红表笔接发射极 e(PNP 管相反),此时 c、e 间电阻值大则表明 I_{CEO} 小,电阻值小则表明 I_{CEO} 大。用手指代替基极电阻 R_b,用上法测 c、e 间电阻,若阻值比基极开路时小得多则表明 β 值大。

用万用表 hFE 挡测 β:有的万用表有 hFE 挡,按表上规定的极型插入三极管即可测得电流放大系数 β,若 β 很小或为零,表明三极管已损坏,可用电阻挡分别测两个 PN 结,确认是否有击穿或断路。

3. 三极管的选用及注意事项

选用三极管,一要符合设备及电路的要求,二要符合节约的原则。根据用途的不同,一般应考虑以下几个因素:工作频率、集电极电流、耗散功率、电流放大系数、反向击穿电压、稳定性及饱和压降等。

低频管的特征频率一般在 2.5 MHz 以下,而高频管的特征频率都从几十兆赫到几百兆赫甚至更高。选管时应使特征频率为工作频率的 3～10 倍。原则上讲,高频管可以代换低频管,但是高频管的功率一般都比较小,动态范围窄,在代换时应注意功率条件。

一般希望 β 选大一些,但也不是越大越好。β 太大了容易引起自激振荡,何况一般 β 大的三极管工作多不稳定,受温度影响大。通常 β 多选 40～100 之间,但低噪声大 β 值的管子(如 1815、9011～9015 等),β 值达数百时温度稳定性仍较好。另外,对整个电路来说还应该从各级的配合来选择 β。比如前级用 β 大的,后级就可以用 β 较小的三极管;反之,前级用 β 较小的,后级就可以用 β 较大的三极管。

集电极-发射极反向击穿电压 U_{CEO} 应选择大于电源电压。穿透电流越小,对温度的稳定性越好。普通硅管的稳定性比锗管好得多,但普通硅管的饱和压降较锗管为大,在某些电路中会影响电路的性能,应根据电路的具体情况选用,选用晶体管的耗散功率时应根据不同电路的要求留有一定的余量。

用于高频放大、中频放大和振荡器等电路的,应选用特征频率 f_T 高、极间电容较小的三极管,以保证在高频情况下仍有较高的功率增益和稳定性。

参考文献

[1] 王照清. 电工(二级一级):上、中、下册[M]. 北京:中国劳动社会保障出版社,2018.
[2] 王照清. 维修电工(三级)[M]. 北京:中国劳动社会保障出版社,2013.
[3] Cook N P. 实用数字电子技术[M]. 施惠琼,李黎明译. 北京:清华大学出版社,2006.
[4] 王兆安,刘进军. 电力电子技术[M]. 5 版. 北京:机械工业出版社,2009.
[5] 阮毅,陈伯时. 电力拖动自动控制系统[M]. 北京:机械工业出版社,2012.
[6] 李朝青,卢晋,王志勇,等. 单片机原理及其接口技术[M]. 北京:北京航空航天大学出版社,2017.
[7] 兰建军,伦向敏,关硕. 单片机原理、应用与 Proteus 仿真[M]. 北京:机械工业出版社,2014.
[8] 胡健. 单片机原理及接口技术[M]. 北京:机械工业出版社,2011.